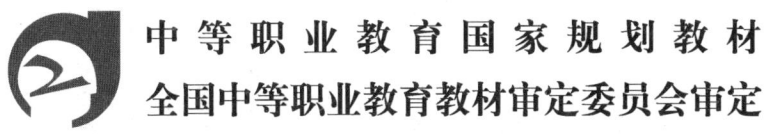

中等职业教育国家规划教材
全国中等职业教育教材审定委员会审定

电子线路
（第4版）

高卫斌　主编

电子工业出版社
Publishing House of Electronics Industry
北京·BEIJING

内 容 简 介

本书是根据教育部发布的《中等职业学校电子技术基础与技能教学大纲》的教学基本要求，在第 3 版的基础上完成修订的。本书主要内容包括半导体器件、放大电路的基本知识、集成运算放大器、放大电路中的负反馈、集成运算放大器的应用、低频功率放大器、直流稳压电源、正弦波振荡电路、高频小信号调谐放大器、高频功率放大器、调幅与检波、混频与倍频、调频与鉴频、脉冲的基础知识和反相器、数制与逻辑代数、逻辑门电路、组合逻辑电路、集成触发器、时序逻辑电路、脉冲波形的产生与变换等。

本书在内容上深浅适度，在结构体系和教学方法上有所创新，在提出了明确的学习目标和要求、增加了相关应用常识和实例的同时，各章均附加了大纲要求的有关实验，体现了中等职业教育的基本特点与要求。本书可作为中等职业学校专业基础课教材，也可作为其他工程技术人员学习电子线路相关知识的参考书。

本书配有电子教学参考资料包，包括教学指南、电子教案、习题答案，详见前言。

未经许可，不得以任何方式复制或抄袭本书之部分或全部内容。
版权所有，侵权必究。

图书在版编目（CIP）数据

电子线路 / 高卫斌主编. —4 版. —北京：电子工业出版社，2024.5
ISBN 978-7-121-47900-7

Ⅰ．①电… Ⅱ．①高… Ⅲ．①电子线路 Ⅳ．①TN710

中国国家版本馆 CIP 数据核字（2024）第 102256 号

责任编辑：蒲　玥
印　　刷：三河市龙林印务有限公司
装　　订：三河市龙林印务有限公司
出版发行：电子工业出版社
　　　　　北京市海淀区万寿路 173 信箱　邮编　100036
开　　本：880×1 230　1/16　印张：15　字数：375 千字
版　　次：2003 年 6 月第 1 版
　　　　　2024 年 5 月第 4 版
印　　次：2025 年 6 月第 3 次印刷
定　　价：42.50 元

凡所购买电子工业出版社图书有缺损问题，请向购买书店调换。若书店售缺，请与本社发行部联系，联系及邮购电话：(010) 88254888，88258888。
质量投诉请发邮件至 zlts@phei.com.cn，盗版侵权举报请发邮件至 dbqq@phei.com.cn。
本书咨询联系方式：(010) 88254485；puyue@phei.com.cn。

前　言

本书是编者在第 3 版的基础上，根据中等职业教育的实际发展情况的调查结果和多年课程改革经验进行修订的。

本书主要包括模拟电路和数字电路两部分，模拟电路又分低频和高频两部分。

本书在保证基本原理、基本知识、基本技能相关内容清晰表述的前提下，精选内容，力求做到详略得当，难易适中，主次分明，篇幅适宜；对基本原理的阐述力求做到科学性、先进性、通俗性的有机结合；对基本知识的介绍力求与实际应用相结合，做到保证基础，推陈出新；对基本技能的训练内容的设计力求注重学生的能力培养。

电子技术是一门飞速发展的技术，本书在处理现代电子技术与传统电子技术的关系时，考虑连贯性、实用性和新颖性，力求反映现代电子技术发展的现状，并使其符合中等职业教育的特点。电子技术是一门理论和实验相结合的学科，对此每章均安排了相应的基础实验，供学生实验用。为了使学生能够及时巩固所学知识，每章都安排了习题，以供学生复习参考。

本书的教学内容分为基础、拓展、选用三方面，每章都提出了明确的学习目标和要求，对学习目标进行了具体化的描述，满足了不同层次及不同专业读者的学习要求，有利于教师因材施教。书中标有星号（*）的内容为拓展和选用内容，教师在具体讲授时可根据需要而定。

在本书的教学过程中可以通过以下几个方面实现思政教育与专业教学的融合。

课前预习：在学生进行课前预习时，可以通过引入与电子技术相关的国家重大工程、科技成就等案例，激发学生的学习兴趣和爱国情怀。同时，可以设置相关问题进行讨论，引导学生思考技术与社会、伦理的关系，培养学生的责任感和使命感。

课堂教学：在课堂教学过程中，教师可以将工程伦理、工程方法等内容融入到专业知识的讲解中。通过案例分析、讨论等方式，让学生在学习专业知识的同时，理解和掌握科学精神和工匠精神。此外，辩证逻辑思维和形式逻辑思维的训练也是思政教育的重要组成部分，可以通过教学活动的设计来加强这方面的培养。

课后练习：课后练习设计时，除了传统的技术题目，还可以加入一些开放性问题，鼓励学生从多角度、多层次思考问题，培养他们的创新意识和批判性思维。

课程实验：在实验教学中，可以设置一些与实际应用紧密结合的项目，让学生在实践中学习如何将技术知识服务于社会，同时也强调实验过程中的安全意识、环保意识和团队合作精神。

通过这些具体的实施策略和方法，可以有效地将思政教育融入到电子技术教学中，使学生在学习专业知识的同时，也能够接受到全面的思想政治教育。

本书配有电子教学参考资料包，包括电子教案、教学指南、习题答案，请有此需求的教师登录华信教育资源网免费注册后再进行下载，有问题时请在网站留言板留言或与电子工业出版社联系（E-mail:hxedu@phei.com.cn）。

　　由于编者水平有限，书中不妥之处在所难免，恳切希望广大读者批评指正。

编　者

目 录

第1章 半导体器件 ……………………… 1
　1.1 半导体与二极管 …………………… 1
　　1.1.1 半导体 ……………………… 1
　　1.1.2 二极管的结构和符号 ………… 2
　　1.1.3 二极管的伏安特性 …………… 3
　　1.1.4 二极管的主要参数 …………… 4
　1.2 特殊二极管 ………………………… 5
　　1.2.1 稳压二极管 ………………… 5
　　1.2.2 变容二极管 ………………… 6
　　1.2.3 光电二极管 ………………… 7
　　1.2.4 发光二极管 ………………… 7
　1.3 三极管 ……………………………… 7
　　1.3.1 三极管的结构与分类 ………… 7
　　1.3.2 三极管的电流分配关系与
　　　　　放大作用 ……………………… 8
　　1.3.3 三极管在电路中的基本连接
　　　　　方式 …………………………… 10
　　1.3.4 三极管的伏安特性 …………… 10
　　1.3.5 三极管的主要参数 …………… 11
　1.4 场效应管 …………………………… 13
　　1.4.1 MOS管简介 ………………… 13
　　1.4.2 场效应管的主要参数和使用
　　　　　注意事项 ……………………… 15
　1.5 应用与实验 ………………………… 16
　　1.5.1 二极管的简易测试 …………… 16
　　1.5.2 用万用表简单测试三极管 …… 18
　　1.5.3 实验：用万用表简单测试
　　　　　二极管和三极管 ……………… 18
　本章小结 ………………………………… 19
　习题1 …………………………………… 20
第2章 放大电路的基本知识 …………… 22
　2.1 放大电路的基本概念 ……………… 22
　　2.1.1 放大电路概述 ………………… 22
　　2.1.2 放大电路的主要性能指标 …… 22
　2.2 共发射极基本放大电路 …………… 24
　　2.2.1 基本放大电路的组成 ………… 24
　　2.2.2 放大电路的静态分析 ………… 25
　　2.2.3 放大电路的动态分析 ………… 27

　2.3 放大电路静态工作点的稳定 ……… 32
　　2.3.1 环境温度对静态工作点的
　　　　　影响 …………………………… 32
　　2.3.2 分压式偏置放大电路 ………… 32
　2.4 共集电极放大电路与共基极放大
　　　电路 ………………………………… 33
　　2.4.1 共集电极放大电路 …………… 33
　　2.4.2 共基极放大电路 ……………… 34
　　2.4.3 放大电路三种基本组态的
　　　　　特点 …………………………… 35
　2.5 放大电路的频率特性 ……………… 36
　　2.5.1 频率特性的基本概念 ………… 36
　　2.5.2 阻容耦合放大电路的频率
　　　　　特性 …………………………… 36
　2.6 应用与实验 ………………………… 37
　　2.6.1 三极管工作状态的判别 …… 37
　　2.6.2 常用电子仪器的使用 ……… 37
　　2.6.3 单管低频放大电路实验 …… 40
　本章小结 ………………………………… 43
　习题2 …………………………………… 44
第3章 集成运算放大器 ………………… 47
　3.1 差动放大电路 ……………………… 47
　　3.1.1 基本差动放大电路 …………… 48
　　3.1.2 差动放大电路的四种接法 … 50
　3.2 运算放大器的简单介绍 …………… 51
　　3.2.1 概述 …………………………… 51
　　3.2.2 集成运算放大器的组成 …… 51
　　3.2.3 集成运算放大器的主要
　　　　　参数 …………………………… 52
　3.3 应用与实验 ………………………… 52
　　3.3.1 集成运算放大器的应用
　　　　　常识 …………………………… 52
　　3.3.2 差动放大电路实验 …………… 54
　本章小结 ………………………………… 57
　习题3 …………………………………… 57
第4章 放大电路中的负反馈 …………… 58
　4.1 反馈的基本概念及判断方法 ……… 58
　　4.1.1 反馈的基本概念 ……………… 58

4.1.2 反馈的判断方法 …………… 58
　　　4.1.3 负反馈的四种组态及其
　　　　　　判别 …………………………… 62
　4.2 负反馈放大电路的一般分析方法 … 63
　　　4.2.1 反馈放大电路的方框图 …… 63
　　　4.2.2 反馈的一般关系式 ………… 64
　4.3 负反馈对放大电路性能的影响 …… 65
　　　4.3.1 放大倍数稳定性的提高 …… 65
　　　4.3.2 非线性失真的减小 ………… 65
　　　4.3.3 通频带的扩展 ……………… 66
　　　4.3.4 输入电阻和输出电阻的
　　　　　　改变 …………………………… 66
　4.4 应用与实验 ………………………… 67
　　　4.4.1 引入负反馈的一般原则 …… 67
　　　4.4.2 负反馈放大电路实验 ……… 67
　本章小结 ………………………………… 69
　习题 4 …………………………………… 70

第 5 章 集成运算放大器的应用 …… 72
　5.1 集成运算放大器的理想化及基本
　　　电路 ………………………………… 72
　　　5.1.1 集成运算放大器的理想
　　　　　　特性 …………………………… 72
　　　5.1.2 集成运算放大器的两种
　　　　　　基本电路 ……………………… 73
　5.2 运算电路 …………………………… 75
　　　5.2.1 比例运算电路 ……………… 75
　　　5.2.2 加法运算电路 ……………… 75
　　　5.2.3 减法运算电路 ……………… 75
　5.3 电压比较器 ………………………… 76
　　　5.3.1 理想集成运算放大器工作
　　　　　　在非线性区的特点 …………… 76
　　　5.3.2 简单的电压比较器 ………… 77
　5.4 集成运算放大器的应用与实验 …… 78
　　　5.4.1 集成运算放大器常见故障
　　　　　　解决方法 ……………………… 78
　　　5.4.2 模拟运算电路实验 ………… 78
　本章小结 ………………………………… 80
　习题 5 …………………………………… 81

第 6 章 低频功率放大器 …………… 83
　6.1 概述 ………………………………… 83
　　　6.1.1 功率放大器的特点 ………… 83
　　　6.1.2 功率放大器的分类 ………… 84
　6.2 互补对称功率放大器 ……………… 85
　　　6.2.1 乙类双电源互补对称功率
　　　　　　放大器（OCL 电路）………… 85
　　　6.2.2 甲乙类双电源互补对称

　　　　　　功率放大器 …………………… 86
　　　6.2.3 甲乙类单电源互补对称功率
　　　　　　放大器 ………………………… 86
　6.3 集成功率放大器 …………………… 87
　　　6.3.1 4100 系列集成电路的应用
　　　　　　线路 …………………………… 87
　　　6.3.2 集成功率放大器 TDA2030
　　　　　　的应用线路 …………………… 88
　6.4 应用与实验 ………………………… 88
　　　6.4.1 功率放大管应用注意事项 … 88
　　　6.4.2 集成功率放大器实验 ……… 89
　本章小结 ………………………………… 90
　习题 6 …………………………………… 91

第 7 章 直流稳压电源 ……………… 92
　7.1 整流电路 …………………………… 92
　　　7.1.1 单相半波整流电路 ………… 93
　　　7.1.2 单相桥式整流电路 ………… 94
　7.2 滤波电路 …………………………… 95
　　　7.2.1 电容滤波电路 ……………… 96
　　　7.2.2 电感滤波电路 ……………… 96
　7.3 直流稳压电源电路 ………………… 97
　　　7.3.1 稳压二极管稳压电路 ……… 97
　　　7.3.2 串联型稳压电路 …………… 97
　　　7.3.3 三端集成稳压器 …………… 98
　7.4 开关型稳压电路 …………………… 99
　　　7.4.1 开关型稳压电路的特点
　　　　　　和类型 ………………………… 99
　　　7.4.2 开关型稳压电路的工作
　　　　　　原理 …………………………… 100
　7.5 应用与实验 ………………………… 101
　　　7.5.1 稳压电源故障的检查 ……… 101
　　　7.5.2 单相桥式整流电路和滤波
　　　　　　电路实验 ……………………… 101
　　　7.5.3 三端集成稳压器实验 ……… 103
　本章小结 ………………………………… 104
　习题 7 …………………………………… 104

第 8 章 正弦波振荡电路 …………… 106
　8.1 正弦波振荡电路的基本概念 ……… 106
　　　8.1.1 产生正弦波振荡的条件 …… 106
　　　8.1.2 正弦波振荡电路的组成 …… 107
　　　8.1.3 正弦波振荡电路的分析 …… 107
　8.2 LC 正弦波振荡电路 ………………… 108
　　　8.2.1 LC 选频放大电路 …………… 108
　　　8.2.2 电感三点式 LC 正弦波
　　　　　　振荡电路 ……………………… 109
　　　8.2.3 电容三点式 LC 正弦波

　　　　　振荡电路 …………………… 110
　　8.2.4 由集成运算放大器组成
　　　　　的 LC 正弦波振荡电路 … 111
8.3 石英晶体振荡电路 ………………… 111
　　8.3.1 正弦波振荡电路的频率
　　　　　稳定问题 …………………… 111
　　8.3.2 石英晶体的基本特性与
　　　　　等效电路 …………………… 112
　　8.3.3 石英晶体振荡电路概述 …… 113
8.4 应用与实验 ………………………… 114
　　8.4.1 振荡电路的检测与判断 …… 114
　　8.4.2 如何提高振荡电路的振荡
　　　　　频率稳定度 ………………… 114
　　8.4.3 应用实例—接近开关 …… 114
　　8.4.4 RC 正弦波振荡电路实验 … 115
本章小结 ………………………………… 116
习题 8 …………………………………… 117

第 9 章　高频小信号调谐放大器 …… 118
9.1 无线电信号传输的基本原理 ……… 118
　　9.1.1 电信号的传送 ……………… 118
　　9.1.2 电磁波 ……………………… 118
　　9.1.3 调制 ………………………… 119
　　9.1.4 广播/电视发送系统 ……… 119
　　9.1.5 接收无线电广播的主要
　　　　　过程 ………………………… 120
9.2 小信号调谐放大器 ………………… 121
　　9.2.1 单调谐放大器 ……………… 121
　　9.2.2 双调谐放大器 ……………… 122
9.3 集成中频放大器 …………………… 123
　　9.3.1 集成中频放大器的组成 … 123
　　9.3.2 集成宽带放大器 …………… 123
　　9.3.3 陶瓷滤波器 ………………… 124
　　9.3.4 声表面波滤波器 …………… 125
9.4 应用与仿真实验 …………………… 126
　　9.4.1 集成中频放大器的实例 … 126
　　9.4.2 高频小信号调谐放大器
　　　　　仿真实验 …………………… 126
本章小结 ………………………………… 127
习题 9 …………………………………… 128

*第 10 章　高频功率放大器 …………… 129
*第 11 章　调幅与检波 ………………… 129
*第 12 章　混频与倍频 ………………… 129
*第 13 章　调频与鉴频 ………………… 129
第 14 章　脉冲的基础知识和反相器 … 130
14.1 脉冲的基础知识 ………………… 130
　　14.1.1 脉冲的概念及其波形 …… 130

　　14.1.2 矩形波 …………………… 130
　　14.1.3 RC 微分电路和 RC 积分
　　　　　　电路 ………………………… 131
14.2 晶体管的开关特性 ……………… 134
　　14.2.1 二极管的开关特性 ……… 134
　　14.2.2 三极管的开关特性 ……… 135
　　14.2.3 反相器 …………………… 136
　　14.2.4 MOS 管的开关特性 …… 136
14.3 应用与实验 ………………………… 137
　　14.3.1 二极管限幅器 …………… 137
　　14.3.2 利用加速电容提高三极管
　　　　　　的开关速度 ………………… 137
　　14.3.3 二极管和三极管的开关
　　　　　　特性测试实验 …………… 138
本章小结 ………………………………… 139
习题 14 …………………………………… 140

第 15 章　数制与逻辑代数 …………… 141
15.1 数制与码制 ………………………… 141
　　15.1.1 数制 ……………………… 141
　　15.1.2 码制 ……………………… 143
15.2 逻辑代数的基本运算及其规则 … 144
　　15.2.1 逻辑代数的基本运算 …… 144
　　15.2.2 逻辑代数的基本定律
　　　　　　及规则 ……………………… 147
15.3 逻辑函数及其表示方法 ………… 147
　　15.3.1 逻辑函数 ………………… 147
　　15.3.2 逻辑函数的表示方法 …… 148
15.4 逻辑函数的化简 ………………… 149
　　15.4.1 公式化简法 ……………… 149
　　15.4.2 卡诺图化简法 …………… 150
本章小结 ………………………………… 153
习题 15 …………………………………… 154

第 16 章　逻辑门电路 ………………… 155
16.1 最简单的逻辑门电路 …………… 155
　　16.1.1 二极管与门电路 ………… 155
　　16.1.2 二极管或门电路 ………… 156
　　16.1.3 非门电路 ………………… 156
　　16.1.4 组合逻辑门电路 ………… 156
16.2 TTL 门电路 ……………………… 157
　　16.2.1 TTL 门电路的基础知识 … 157
　　16.2.2 其他类型的 TTL 门电路 … 159
　　16.2.3 TTL 门电路的使用规则 … 160
16.3 CMOS 门电路 …………………… 161
　　16.3.1 CMOS 门电路的基础
　　　　　　知识 ………………………… 161
　　16.3.2 CMOS 门电路的使用

		规则 ……………………… 163

- 16.3.3 TTL 门电路与 CMOS 门电路之间的接口技术 …… 163
- 16.4 门电路的应用与实验 ………… 164
  - 16.4.1 常见的集成电路 …… 164
  - 16.4.2 门电路应用实例 ……… 165
  - 16.4.3 TTL 门电路的基本逻辑功能测试 ……………… 166
- 本章小结 ………………………………… 168
- 习题 16 ………………………………… 168

第 17 章 组合逻辑电路 …………………… 170
- 17.1 组合逻辑电路的基本知识 …… 170
  - 17.1.1 组合逻辑电路的特点 …… 170
  - 17.1.2 组合逻辑电路的分析 …… 170
  - 17.1.3 组合逻辑电路的设计 …… 171
- 17.2 常见的组合逻辑电路 ………… 172
  - 17.2.1 二—十进制编码器 ……… 172
  - 17.2.2 译码器 …………………… 173
  - 17.2.3 数据选择器与数据分配器 ………………… 178
- 17.3 应用与实验 …………………… 180
  - 17.3.1 组合逻辑电路的应用 …… 180
  - 17.3.2 组合逻辑电路实验 ……… 182
- 本章小结 ………………………………… 184
- 习题 17 ………………………………… 184

第 18 章 集成触发器 …………………… 188
- 18.1 RS 触发器 …………………… 188
  - 18.1.1 基本 RS 触发器 ………… 188
  - 18.1.2 同步 RS 触发器 ………… 189
- 18.2 几种常见的触发器 …………… 191
  - 18.2.1 边沿 D 触发器 ………… 191
  - 18.2.2 边沿 JK 触发器 ………… 192
  - 18.2.3 T 触发器和 T' 触发器 … 193
- 18.3 应用与实验 …………………… 194
  - 18.3.1 触发器的简单应用 ……… 194
  - 18.3.2 触发器及其应用实验 …… 196
- 本章小结 ………………………………… 198
- 习题 18 ………………………………… 199

第 19 章 时序逻辑电路 …………………… 200
- 19.1 时序逻辑电路的概述 ………… 200
- 19.2 寄存器 ………………………… 201
  - 19.2.1 数码寄存器 ……………… 201
  - 19.2.2 移位寄存器 ……………… 201
- 19.3 计数器 ………………………… 203
  - 19.3.1 二进制计数器 …………… 203
  - 19.3.2 十进制计数器 …………… 205

- 19.4 集成计数器应用与实验 ……… 206
  - 19.4.1 集成计数器的应用 ……… 206
  - 19.4.2 计数器实验 ……………… 208
- 本章小结 ………………………………… 210
- 习题 19 ………………………………… 210

第 20 章 脉冲波形的产生与变换 ………… 213
- 20.1 555 定时器 …………………… 213
  - 20.1.1 555 定时器工作原理 …… 213
  - 20.1.2 555 定时器功能表 ……… 214
- 20.2 施密特触发器 ………………… 214
  - 20.2.1 555 定时器构成的施密特触发器 ……………… 215
  - 20.2.2 集成施密特触发器 ……… 216
  - 20.2.3 施密特触发器的应用 …… 216
- 20.3 单稳态触发器 ………………… 217
  - 20.3.1 555 定时器构成单稳态触发器 ……………… 217
  - 20.3.2 集成单稳态触发器 ……… 218
  - 20.3.3 单稳态触发器的应用 …… 220
- 20.4 多谐振荡电路 ………………… 221
  - 20.4.1 555 定时器构成的多谐振荡电路 ……………… 221
  - 20.4.2 石英晶体多谐振荡电路 … 221
  - 20.4.3 施密特触发器构成的多谐振荡电路 …………… 222
- 20.5 555 定时器应用实例与实验 … 222
  - 20.5.1 555 定时器应用实例 …… 222
  - 20.5.2 555 集成定时器及其应用实验 …………………… 223
- 本章小结 ………………………………… 225
- 习题 20 ………………………………… 225

附录 A 本书常用符号表 ………………… 227
- A.1 基本符号 ……………………… 227
- A.2 电流和电压 …………………… 227
- A.3 功率 …………………………… 228
- A.4 频率 …………………………… 228
- A.5 阻抗 …………………………… 228
- A.6 放大倍数或增益 ……………… 228
- A.7 器件参数 ……………………… 229
- A.8 其他符号 ……………………… 229

附录 B 国产半导体器件型号命名法 …… 230
- B.1 半导体器件型号五个组成部分的基本含义 ……………………… 230
- B.2 型号组成部分的符号及其意义 … 230

参考文献 ………………………………… 232

第1章 半导体器件

本章学习目标和要求
1. 叙述半导体的基本知识,概括 PN 结的基本特性。
2. 描述二极管的伏安特性和主要参数,归纳几种常用的特殊二极管的功能及使用常识。
3. 说明三极管的结构,详述三极管的电流分配关系与放大作用。
4. 描述三极管的输入特性曲线和输出特性曲线,解释其含义,归纳三极管主要参数的定义。
5. 说明 MOS 管的结构、特性曲线、主要参数和使用注意事项。
6. 能按要求初步学会选用二极管和三极管,会使用万用表检测二极管、三极管的质量和极性。

电子技术是一种于十九世纪末、二十世纪初发展起来的科学技术,是利用电子元器件来设计各种电路以满足现实生活需求的一种技术。现代电子技术已经渗透我们生活的方方面面,如国防、工业、科学、通信、医学、物联网、智能家居、文化生活等。

我们日常生活中用的手机需要用充电器对电池进行充电,电池需要用直流电进行充电,而供电部门供给的是交流电,所以我们必须先将交流电转换成直流电。那么怎样将交流电转换成直流电呢?需要用什么元器件呢?我们现在一般用半导体二极管将交流电转换成直流电,下面就来学习半导体器件有关知识。

1.1 半导体与二极管

1.1.1 半导体

自然界中的物质按其导电能力的强弱可分为导体、绝缘体和半导体。导体(如金、银、铜、铝等)的内部存在大量自由电子,因此有很强的导电能力;而绝缘体(如云母、塑料、橡胶等)的内部的自由电子很少,因此导电能力极差;半导体是指在常温下导电能力介于导体与绝缘体之间的材料。目前大多数半导体器件所用材料为硅和锗。

半导体之所以得到广泛应用,是因为其具有如下特性。

1)杂敏特性

在纯净的半导体(通常称为本征半导体)中掺入极其微量的杂质元素,它的导电能力将大大增强。对本征半导体进行特殊的掺杂工艺可以制造出二极管、三极管、场效应管和集成电路等半导体器件。

在硅、锗等半导体中掺入微量的某种特定的杂质元素后所得的半导体称为杂质半导体,其类型有 N 型半导体和 P 型半导体。

① N 型半导体,又称为电子型半导体。它是通过在本征半导体中掺入微量五价元素制成的,它的多数载流子(载荷电量的粒子)是电子,少数载流子是空穴(半导体中的一种带正

电荷的载流子)。

② P 型半导体,又称为空穴型半导体。它是通过在本征半导体中掺入微量三价元素制成的,它的多数载流子是空穴,少数载流子是电子。

半导体的导电特性——电子和空穴同时参与导电,是半导体导电的重要特征。

如果将 P 型半导体与 N 型半导体通过特殊工艺结合起来,那么在 P 型半导体和 N 型半导体的交界面处就会形成 PN 结。PN 结是构成各种半导体器件的基础。

PN 结具有单向导电性,即在 PN 结上加正向电压时 [P 区电位比 N 区高,如图 1-1(a)所示],PN 结变窄,结电阻很低,正向电流较大,PN 结处于导通状态;在 PN 结上加反向电压时 [P 区电位比 N 区低,如图 1-1(b)所示],PN 结变宽,结电阻很高,反向电流很小,PN 结处于截止状态。

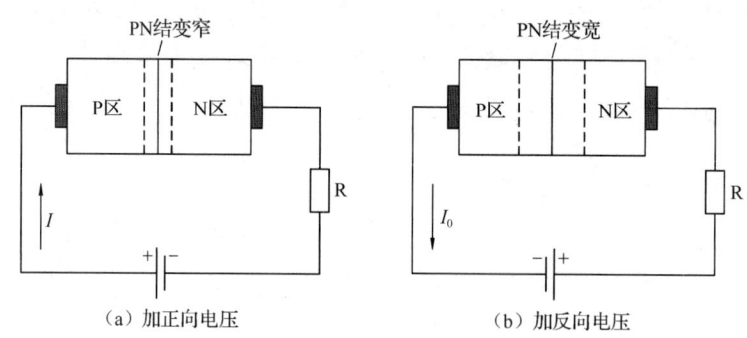

图 1-1　PN 结的单向导电性

2) 热敏特性

温度升高,半导体的导电能力将大大增强。例如,温度每升高 10℃,半导体的导电能力增强一倍。利用半导体对温度十分敏感的特性,可以制成在自动控制中常用的热敏电阻及其他热敏元件。

3) 光敏特性

用光线照射半导体,光照越强,半导体的导电能力越强。利用半导体的光敏特性,可以制成光敏元器件,如光敏电阻、光电二极管、光电三极管等,从而实现路灯、航标灯的自动控制。

1.1.2　二极管的结构和符号

用一个 PN 结制成管芯,在 P 区和 N 区两侧各接上电极引线,并将它们封装在一个密封的壳体中即可制成二极管,如图 1-2(a)所示。二极管的符号如图 1-2(b)所示,图中三角箭头表示二极管正向导电时正向电流的方向。常见的二极管的外形如图 1-2(c)所示。

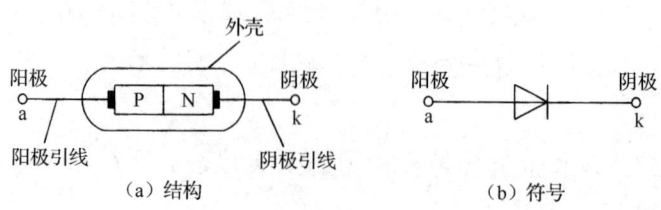

图 1-2　二极管的结构、符号及外形

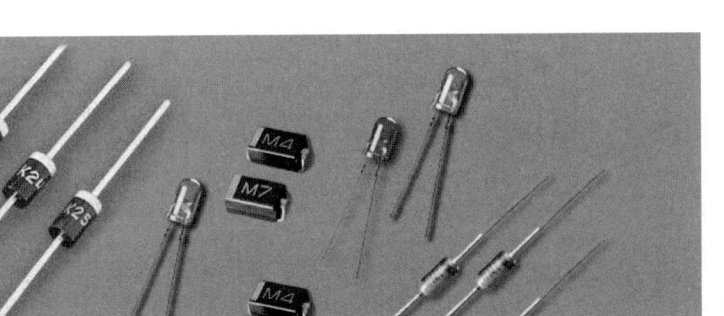

(c) 常见的二极管的外形

图 1-2 二极管的结构、符号及外形（续）

二极管按所用半导体材料不同可分为锗管和硅管；按内部结构不同可分为点接触型和面接触型。点接触型二极管的 PN 结面积小，如 2AP 型二极管、2AK 型二极管，适用于高频小电流场合，主要用于小电流整流电路、高频检波电路、混频电路等。面接触型二极管的 PN 结面积大，如 2CP 型二极管、2CZ 型二极管，适用于低频大电流场合，主要用在大电流整流电路中。

1.1.3 二极管的伏安特性

加在二极管两端的电压与流过二极管的电流之间的关系被称为二极管的伏安特性，可用如图 1-3 所示的电路测试。

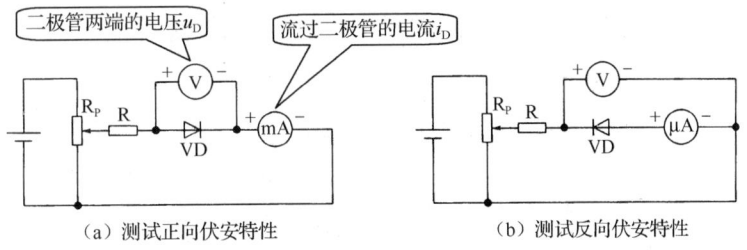

(a) 测试正向伏安特性　　(b) 测试反向伏安特性

图 1-3 二极管伏安特性测试电路

根据测出的二极管两端的电压值及与之对应的流过二极管的电流值描绘出的电流随电压变化的曲线称为二极管的伏安特性曲线，如图 1-4 所示。

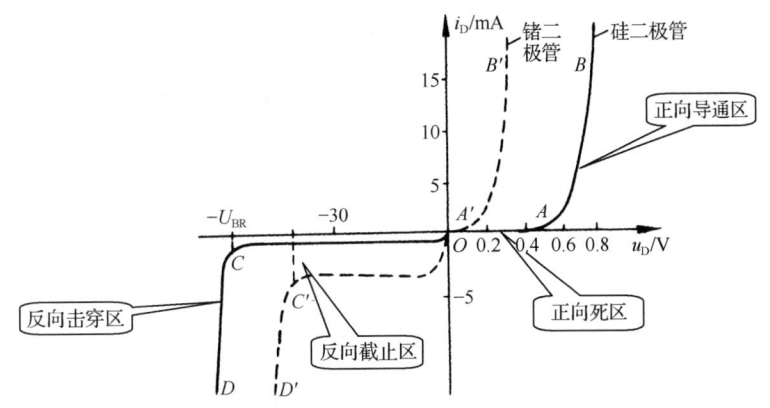

图 1-4 二极管的伏安特性曲线

下面对二极管的伏安特性曲线加以说明。

1. 正向特性

当二极管加正向电压时，伏安特性曲线分为正向死区和正向导通区。

1）正向死区

图 1-4 中的 OA、OA' 段为正向死区。当二极管承受的正向电压较小时，正向电流极小（几乎没有），二极管的电阻很大，处于截止状态，这一部分称为正向死区，好像一个门槛。当二极管承受的正向电压不断增大，超过正向死区时，电流随电压的增大而快速增大，称这个电压为门槛电压，有时也称为死区电压或阈值电压，用 U_{th} 表示。在常温下，硅管的死区电压约为 0.5V，锗管的死区电压约为 0.1V。

2）正向导通区

图 1-4 中的 AB、$A'B'$ 段为正向导通区。当二极管承受的正向电压大于 U_{th} 时，电流随电压增加而增加，二极管处于导通状态。当正向电流较大时，二极管两端的压降基本保持不变，常温下硅二极管的正向压降约为 0.7V，锗二极管的正向压降约为 0.3V。二极管在正向导通时呈低阻状态。

2. 反向特性

当二极管两端加反向电压时，伏安特性曲线分为反向截止区和反向击穿区两部分。

1）反向截止区

图 1-4 中的 OC、OC' 段为反向截止区。在反向截止区，二极管在承受反向电压时，反向电流很小，二极管的电阻很大，处于反向截止状态。这时流过二极管的反向电流几乎不随反向电压的变化而变化，该电流叫作反向饱和电流，用 I_s 表示。硅管的反向饱和电流比锗管的反向饱和电流小得多。反向饱和电流随温度的升高而急剧增加。

2）反向击穿区

当反向电压增加到一定值时，反向电流急剧增加，这种现象称为二极管的反向击穿，如图 1-4 中的 CD、$C'D'$ 段所示。这时的反向电压称为二极管的反向击穿电压，用 U_{BR} 表示。实践证明，对于普通二极管，在反向击穿后，很大的反向击穿电流会使 PN 结温度迅速升高进而烧坏，二极管从电击穿转化为热击穿，应当采取措施防止二极管发生热击穿。

1.1.4 二极管的主要参数

1. 最大整流电流

最大整流电流是指二极管长期工作时允许通过的最大正向平均电流，用 I_F 表示。如果实际工作时的正向平均电流超过此值，二极管内的 PN 结可能会因过热而损坏。

2. 最高反向工作电压

最高反向工作电压是指二极管在使用时允许加的最大反向电压，用 U_{RM} 表示。为了确保二极管安全工作，通常取二极管反向击穿电压的一半作为最高反向工作电压。

3. 反向电流

反向电流是指二极管未击穿时的反向电流，用 I_{RM} 表示，其值愈小，二极管的单向导电性愈好，硅管的反向电流比锗管的反向电流小得多。由于温度增加反向电流会急剧增加，所以在使用二极管时要注意温度的影响。

二极管的参数是正确使用二极管的依据，半导体手册中给出了各种型号的二极管的参数。在使用二极管时，应特别注意不要超过最大整流电流和最高反向工作电压，否则二极管容易损坏。

思考题

1.1.1 什么是半导体？什么是本征半导体？在半导体中存在哪两种载流子？

1.1.2 什么是 P 型半导体？什么是 N 型半导体？它们具有什么特点？什么是 PN 结？它具有什么特性？

1.1.3 二极管的伏安特性曲线上有一个死区电压，什么是死区电压？硅管和锗管的死区电压的典型值约为多少？

1.1.4 为什么说在使用二极管时，应特别注意不要超过最大整流电流和最高反向工作电压？最高反向工作电压与反向击穿电压之间有什么关系？

1.1.5 把一个 1.5V 的干电池直接接到二极管两端（采用正向接法），会发生什么现象？

1.1.6 比较硅、锗两种二极管的性能。在工程上，为什么硅管应用得较普遍？

1.2 特殊二极管

除前面讨论的普通二极管外，还有若干特殊二极管，如稳压二极管、变容二极管、发光二极管、光电二极管等，它们具有特殊功能，下面分别进行简单介绍。

1.2.1 稳压二极管

1. 稳压二极管的特性

稳压二极管又叫齐纳二极管，是利用 PN 结反向击穿特性（电流可在很大范围内变化而电压基本不变的现象）制成的起稳压作用的二极管。由于工艺上的特殊处理，只要反向电流小于它的最大允许值，稳压二极管就只发生电击穿而不发生热击穿，所以不会损坏。图 1-5（a）所示为稳压二极管的伏安特性曲线，它和普通硅二极管的伏安特性曲线相似，在反向击穿区（图中的 AB 段），反向电流的变化（ΔI_Z）很大，稳压二极管两端电压的变化（ΔU_Z）很小，这就是稳压二极管的稳压特性。稳压二极管的电路符号如图 1-5（b）所示。稳压二极管接法如图 1-5（c）所示。

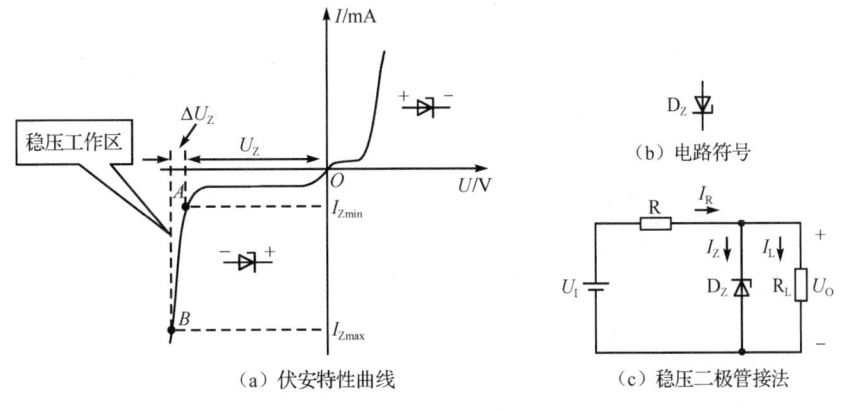

图 1-5 稳压二极管的伏安特性曲线、电路符号和接法

2. 稳压二极管的主要参数

1）稳定电压

稳定电压是指稳压二极管正常工作时两端所具有的电压值，用 U_Z 表示，近似等于反向击穿电压。每个稳压二极管只有一个稳定电压，但即使同一型号的稳压二极管的稳定电压值也具有一定的分散性，如一个 2DW231 稳压二极管的稳定电压是介于 5.8～6.6V 的某一确定值。在使用和更换稳压二极管时一定要对具体的稳压二极管进行测试，看其稳定电压是否合乎要求。

应当指出，稳压二极管只有工作在反向击穿状态，其两端的电压才能稳定在稳定电压。

2）稳定电流

稳定电流是稳压二极管在稳定电压下的工作电流，用 I_Z 表示。

3）最大稳定电流

最大稳定电流是稳压二极管长期工作允许通过的最大反向电流，用 I_{Zmax} 表示。

4）最小稳定电流

最小稳定电流是稳压二极管进入正常稳压状态必需的起始电流，用 I_{Zmin} 表示。实际电流如果小于此值，稳压二极管就会因未进入击穿状态而不能起到稳压作用。

5）动态电阻

动态电阻是稳压二极管两端电压的变化量与通过电流的变化量的比值，即

$$r_Z = \frac{\Delta U_Z}{\Delta I_Z} \tag{1-1}$$

显然动态电阻愈小，说明通过稳压二极管的电流变化引起的稳压二极管两端电压的变化愈小，稳压二极管的稳压性能愈好。

1.2.2 变容二极管

变容二极管是利用 PN 结在反向偏置时结电容大小随外加电压的变化而变化的特性制成的。反向电压增大时结电容减小，反之结电容增大。显然，变容二极管应工作在反向偏置状态。变容二极管的电路符号如图 1-6（a）所示。

变容二极管的结电容 C_j 与反向偏置电压 u_D 的关系曲线如图 1-6（b）所示，变容二极管的电容量一般较小，最大值为几十皮法到几百皮法，最大电容与最小电容之比约为 5∶1。它主要在高频电路中用于自动调谐、调频、调相等，如在电视接收机的调谐回路中用作可变电容。

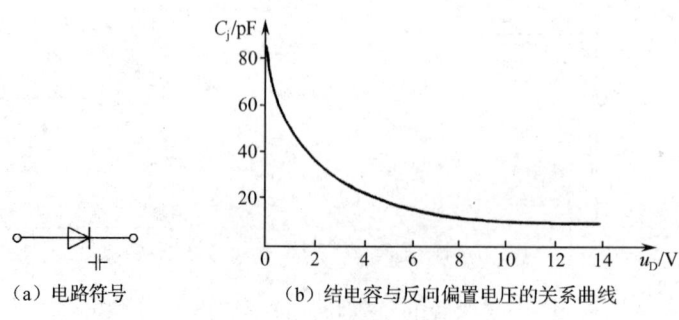

（a）电路符号　　　　（b）结电容与反向偏置电压的关系曲线

图 1-6　变容二极管

1.2.3 光电二极管

普通二极管在反向电压作用时处于截止状态，只能流过微弱的反向电流，而光电二极管在设计和制作时使 PN 结的面积尽量较大，以便接收入射光。光电二极管是在反向电压作用下工作的，在没有光照时，反向电流极其微弱，叫作暗电流；在有光照时，反向电流迅速增大到几十微安，叫作光电流。光强越大，反向电流越大。光强的变化会引起光电二极管电流的变化，因此利用光电二极管可以把光信号转换成电信号，从而制作光电传感器。光电二极管的外形及符号如图 1-7 所示。

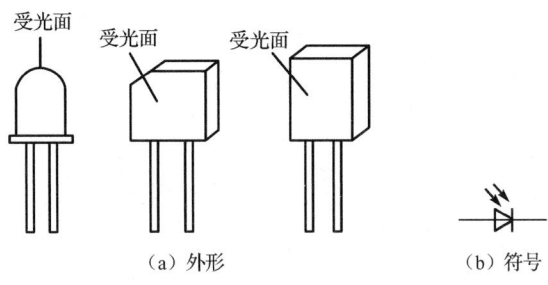

图 1-7 光电二极管的外形及符号

1.2.4 发光二极管

发光二极管又称 LED，是一种常用的发光器件，通过电子与空穴复合释放能量实现发光。LED 可高效地将电能转化为光能，在现代社会被广泛应用，如照明、平板显示、医疗器件等。

LED 发出的光的颜色主要取决于制造用的材料。目前市场上的 LED 发出的光的颜色主要有红色、橙色、黄色、绿色、蓝色等。图 1-8 所示为 LED 的常见外形和符号。LED 只能工作在正向偏置状态，它的正向压降较大，约为 1.2～2.2V。LED 在工作时常用限流电阻限流，防止因过流被烧坏。遥控器上采用的是红外 LED，该类 LED 发出的是不可见的红外光。

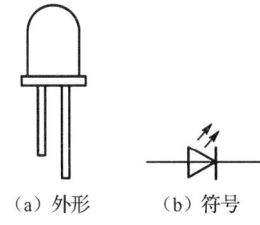

图 1-8 LED 的常见外形和符号

思考题

1.2.1 稳压二极管与普通二极管相比，特性上存在的主要差异是什么？
1.2.2 为什么稳压二极管的动态电阻越小越好？
1.2.3 变容二极管应用于什么场合，试举一两个例子说明。
1.2.4 发光器件为什么在电子技术中得到越来越广泛的应用？试举一两个应用实例。

1.3 三极管

1.3.1 三极管的结构与分类

三极管的全称为半导体三极管，也称双极型晶体管、晶体三极管，是一种用于控制电流的半导体器件，其作用是把微弱信号放大成幅值较大的电信号，可用作无触点开关。

三极管有很多类，按材质可分为硅管、锗管；按结构可分为 NPN 型三极管、PNP 型三极管；按功能可分为开关管、功率管、达林顿管、光敏管等；按功率可分为小功率管、中功率管、大功率管；按工作频率可分为低频管、高频管、超频管；按结构工艺可分为合金管、平面管；按安装方式可分为插件三极管、贴片三极管。常见的三极管外形如图 1-9 所示。

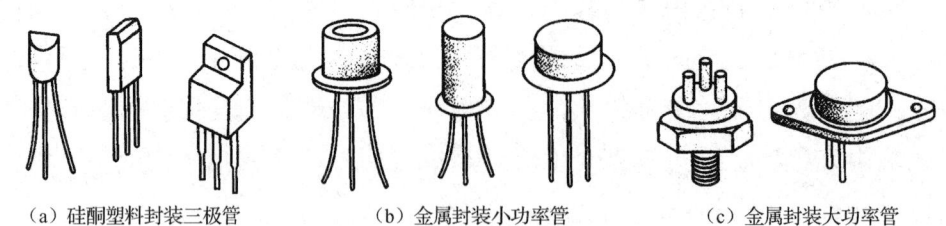

（a）硅酮塑料封装三极管　　（b）金属封装小功率管　　（c）金属封装大功率管

图 1-9　常见的三极管外形

NPN 型三极管和 PNP 型三极管的结构示意图和电路符号如图 1-10 所示，它有三个区——发射区、基区、集电区，每个区各引出一个电极，分别称为发射极（e）、基极（b）、集电极（c）。N 是负极的意思，P 是正极的意思。每个三极管的内部都有两个 PN 结。发射区和基区之间的 PN 结称为发射结；集电区和基区之间的 PN 结称为集电结。

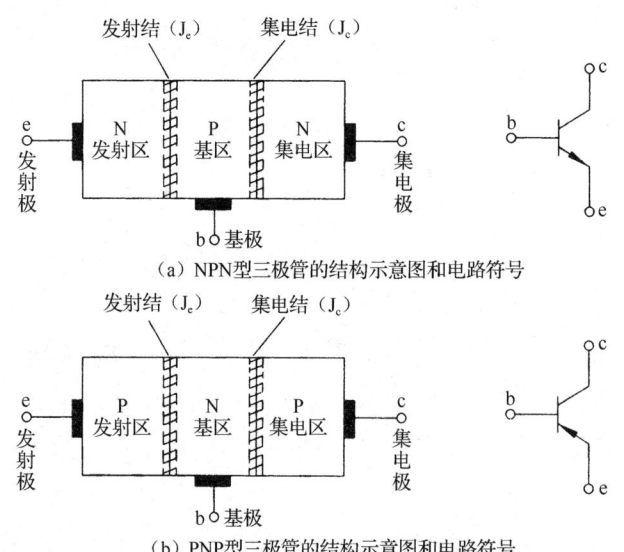

（a）NPN 型三极管的结构示意图和电路符号

（b）PNP 型三极管的结构示意图和电路符号

图 1-10　NPN 型三极管和 PNP 型三极管的结构示意图和电路符号

必须指出，三极管并不是两个 PN 结的简单组合，其内部的三个区域必须具有如下特性：基区很薄且杂质浓度很低，发射区杂质浓度高，集电结面积大。该特性是三极管具有电流放大作用的内部原因。因此三极管不可以用两个二极管代替，也不可以将发射极与集电极互换使用。

NPN 型三极管和 PNP 型三极管的电路符号中发射极的箭头，表示发射结承受正向电压时的电流方向。

常用三极管型号来表示三极管的制造材料、基本性能和用法。国产半导体器件型号命名法可参阅本书附录 B。

1.3.2　三极管的电流分配关系与放大作用

1. 放大的概念

三极管与二极管的最大不同之处就是具有电流放大作用。电子电路中所说的放大有两方面含义：一方面是放大的对象是变化量，不是一个恒定量，如扩音机是把人讲话声音的轻重和高低放大；另一方面是对能量的控制作用，即在输入端用一个小的变化量控制能源，使输出端产生一个与输入变化量相应的大的变化量。对能量具有控制作用的器件称为有源器件。下面所讲的三极管、场效应管、集成电路等都是有源器件。

2．实现放大作用的条件

三极管实现放大作用的外部条件就是给它设置合适的偏置电压，也就是在发射结加正向电压（正向偏置），在集电结加反向电压（反向偏置）。因此，NPN 型三极管的集电极电位高于基极电位，基极电位高于发射极电位，即 $U_C>U_B>U_E$；PNP 型三极管各极电位的情况为 $U_E>U_B>U_C$。图 1-11 画出了这两种三极管的直流供电电路，其中 $V_{CC}>V_{BB}$。

3．三极管内部电流分配关系与电流放大系数

我们先来做个实验，观察一下三极管各个电极电流的情况及它们之间的关系，实验电路如图 1-12 所示，调节电位器 R_P，改变基极电流 I_B，测得相应的集电极电流 I_C 和发射极电流 I_E 的数据。

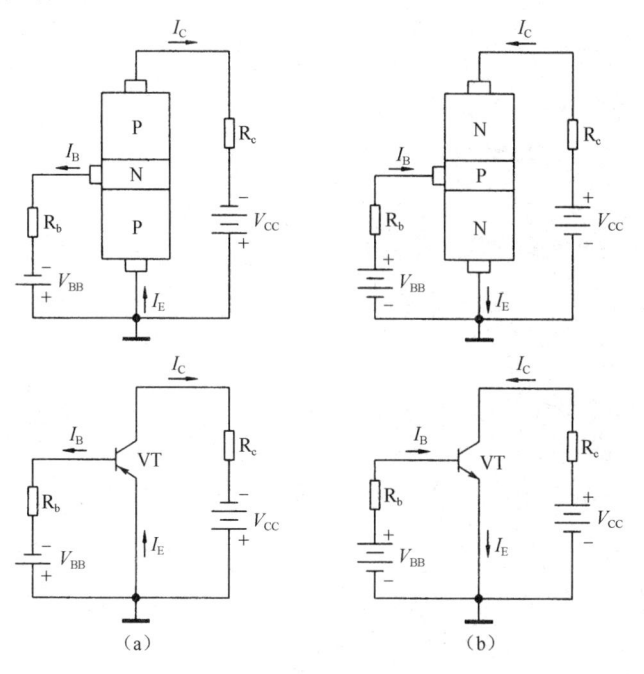

图 1-11 发射结正向偏置、集电结反向偏置的直流供电电路

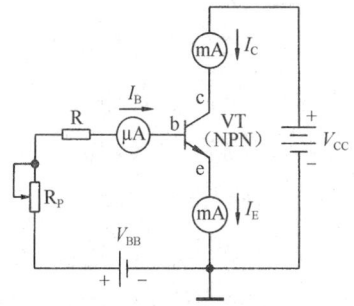

图 1-12 三极管实验电路

表 1-1 列出了 7 组实验数据。

表 1-1 I_B、I_C、I_E 实验数据

I_B/mA	−0.004	0	0.01	0.02	0.03	0.04	0.05
I_C/mA	0.004	0.01	1.09	1.98	3.07	4.06	5.05
I_E/mA	0	0.01	1.10	2.00	3.10	4.10	5.10

分析表 1-1 中的数据可以得出如下结论。

① 三极管的发射极电流等于基极电流与集电极电流之和，即 $I_E=I_B+I_C$，且 $I_C \gg I_B$，$I_E \approx I_C$。

② I_B 变化时，I_C 也跟着变化，I_C 受 I_B 控制。I_B 一个微小的变化，就能引起 I_C 较大的变化，我们称这种现象为三极管的电流放大作用。电流放大作用的实质是通过改变 I_B 的大小，达到控制 I_C 的目的，因此三极管是一种电流控制元件。

③ ΔI_C 与 ΔI_B 的比值几乎是一个常数，我们将这个比值称为共发射极交流电流放大系数，用 β 表示，即

$$\beta = \frac{\Delta I_C}{\Delta I_B} \qquad (1-2)$$

三极管的 I_C 和相应的 I_B 的比值称为直流放大系数，用 $\bar{\beta}$ 表示，即

$$\bar{\beta} = \frac{I_C}{I_B} \qquad (1-3)$$

在一般情况下，β 与 $\bar{\beta}$ 很接近，即 $\beta \approx \bar{\beta}$。通常 β 与 $\bar{\beta}$ 无须严格区分，可以混用。

1.3.3 三极管在电路中的基本连接方式

利用三极管组成的放大电路可以把其中一个电极作为输入端，一个电极作为输出端，余下的电极作为输入、输出回路的共同端。根据共同端的不同，三极管有三种连接方式（三种组态）——共发射极接法、共基极接法和共集电极接法，如图 1-13 所示。

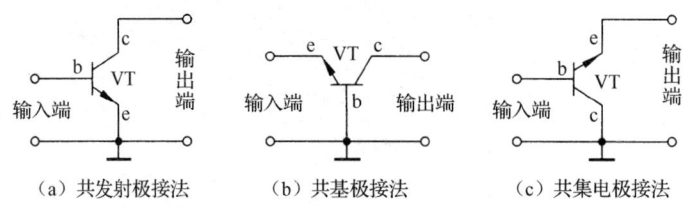

图 1-13 三极管在电路中的三种连接方式

1.3.4 三极管的伏安特性

三极管的伏安特性曲线描述的是各电极间电压和各电极电流之间的关系。三极管的伏安特性曲线常用的有输入特性、输出特性两种曲线。下面以常用的共发射极电路的输入特性曲线、输出特性曲线为例来进行分析。图 1-14 所示为三极管伏安特性曲线测试电路图。

1. 输入特性曲线

输入特性曲线是指当集电极与发射极之间的电压 U_{CE} 一定时，基极与发射极之间的电压 U_{BE} 与基极电流 I_B 之间的关系曲线。

我们可以通过实验来测试输入特性曲线。在测试时，先固定 U_{CE} 为某个值，然后改变 V_{BB}，测量相应的 I_B 和 U_{BE}。根据实验数值绘制出的两条输入特性曲线，如图 1-15 所示。

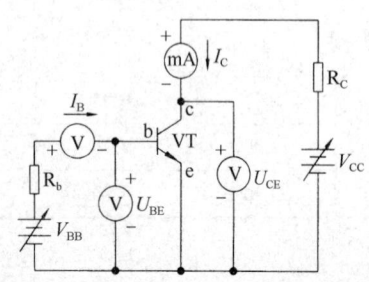

图 1-14 三极管伏安特性曲线测试电路图

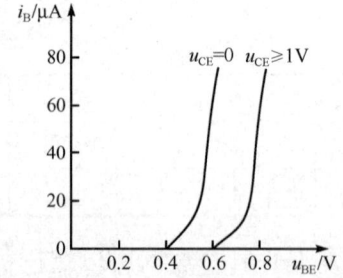

图 1-15 三极管的输入特性曲线

根据输入特性曲线可以得出如下结论。

① 当 $U_{CE}=0$ 时，相当于集电极和发射极短接，这时的三极管相当于两个二极管并联，所以它和二极管的正向伏安特性相似。

② 当 $U_{CE}>0$ 时，曲线形状基本不变，曲线位置随 U_{CE} 的增大向右平移，但当 $U_{CE}>1V$ 后，曲线基本重合。

与二极管相似，三极管的发射结存在死区电压。小功率硅管的死区电压约为 0.5V，锗管的死区电压约为 0.1V。在正常工作时，发射结正向压降变化不大，硅管的正向压降约为 0.7V，锗管的正向压降约为 0.3V。

2．输出特性曲线

输出特性曲线描述的是在基极电流 I_B 一定时，集电极电流 I_C 与集电极—发射极之间的电压 U_{CE} 的关系。在测试时，先固定 I_B 为某个值，然后改变 V_{CC}，测出相对应的 I_C 和 U_{CE} 的值。根据实验数值绘制出如图 1-16 所示的三极管的输出特性曲线。

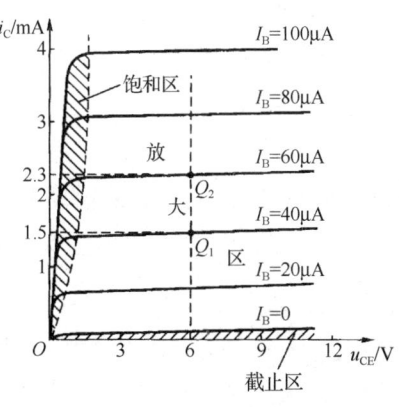

图 1-16 三极管的输出特性曲线

通常把输出特性曲线图分成三个工作区来分析三极管的工作状态，如表 1-2 所示。

表 1-2 三极管的三种工作状态

三极管状态	特征描述		
截止状态	发射结与集电结都反向偏置	$I_B=0$，$I_C=I_{CEO}\approx 0$	三极管各极之间呈高阻状态
放大状态	发射结正偏，集电结反向偏置	$I_C=\beta I_B+I_{CEO}\approx \beta I_B$	具有电流放大作用，I_C 仅受 I_B 控制，I_C 基本不受 U_{CE} 影响
饱和状态	发射结与集电结都正向偏置	I_C 不受 I_B 控制，硅管的饱和压降约为 0.3V，锗管的饱和压降约为 0.1V	三极管饱和时，各极之间的电压很小，而电流却较大，呈现低阻状态，故各极之间可近似看作短路

1.3.5 三极管的主要参数

三极管的参数可以用来表征其性能优劣和适用范围，是合理选用三极管的依据。

1．电流放大系数

三极管的电流放大系数是反映三极管电流放大能力强弱的参数，前面已经进行了阐述。要选用电流放大系数值适当的三极管，一般电流放大系数太大的三极管的工作稳定性较差。

2．反向饱和电流

1）集电极—基极反向饱和电流

集电极—基极反向饱和电流是指发射极开路，集电结在反向电压作用下形成的反向电流，用 I_{CBO} 表示，如图 1-17（a）所示。I_{CBO} 受温度的影响很大，它随温度的升高而增大。在常温下，小功率硅管的 $I_{CBO}<1\mu A$，锗管的 I_{CBO} 约为 $10\mu A$。I_{CBO} 的大小反映了三极管的热稳定性。I_{CBO} 越小，三极管的热稳定性越好。

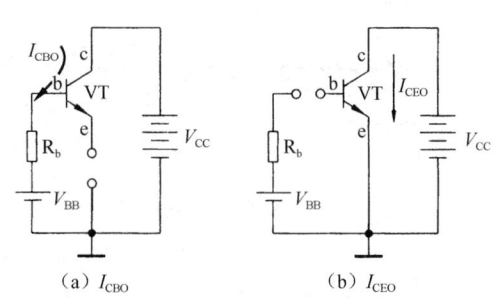

图 1-17 I_{CBO} 与 I_{CEO} 的示意图

2）穿透电流

穿透电流是指基极开路，在集电极—发射极间加上一定值的电压时，集电极和发射极之间流过的电流，

用 I_{CEO} 表示,如图 1-17(b)所示。I_{CEO} 与 I_{CBO} 的关系为

$$I_{CEO}=(1+\beta)I_{CBO} \qquad (1-4)$$

I_{CEO} 受温度影响很大,温度升高,I_{CEO} 增大。I_{CEO} 的大小也是衡量三极管热稳定性的参数,硅管的 I_{CEO} 比锗管的 I_{CEO} 小。

3. 极限参数

表征三极管安全工作的参数叫作三极管极限参数,它是指三极管工作时不允许超过的极限工作条件,超过此界限,三极管性能就会下降,甚至毁坏,因此极限参数是保证三极管安全工作和选择三极管的重要依据。

1)集电极最大允许电流

三极管的 β 在 I_C 变化的一定范围内基本不变,但当 I_C 超过一定值时 β 会下降。集电极最大允许电流是指 β 下降到正常值的 2/3 时所允许的最大集电极电流,用 I_{CM} 表示。当 $I_C>I_{CM}$ 时,三极管性能将明显下降,甚至有烧坏的可能。因此,在实际使用中必须使 $I_C<I_{CM}$。

2)集电极最大允许功耗

集电极最大允许功耗表示集电结上允许损耗的功率的最大值,用 P_{CM} 表示。超过此值三极管的性能就可能变差,甚至被烧毁。集电极实际损耗功率 $P_C=I_CU_{CE}$。三极管在正常工作时必须满足 $P_C<P_{CM}$。根据 P_{CM},可以在共发射极特性曲线上画出最大功耗曲线。曲线左侧为安全工作区,如图 1-18 所示,右侧为过损耗区,三极管工作时不允许进入这个区域。值得注意的是,P_{CM} 与环境温度有关,温度愈高,P_{CM} 愈小。在必要情况下,可以采用加装散热装置的办法来提高 P_{CM}。

图 1-18 三极管的安全工作区

3)集电极—发射极间反向击穿电压

集电极—发射极间反向击穿电压是基极开路时加在集电极和发射极之间的反向击穿电压,用 $U_{(BR)CEO}$ 表示。当温度升高时,$U_{(BR)CEO}$ 下降。在实际使用中必须使 $U_{CE}<U_{(BR)CEO}$。

【例 1-1】 某三极管的输出特性曲线如图 1-19 所示。求该三极管的电流放大系数 β、穿透电流 I_{CEO}、反向击穿电压 $U_{(BR)CEO}$、集电极最大允许电流 I_{CM} 及集电极最大允许功耗 P_{CM}。

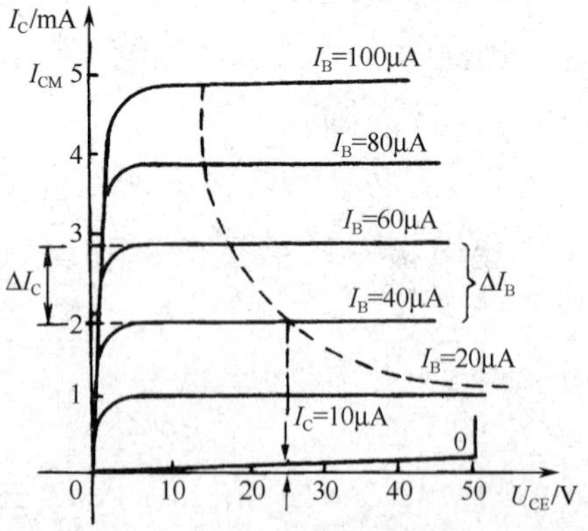

解:本题的意图是根据输出特性曲线求三极管的参数,借助输出特性曲线更深刻地理解各参数的含义。

① 取 $\Delta I_B = 60\mu A - 40\mu A = 20\mu A = 0.02mA$。从图 1-19 中可以看出对应的 $\Delta I_C = 2.9mA - 1.9mA = 1mA$。$\beta = \Delta I_C/\Delta I_B = 1/0.02 = 50$。

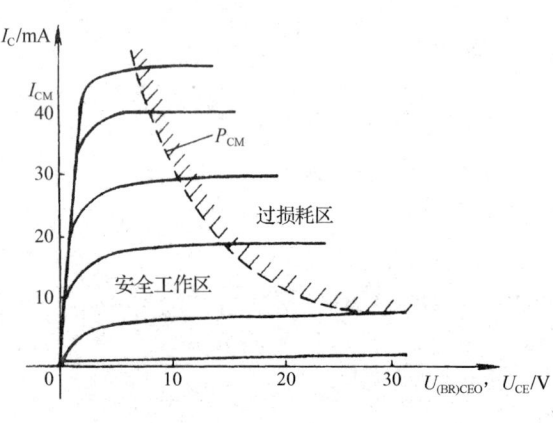

图 1-19 某三极管的输出特性曲线

② 由图 1-19 可知,当 $I_B=0$,$I_C=I_{CEO}$ 时,$I_B=0$ 对应的输出特性曲线所对应的 I_C 为 $10\mu A$,由公式 $I_C=\beta I_B+I_{CEO}$ 可知 $I_{CEO}=10\mu A$。

③ $U_{(BR)CEO}$ 为基极开路($I_B=0$)时集电极和发射极之间的击穿电压。从 $I_B=0$ 对应的输出特性曲线可以看出,$U_{CE}>50V$ 时 I_C 迅速增大,所以 $U_{(BR)CEO}$ 为 50V。

④ 过 U_{CE}=25V 做垂线与 P_{CM} 的交点的纵坐标为 I_C=2mA，$P_{CM}=I_C U_{CE}$=2mA×25V= 50mW。

⑤ I_{CM} 已在图 1-19 中标出，I_{CM}=5mA。

【例 1-2】 若测得放大电路中三个三极管的三个电极的对地电位 U_1、U_2、U_3 分别为下述数值，试判断这些三极管是硅管还是锗管，是 NPN 型管还是 PNP 型管，并确定发射极、基极、集电极。

① U_1=2.5V，U_2=6V，U_3=1.8V。

② U_1= −6V，U_2= −3V，U_3= −2.7V。

③ U_1= −1.7V，U_2= −2V，U_3=0V。

解：本题的解题思路是，首先根据两个电极的电位差（硅管为 0.7V，锗管为 0.3V）找出发射结，从而确定集电极，并区分三极管是硅管还是锗管；其次根据发射极与集电极间的高低电位判别三极管是 NPN 型管还是 PNP 型管；最后根据发射结两个电极电位的高低区分发射极与基极。

① 由于 1 引脚和 3 引脚间的电位 $U_{13}=U_1-U_3$=0.7V，故 1 引脚、3 引脚间为发射结，2 引脚为集电极，该三极管为硅管。又因为 $U_2>U_1>U_3$，故该三极管为 NPN 型管，且 1 引脚为基极，3 引脚为发射极。

② 由于｜U_{23}｜=0.3V，故 2 引脚、3 引脚间为发射结，1 引脚为集电极，该三极管为锗管。又因为 $U_1<U_2<U_3$，故该三极管为 PNP 型管，且 2 引脚为基极，3 引脚为发射极。

③ 根据同样的方法可以确定该三极管是 NPN 型锗管，2 引脚为发射极，1 引脚为基极，3 引脚为集电极。

思考题

1.3.1 三极管的主要特性是什么？三极管放大作用的实质是什么？

1.3.2 既然三极管是由两个 PN 结构成的，可否通过连接两个二极管构成一个三极管？试说明理由。

1.3.3 要使三极管具有放大作用，应如何在发射结和集电结间施加偏置电压？

1.3.4 晶体管的发射极和集电极能否对调使用，为什么？

1.4 场效应管

场效应晶体管（Field Effect Transistor，FET）简称场效应管，由多数载流子参与导电，也称为单极型晶体管，主要有两种类型——结型场效应管（Junction FET—JFET）和绝缘栅金属-氧化物半导体场效应管（Metal-Oxide Semiconductor FET，MOS-FET，简称 MOS 管）。场效应管属于电压控制型半导体器件，具有输入电阻高（$10^7 \sim 10^{15}\Omega$）、噪声小、功耗低、动态范围大、易于集成、没有二次击穿现象、安全工作区域宽等优点，现已成为三极管和功率管的强大竞争者。场效应管是一种利用控制输入回路的电场效应来控制输出回路电流的半导体器件。

本书只简单介绍 MOS 管。

1.4.1 MOS 管简介

MOS 管按其工作状态可分为增强型与耗尽型两类，每类又有 N 沟道和 P 沟道之分。

1. N沟道增强型MOS管

图1-20（a）所示为N沟道增强型MOS管的结构示意图，用一块杂质浓度较低的P型薄硅片作为衬底，其上扩散两个相距很近的掺杂N^+型区，并在硅片表面生成一层薄薄的二氧化硅绝缘层，在两个N^+型区之间的二氧化硅表面及两处N^+型区的表面分别安置三个电极——栅极（G）、源极（S）和漏极（D）。由图1-20（a）可知，栅极和其他电极及硅片之间是绝缘的，所以称为绝缘栅场效应管。由于栅极是绝缘的，所以栅极电流几乎为0，栅源电阻R_{GS}很高，最高可达$10^{14}\Omega$。N沟道增强型MOS管和P沟道增强型MOS管的电路符号分别如图1-20（b）和图1-20（c）所示。

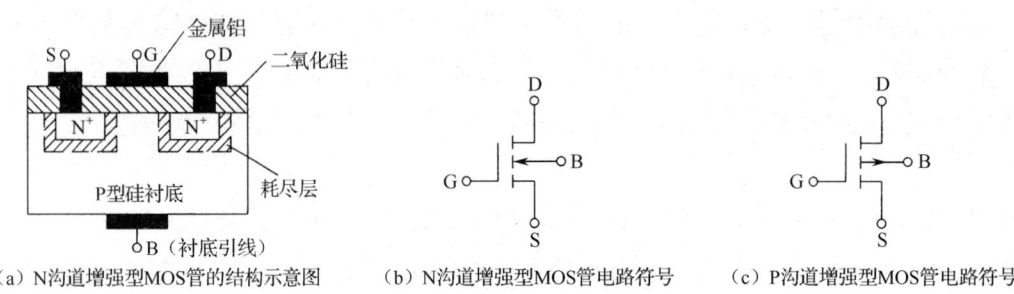

(a) N沟道增强型MOS管的结构示意图　　(b) N沟道增强型MOS管电路符号　　(c) P沟道增强型MOS管电路符号

图1-20　增强型MOS管的结构及电路符号

MOS管的特性曲线有转移特性曲线和输出特性曲线两种。由于MOS管输入（栅极）电流几乎为0，所以讨论MOS管的输入特性是没有意义的。

1）转移特性曲线

MOS管是电压控制型器件，它是通过改变栅源电压U_{GS}来控制漏极电流I_D的。MOS管的转移特性曲线表示了当U_{DS}为某一定值时，U_{GS}对I_D的控制特性。

N沟道增强型MOS管的转移特性曲线如图1-21（a）所示。从转移特性曲线可以看出，当$U_{GS} \leq U_{GS(th)}$时，$I_D=0$；一旦$U_{GS} > U_{GS(th)}$，就有电流I_D流过，且I_D随着U_{GS}的增大而增大，即U_{GS}控制I_D变化，其中$U_{GS(th)}$称为开启电压。由于当$U_{GS} > U_{GS(th)}$时管子才能导通，所以称其为增强型MOS管。

2）输出特性曲线

MOS管的输出特性曲线是指在栅源电压U_{GS}一定的情况下，漏极电流I_D和漏源电压U_{DS}之间的关系。图1-21（b）所示为N沟道增强型MOS管的输出特性曲线，输出特性曲线可分为四个区域，对应工作特性如表1-3所示。

表1-3　MOS管的工作特性

MOS管工作区	特　征　描　述	
可变电阻区	在该区域内，曲线呈直线上升趋势，基本上可以看作过原点的一条直线	MOS管的漏-源极之间可等效为一个电阻，此电阻阻值的大小随U_{GS}而变
恒流区（也称饱和区、放大区）	U_{GS}不变，I_D基本不随U_{DS}变化	此时I_D的大小只受U_{GS}控制，这正体现了MOS管的电压对电流的控制作用
击穿区	随着U_{DS}的增大，PN结因承受很大的反向电压而击穿	I_D急剧增加，如果不加限制，将造成MOS管损坏
截止区	当$U_{GS} < U_{GS(th)}$时，I_D接近于0	管子的漏源电阻的阻值很大

（a）N沟道增强型MOS管的转移特性曲线　（b）N沟道增强型MOS管的输出特性曲线

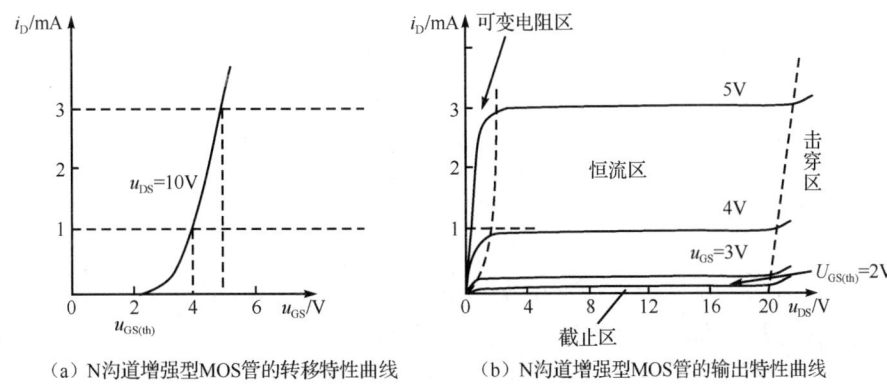

图 1-21　N 沟道增强型 MOS 管的特性曲线

2. N 沟道耗尽型 MOS 管

N 沟道耗尽型 MOS 管的结构与 N 沟道增强型 MOS 管的结构相似，不同的是在二氧化硅绝缘层中掺有大量正离子。由于存在这些正离子，所以在 U_{GS}=0 的情况下，在绝缘层和 P 型衬底交界面附近的衬底区中能感应出一个反型层，形成 N 沟道，如图 1-22（a）所示。图 1-22（b）所示为 N 沟道耗尽型 MOS 管的电路符号。

耗尽型 MOS 管与增强型 MOS 管不同，只要漏极与源极间有 U_{DS} 存在，就有漏极电流 I_D，即使 U_{GS}=0。当 U_{GS}>0，并逐渐增大时，I_D 随 U_{GS} 的增大而增大。当 U_{GS}<0 时，随着栅极与源极间的负偏压增大，沟道电阻增大，I_D 逐渐减小。当 U_{GS} 的负值达到某一定值时，I_D=0，此时的 U_{GS} 称为夹断电压，用 $U_{GS(off)}$ 表示。

这种 MOS 管只有在 U_{GS} 减小到一定程度，即 $U_{GS}<U_{GS(off)}$ 时，沟道中的感应电荷才能全部耗尽，使 I_D=0，所以称为耗尽型 MOS 管。

N 沟道耗尽型 MOS 管的特性曲线如图 1-23 所示。

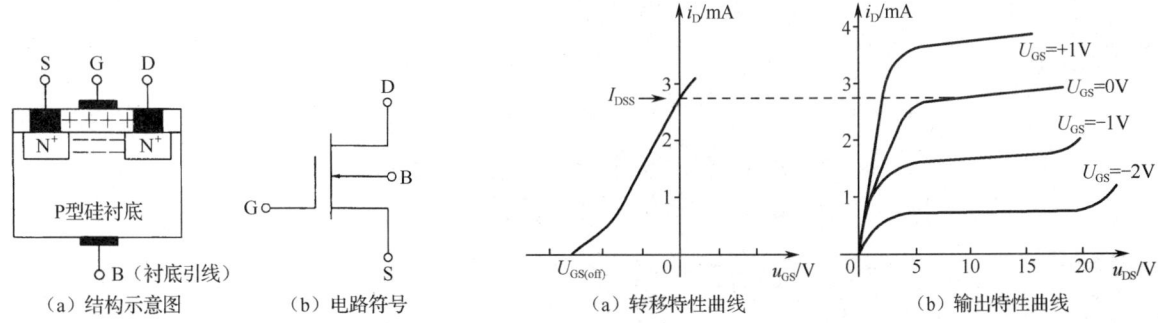

（a）结构示意图　（b）电路符号

图 1-22　N 沟道耗尽型 MOS 管

（a）转移特性曲线　（b）输出特性曲线

图 1-23　N 沟道耗尽型 MOS 管的特性曲线

1.4.2　场效应管的主要参数和使用注意事项

1. 主要参数

1）直流参数

① 开启电压 $U_{GS(th)}$：是增强型 MOS 管的重要参数，是指在 U_{DS} 为定值的条件下，增强型 MOS 管开始导通（I_D 达到某一定值，如 10μA）时，所需要施加的 U_{GS} 值。

② 夹断电压 $U_{GS(off)}$：是耗尽型 MOS 管的重要参数，是指在 U_{DS} 为定值的条件下，耗尽型 MOS 管 I_D 减小到近于 0（如 1μA）时的 U_{GS} 值。

③ 饱和漏极电流 I_{DSS}：是耗尽型 MOS 管的重要参数，通常规定为当 U_{GS}=0 且 $U_{DS}>U_{GS(off)}$

时，对应的漏极电流。

④ 直流输入电阻 R_{GS}：是指栅源电压 U_{GS} 与对应的栅极电流 I_G 之比。

场效应管的 R_{GS} 很大，结型场效应管的 R_{GS} 一般超过 $10^7\Omega$；MOS 管的 R_{GS} 更大，一般超过 $10^9\Omega$。

2）交流参数

① 跨导 g_m：是指当 U_{DS} 为某一固定值时，漏极电流的变化量 ΔI_D 和引起这个变化量的栅源电压变化量 ΔU_{GS} 之比，即

$$g_m = \frac{\Delta I_D}{\Delta U_{GS}}\bigg|_{U_{DS}=常数} \tag{1-5}$$

跨导反映了栅源电压对漏极电流的控制能力，它是标志场效应管放大能力的重要参数，单位为 mS 或 μS。值得注意的是，跨导与工作点有关，随工作点的变化而变化。

② 极间电容：场效应管三个电极之间的等效电容 C_{GS}、C_{GD}、C_{DS}，一般为 0.1～3pF，是影响场效应管高频性能的参数。

3）极限参数

① 漏极最大允许功耗 P_{DM}：指 I_D 与 U_{DS} 的乘积不应超过的极限值。

② 漏源击穿电压 $U_{(BR)DS}$：指 I_D 开始急剧增加的漏-源极间的电压。

2．使用注意事项

① 结型场效应管的栅源电压不能接反，各极可以在开路状态下保存。

② MOS 管在不使用时，须将各电极短路，以免因受外电场的作用而损坏。

③ 取用场效应管时要注意人体静电对栅极的感应，可在手腕上佩戴接地的金属环，防止人体静电造成的影响。在焊接时，电烙铁外壳必须良好接地，或者在断电后再进行焊接。

④ 对于功率型场效应管，要有良好的散热条件。

思考题

1.4.1　场效应管有哪些类型？试分别画出它们的符号。

1.4.2　试比较三极管与 MOS 管的异同，说明场效应管的特点及使用注意事项。

1.4.3　说明场效应管的夹断电压 $U_{GS(off)}$ 和开启电压 $U_{GS(th)}$ 的意义。

1.5　应用与实验

1.5.1　二极管的简易测试

1．普通二极管的测试

根据二极管的单向导电性可知，二极管正向电阻小，反向电阻大。利用这一特点，可以用万用表的电阻挡大致测出二极管的质量和正极、负极。

1）指针式万用表检测

将万用表（指针式）拨到电阻挡的 R×100 挡或 R×1k 挡（注意调零），此时万用表的红表笔接表内电池的负极，带负电；黑表笔接表内电池的正极，带正电。具体的测量方法是将万用表的红、黑表笔分别接在二极管两端，如图 1-24（a）所示，再将红、黑表笔对调后分别接在二极管两端，如图 1-24（b）所示。两次测得的阻值一个较小（几千欧以下）、一个较大

（几百千欧以上），说明二极管具有单向导电性，质量良好，并且测得阻值小的一次黑表笔接的是二极管的正极。

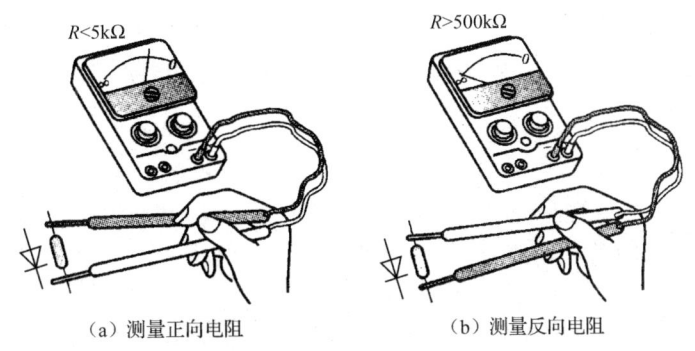

(a) 测量正向电阻　　　　(b) 测量反向电阻

图1-24　二极管的测量

如果测得二极管的正向电阻、反向电阻都较小，甚至为零，就说明二极管内部已短路；如果测得二极管的正向电阻、反向电阻都很大，就说明二极管内部已断路；如果测得二极管的正向电阻、反向电阻差别不大，就说明二极管单向导电性差，不能使用。

2）数字万用表检测

将数字万用表的量程开关拨到二极管挡，这时红表笔带正电，黑表笔带负电（与指针式万用表表笔带电情况相反）。两个表笔分别连接二极管的两个电极，若显示屏显示数值为1V以下，则表明二极管处于正向导通状态，红表笔所接电极为二极管的正极，黑表笔所接电极为二极管的负极。若显示屏显示溢出符号 1，则表明二极管处于反向截止状态，黑表笔所接电极为二极管的正极，红表笔所接电极为二极管的负极。如果两次测试都显示 000，就表明二极管已击穿短路；如果两次测试都显示 1，就表明二极管内部开路。用数字万用表测量二极管两端的压降，如果测得值介于 0.5～0.7V，所测二极管就是硅管；如果测得值介于 0.1～0.3V，所测二极管就是锗管。

2. 普通LED的测试

LED在出厂时，较长的引脚表示阳极，较短的引脚表示阴极。将数字万用表的挡位拨至二极管挡，红表笔插入VΩ插孔，黑表笔插入COM插孔。将红表笔接LED的正极，黑表笔接LED的负极，如果LED被点亮，就说明LED是正常的。对于工作电压较大的LED，使用万用表可能无法判断其质量，这时需要为其提供更高的电压，如3V的纽扣电池、9V的蓄电池，甚至可调的稳压电源等。将电池的正极引出接到LED的正极，负极引出接到LED的负极，如果LED被点亮，就说明LED是正常的。为了保险起见，可以在电路中串联一个阻值不太大的电阻，以防电流过大把LED烧坏。

3. 红外LED的测试

红外LED的测试，不同于普通LED，如果测量时使用的电压较高，就会导致红外LED被击穿，造成器件内部短路。对于某些红外LED，不能用数字万用表测短路的挡直接测量，只能用指针式万用表测量。红外LED的质量可以按照测试普通硅二极管正向电阻、反向电阻的方法进行测试。

4. 稳压二极管的测试

从外形上看，金属封装稳压二极管管体的正极一端为平面，负极一端为半圆面；塑封稳压二极管管体上印有彩色标记的一端为负极，另一端为正极。也可以用万用表R×1k挡判别

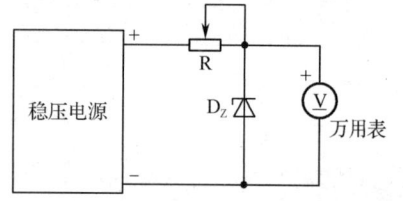

图 1-25 稳压二极管稳定电压测试

稳压二极管的极性,测量方法与普通二极管的测量方法相同。稳定电压的测量可以利用连续可调直流电源测得:将电源正极串接一个合适的限流电阻后与被测稳压二极管的负极相连接,电源负极与稳压二极管的正极相接,逐渐升高稳压电源电压,再用万用表测量稳压二极管两端的电压值,如图 1-25 所示。当万用表的读数基本不变时,所测得的值就是稳压二极管的稳定电压。

1.5.2 用万用表简单测试三极管

(1)判别基极和管型:三极管内部有两个 PN 结,即集电结和发射结。图 1-26(a)所示为 NPN 型三极管。与二极管相似,三极管内的 PN 结也具有单向导电特性。因此可以用万用表电阻挡判别三极管的基极和管型。例如,测 NPN 型三极管,当用黑表笔接基极时,用红表笔分别接集电极和发射极,测得阻值均较小;表笔位置对换,即用红表笔接基极,用黑表笔分别接集电极和发射极,测得阻值均较大,如图 1-26(b)所示。根据在公共端电极上表笔代表的电源极性,即可判别出三极管的基极和管型。

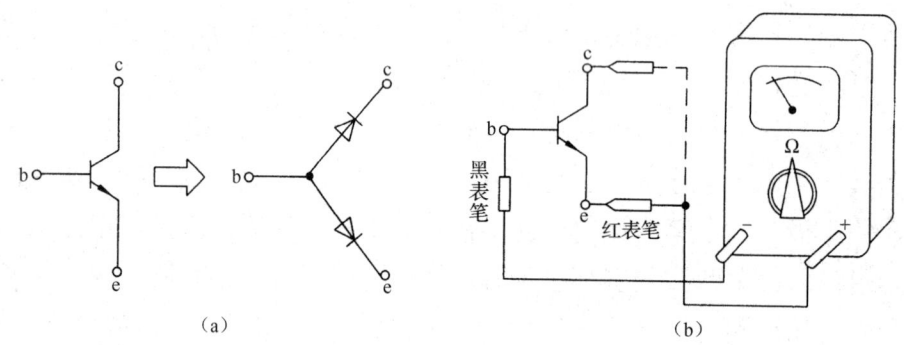

图 1-26 用万用表判别三极管电极

(2)判别集电极和发射极:可根据三极管的电流放大作用进行判别。图 1-27 所示,当未接 R_b 时,无 I_B,则 $I_C=I_{CEO}$ 时测得集电极和发射极间电阻很大;当接上 R_b 时,有 I_B,而 $I_C=\beta I_B+I_{CEO}$,因此 I_C 增大,测得集电极和发射极间电阻比未接 R_b 时小。如果集电极和发射极对调,三极管成倒置运用,β 小,无论接不接 R_b,集电极和发射极间电阻均较大,据此可以判断出集电极和发射极。例如,被测的三极管是 NPN 型的,对于 β 大的情况,在测量时与黑表笔相接的是集电极,与红表笔相接的是发射极。

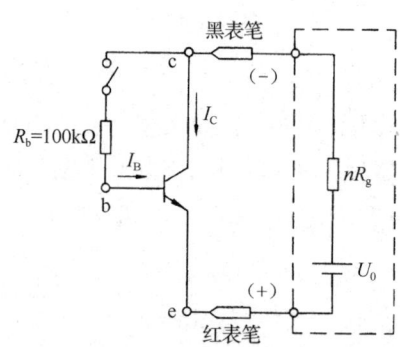

图 1-27 用万用表判别三极管集电极和发射极

1.5.3 实验:用万用表简单测试二极管和三极管

一、实验目的

(1)学会使用万用表判别二极管的极性和三极管的引脚。
(2)熟练掌握使用万用表初步判别二极管和三极管的质量的方法。

二、实验原理

见 1.5.1 节和 1.5.2 节。

三、实验设备和器件

万用表(一只)、二极管(2AP 型、2CP 型,各 1 个)、三极管(3AX31、3DG6,各 1 个)、电阻(100kΩ,1 个)、质量差的各类二极管、三极管(若干)。

四、实验内容与步骤

(1)测试二极管的正、负极性和正向电阻、反向电阻:用万用表电阻挡(R×100 挡或 R×1k 挡)判别二极管的正极、负极,并记录正向电阻、反向电阻的阻值于表 1-4 中。用数字万用表测量正向压降,并判断二极管的制造材料,将结果填入表 1-4。

表 1-4 实验数据

二极管型号	2AP 型		2CP 型	
万用表电阻挡	R×100	R×1k	R×100	R×1k
正 向 电 阻				
反 向 电 阻				
正向压降和制造材料				

(2)判别三极管的引脚和管型(NPN 型和 PNP 型):①用万用表电阻挡(R×100 挡或 R×1k 挡)先判别基极和管型。②判别集电极和发射极。

(3)用万用表测试质量差的二极管和三极管,鉴别分析管子的质量和损坏情况。

五、实验分析和总结

(1)能否用万用表测量大功率三极管?在测量时用哪一挡较为合理,为什么?

(2)为什么用万用表不同电阻挡测二极管的正向电阻(或反向电阻)时,测得的阻值不同?

本章小结

(1)半导体导电能力取决于其内部载流子的多少,半导体有电子和空穴两种载流子。本征半导体有热敏特性、光敏特性、掺杂特性。在本征半导体中掺入相应的杂质,便可制成 P 型半导体和 N 型半导体,它们内部都有空穴和电子两种载流子,其中多数载流子是由掺杂产生的,少数载流子是由本征激发产生的。

(2)PN 结是构成各种半导体器件的基础,它具有单向导电性。当向其施加正向偏置电压时,正向电流较大,正向电阻较小;而向其施加反向偏置电压时,反向电流很小,反向电阻很大。

(3)二极管的核心是一个 PN 结,它的特性与 PN 结基本相同。二极管的伏安特性曲线是非线性的,所以二极管是非线性器件。二极管的主要参数有最大整流电流、最高反向工作电压、反向电流。

(4)稳压二极管是一种特殊二极管,利用了在反向击穿状态下的恒压特性,常用来构成简单的稳压电路。其他特殊二极管有变容二极管、LED、光电二极管等,它们均具有非线性的特点,均有不同于普通二极管的特殊用途。

(5)三极管是由两个 PN 结构成的半导体器件,在集电结反向偏置、发射结正向偏置的外部条件下,三极管的基极电流对集电极电流具有控制作用,即电流放大作用。三极管有三种连接方式,其中被广泛采用的是共发射极连接。它有三种工作状态,即截止状态、饱和状态和放大状态。三极管三个极的电流关系是 $I_E=I_B+I_C$,在放大状态时 $I_C=\beta I_B+I_{CEO}\approx\beta I_B$,这表明三极管是一种电流控制型器件,具有受控特性(指 I_C 与 I_B 的关系)和恒流特性(指 I_C 和 U_{CE} 的关系)。

(6) 三极管是一种非线性器件，它的特性曲线和参数是正确运用三极管的重要依据。

(7) 场效应管是一种电压控制型器件，即用栅源电压来控制漏极电流，它具有输入阻抗高和噪声低的特点。表征场效应管性能的有转移特性曲线、输出特性曲线和跨导。场效应管有结型场效应管和 MOS 管两大类。MOS 管有增强型和耗尽型两类，每类又有 P 沟道和 N 沟道之分。

习题 1

1.1 选择题（请选择正确答案）。

① 如果二极管正向电阻、反向电阻都很大，那么该二极管（　　）。

    a．正常　　　　　　b．已被击穿　　　　c．内部断路

② 如果二极管正向电阻、反向电阻都很小或为零，那么该二极管（　　）。

    a．正常　　　　　　b．已被击穿　　　　c．内部断路

③ 用指针式万用表的欧姆挡测量小功率二极管的好坏时，应当把欧姆挡拨到（　　）。

    a．R×100 挡或 R×1k 挡　　　　b．R×1 挡　　　　c．R×10k 挡

④ 三极管处于饱和状态时，它的集电极电流将（　　）。

    a．随基极电流的增大而增大　　　　b．随基极电流的增大而减小

    c．与基极电流无关，只取决于 V_{CC} 和 R_C

⑤ NPN 型硅三极管各极对地电位分别为 $U_C=9V$、$U_B=0.7V$、$U_E=0V$，则该三极管的工作状态是（　　）。

    a．饱和　　　　　　b．放大　　　　　　c．截止

⑥ 当 $U_{GS}=0V$ 时，能够工作在放大区的场效应管有（　　）。

    a．结型管　　　　　b．增强型 MOS 管　　　c．耗尽型 MOS 管

1.2 在如题图 1-1 所示电路中，哪些灯泡可能发光，为什么？

1.3 在测量电流时，为保护表头，避免其因接错直流电源的极性或通过的电流太大而损坏，常在表头处串联或并联一个二极管，如题图 1-2 所示。试分别说明在这两种接法中二极管起什么作用？

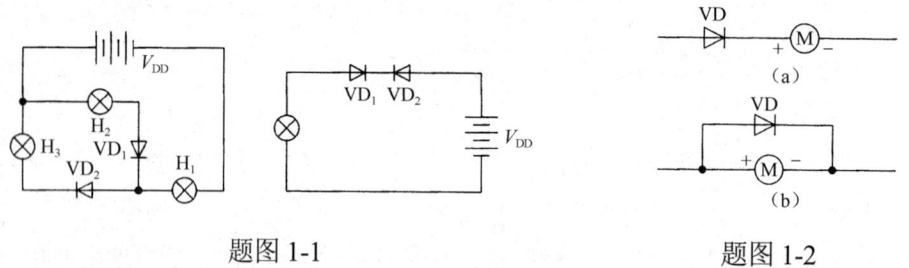

题图 1-1　　　　　　　　　　　　　　题图 1-2

1.4 试判断题图 1-3 中的二极管是导通还是截止，并求出 A 端和 O 端电压 U_{AO}，设二极管是理想的。

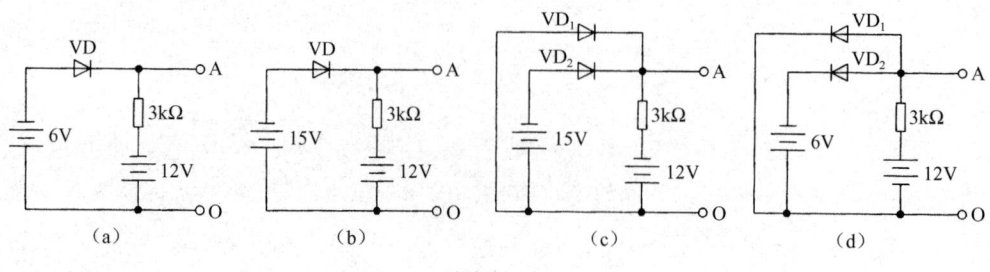

题图 1-3

1.5 两个硅稳压二极管的稳定电压分别为 U_{Z1}=7.5V、U_{Z2}=3.2V，若把它们串联起来，可以得到几种稳定电压？各为多少？若把它们并联起来呢？

1.6 两个处于放大状态的三极管的各极电位如题图 1-4 所示。试判断这两个三极管各是什么材料制成的？这两个三极管属于 NPN 型管还是 PNP 型管？各引脚的名称是什么？

1.7 测得工作在放大状态的三极管的两个电极电流如题图 1-5 所示。求：①另一个电极电流，并在图中标出实际方向。②标出 e、b、c 各极，判断该管是 NPN 型还是 PNP 型。③估算 β 值。

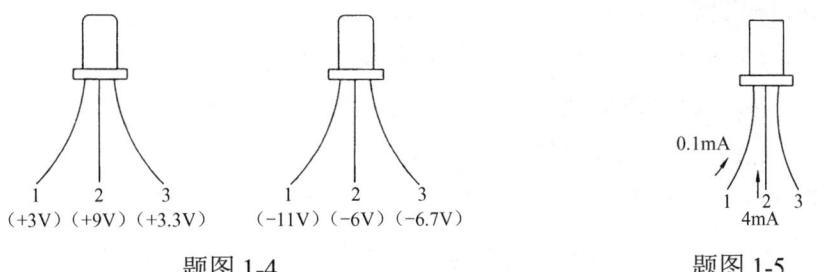

题图 1-4　　　　　　　题图 1-5

1.8 有两个三极管，其中一个三极管的 β=200，I_{CEO}=200μA；另一个三极管的 β=60，I_{CEO}=10μA；其他参数大致相同。在将三极管用于放大电路时，选择哪个三极管较合适？为什么？

1.9 某三极管的输出特性曲线如题图 1-6 所示，试分别求出 β、I_{CEO}、$U_{(BR)CEO}$ 的值。

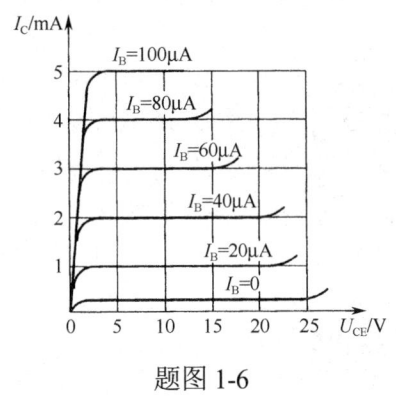

题图 1-6

1.10 测得电路中几个三极管的各极的对地电压如题图 1-7 所示，试判断它们各处于放大状态、截止状态或饱和状态中的哪一种？或是否已损坏（指出哪个结已开路或短路）？

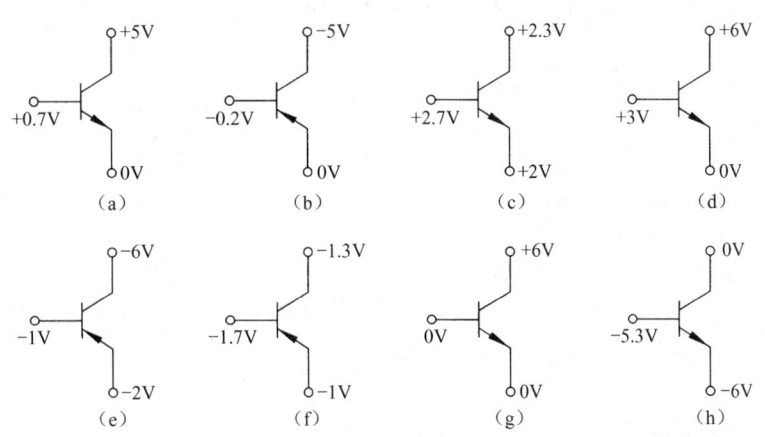

题图 1-7

1.11 场效应管有哪些类型？试分别画出它们的电路符号。

1.12 试比较三极管与 MOS 管的异同，说明场效应管的特点及使用注意事项。

第 2 章　放大电路的基本知识

本章学习目标和要求

1. 叙述共发射极放大电路的组成，解释其工作原理。
2. 简述共发射极放大电路的图解分析法，根据实际电路应用近似估算法分析放大电路。
3. 解释温度对静态工作点的影响，列举常用的稳定静态工作点偏置放大电路，解释稳定静态工作点的原理。
4. 概述共集电极放大电路和共基极放大电路的性能特点，比较三种组态电路的性能特点。
5. 解释放大电路的幅频特性、相频特性和通频带的概念。
6. 学会基本放大电路静态工作点的调试方法，会用示波器观察信号波形，会用万用表、毫伏表等测量放大电路的静态工作点和动态性能指标。

我们日常使用的手机、收音机、电视机等接收到的信号都非常微弱，这么微弱的信号如果要推动扬声器或显示器，就必须放大到足够大，这需要用各种放大电路来实现。后面章节中涉及的模拟信号放大电路、运算电路等的工作原理也与放大电路有关。因此，放大电路是普遍存在于电子设备中的一种单元，也是最基本的模拟电路。下面我们来介绍基本的放大电路。

2.1　放大电路的基本概念

2.1.1　放大电路概述

放大电路又称放大器，其作用是将输入的微弱电信号放大成幅度足够大且与原来信号变化规律一致的电信号，即进行不失真的放大。

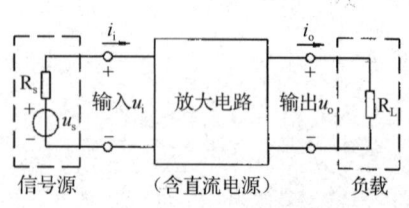

图 2-1　放大电路的框图

放大电路的框图如图 2-1 所示。信号源提供放大电路的输入信号，它具有一定的内阻。放大电路的作用是将输入的微弱电信号放大，并输出被放大的电信号。负载是接收放大电路的输出信号并使之发挥作用的装置，如扬声器、显示屏等。一般放大电路都有用来为电路提供能量的直流电源，直流电源的能量被转化为输出信号的能量。

2.1.2　放大电路的主要性能指标

放大电路的性能指标是衡量放大电路工作性能的标准，决定了放大电路的适用范围。这里主要讨论放大电路的放大倍数、输入电阻、输出电阻等参数。

1. 放大倍数

放大倍数又称增益，是衡量放大电路放大能力的指标，主要有如下三种。

1）电压放大倍数 A_u

电压放大倍数是放大电路输出电压 u_o 与输入电压 u_i 的比值，即

$$A_u = \frac{u_o}{u_i} \tag{2-1}$$

2）电流放大倍数 A_i

电流放大倍数是放大电路输出电流 i_o 与输入电流 i_i 的比值，即

$$A_i = \frac{i_o}{i_i} \tag{2-2}$$

3）功率放大倍数 A_P

功率放大倍数是放大电路输出功率 P_o 与输入功率 P_i 的比值，即

$$A_P = \frac{P_o}{P_i} \tag{2-3}$$

电压放大倍数、电流放大倍数、功率放大倍数之间的关系是

$$A_P = \frac{P_o}{P_i} = \frac{|I_o U_o|}{I_i U_i} = |A_i \cdot A_u| \tag{2-4}$$

工程上常用分贝（dB）表示放大倍数的大小：

$$A_u(\text{dB}) = 20\lg|A_u|$$

$$A_i(\text{dB}) = 20\lg|A_i|$$

$$A_P(\text{dB}) = 10\lg A_P$$

采用分贝表示放大倍数，可使表达式变得简单，运算变得方便。

【例2-1】 某交流放大电路的输入电压为100mV，输入电流为0.5mA，输出电压为1V，输出电流为50mA。求该放大电路的电压放大倍数、电流放大倍数、功率放大倍数。如果用分贝来表示，它们分别为多少？

解： 电压放大倍数：

$$A_u = \frac{u_o}{u_i} = \frac{1\text{V}}{0.1\text{V}} = 10$$

电流放大倍数：

$$A_i = \frac{i_o}{i_i} = \frac{50\text{mA}}{0.5\text{mA}} = 100$$

功率放大倍数：

$$A_P = |A_i \cdot A_u| = 10 \times 100 = 1000$$

用分贝来表示如下所示。

电压放大倍数：

$$A_u(\text{dB}) = 20\lg|A_u| = 20\lg 10 = 20 \text{（dB）}$$

电流放大倍数

$$A_i(\text{dB}) = 20\lg|A_i| = 20\lg 100 = 40 \text{（dB）}$$

功率放大倍数：

$$A_P(\text{dB})=10\lg|A_P|=10\lg 1000=30\,(\text{dB})$$

在用分贝表示电路放大倍数时，若出现负值则说明该电路不是放大电路而是衰减电路。

2．输入电阻 R_i

输入电阻是从放大电路输入端看进去的等效电阻，它定义为

$$R_i = \frac{u_i}{i_i} \tag{2-5}$$

输入电阻越大，表明它从信号源获得的电流越小，放大电路输入端所得电压 u_i 越接近信号源电压 u_s。

3．输出电阻 R_o

输出电阻是从放大电路的输出端看进去的等效电阻。求输出电阻 R_o 的等效电路如图 2-2 所示。

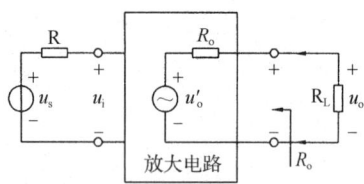

图 2-2　求输出电阻 R_o 的等效电路

通常测定输出电阻的方法是在输入端加信号 u_i，并保持不变，分别测出放大电路空载（负载 R_L 断开）时的输出电压 u_o' 和接上负载 R_L 后的输出电压 u_o，显然，

$$u_o = u_o' \frac{R_L}{R_L + R_o}, \text{于是有}$$

$$R_o = \left(\frac{u_o'}{u_o} - 1\right) R_L \tag{2-6}$$

显然，输出电阻 R_o 越小，接上负载 R_L 后输出电压下降得越少，说明放大电路的带负载能力越强。因此，输出电阻 R_o 反映了放大电路带负载能力的强弱。

必须注意，以上讨论都是在放大电路的输出波形不失真（或基本不失真）的情况下进行的，而且放大电路的输入电阻和输出电阻不是直流电阻，而是在线性使用情况下的交流等效电阻，用符号 R 带有小写字母下标 i 和 o 来表示。

放大电路除上述三个主要性能指标外，针对不同用途的电路，还有一些其他指标，如通频带、非线性失真、输出功率、效率等，相关问题将在后续章节中讨论。

2.2　共发射极基本放大电路

由一个放大器件（如三极管）组成的简单放大电路就是基本放大电路。这里先介绍共发射极基本放大电路。

2.2.1　基本放大电路的组成

共发射极基本放大电路如图 2-3 所示。

1．元器件的作用

① VT：三极管，其作用是将电流放大，是整个放大电路的核心器件。

② $+V_{CC}$：是整个放大电路正常工作的直流电源电压，指代直流电源，它通过电阻 R_b 为发射结提供正向偏置电压；通过电阻 R_c 为集电结提供反向偏置电压。

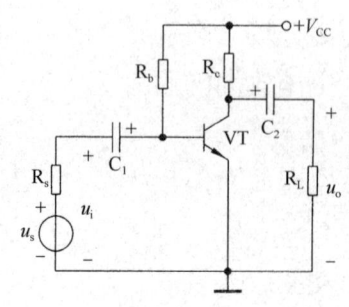

图 2-3　共发射极基本放大电路

③ R_b：基极偏置电阻，决定了基极直流电流 I_B（通常称 I_B 为偏置电流），R_b 必须取适当的阻值，以保证三极管处于放大工作状态。

④ R_c：集电极负载电阻，它的作用是将集电极电流 i_C 的变化转换成集射极电压 u_{CE} 的变化。若 $R_c=0$，则 u_{CE} 恒等于 V_{CC}，输出电压 u_o 等于 0，电路失去放大作用。

⑤ C_1 和 C_2：耦合电容，起隔直流、耦合交流的作用。在低频放大电路中，C_1、C_2 通常采用电解电容。值得注意的是，电解电容是有极性的，其正极应接直流高电位。

2. 放大电路中电压和电流符号的规定

当没有输入交流信号时，放大电路的各电压和电流都是直流。当有交流信号输入时，放大电路的电压和电流是由直流分量和交流分量叠加而成的。为了便于区分放大电路中电流或电压的直流分量、交流分量和瞬时值，对文字符号的写法进行规定，具体如表 2-1 所示。

表 2-1　放大电路中电压与电流的符号

名　称	符号表示方法	举　例
直流分量	用大写字母和大写下标表示	I_B, I_C, I_E, U_{BE}, U_{CE}, U_B, U_C, U_E
交流分量	用小写字母和小写下标表示	i_b, i_c, i_e, u_{be}, u_{ce}, u_i, u_o
瞬时值	是直流分量和交流分量之和，用小写字母和大写下标表示	i_B, i_C, i_E, u_{BE}, u_{CE}, u_I, u_O
交流有效值	用大写字母小写下标表示	I_b, I_c, I_e, U_{be}, U_i, U_o

2.2.2　放大电路的静态分析

1. 放大电路的静态工作点

放大电路输入端未加交流信号（$u_i=0$）的工作状态称为直流状态，又称静态，如图 2-4 所示。当 V_{CC}、R_c、R_b 确定之后，I_B、I_C、U_{BE}、U_{CE} 也就定下来了。对应这四个值可在三极管输入特性曲线和输出特性曲线上各确定一个点，用 Q 表示，这个 Q 点就称为放大电路的静态工作点，如图 2-5 所示。

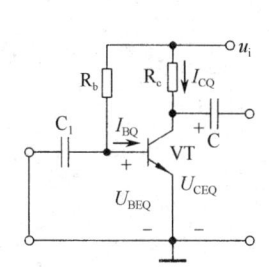
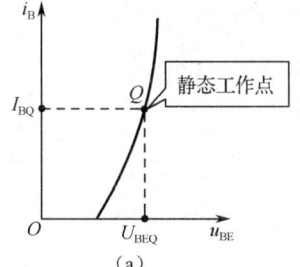
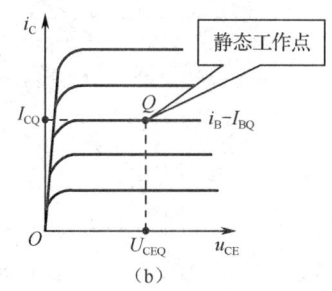

图 2-4　共发射极基本放大电路的静态　　　　图 2-5　静态工作点

静态工作点对应的电流、电压值分别记作 I_{BQ}、I_{CQ}、U_{BEQ}、U_{CEQ}。

静态工作点过高或过低都将使输出产生非线性失真，所以必须设置合适的静态工作点。

2. 直流通路及其画法

上面分析的放大电路在工作时的工作电流与电压既有直流分量，又有交流分量。为了便于分析，常分开研究直流分量和交流分量，即将放大电路划分为直流通路和交流通路。

所谓直流通路，就是放大电路未加输入信号时，放大电路在直流电源 V_{CC} 的作用下，直流分量流过的路径。

画直流通路的原则是将放大电路中的耦合电容、旁路电容视为开路,电感视为短路。

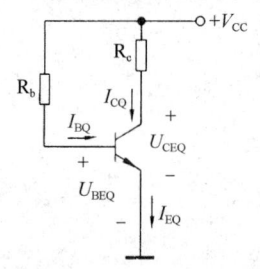

这样可得到如图 2-6 所示的基本放大电路直流通路。直流通路是进行静态分析的等效电路。

3．静态工作点的确定

对于静态工作点,可以用近似估算法进行估算,也可以用图解法求解。这里先通过例题用近似估算法估算静态工作点,再讨论图解法。

图 2-6 基本放大电路直流通路

1) 用近似估算法确定静态工作点

【例 2-2】 电路如图 2-3 所示,已知,R_b=300kΩ,R_c=4kΩ,三极管的 β=40,V_{CC}=12V,试用近似估算法估算该放大电路的静态工作点。

解：为计算放大电路静态工作点各物理量,先画出放大电路的直流通路,如图 2-6 所示。

从输入回路看,根据基尔霍夫电压定律得 $V_{CC}=I_{BQ}R_b+U_{BEQ}$,由此可得

$$I_{BQ} = \frac{V_{CC} - U_{BEQ}}{R_b} \approx \frac{V_{CC}}{R_b} \tag{2-7}$$

$$I_{CQ} = \beta I_{BQ} \tag{2-8}$$

从输出回路看,根据基尔霍夫电压定律得

$$U_{CEQ} = V_{CC} - I_{CQ} R_c \tag{2-9}$$

式（2-7）中 U_{BEQ} 为静态时三极管 b、e 之间的电压,一般硅管的 U_{BEQ}=0.7V,锗管的 U_{BEQ}=0.3V。

已知 β = 40,利用式（2-7）、式（2-8）和式（2-9）可以估算放大电路的静态工作点为 I_{BQ}=40μA,I_{CQ}=1.6mA,U_{CEQ}=5.6V。

2) 用图解法确定静态工作点

直接在三极管的特性曲线上做图分析放大电路的工作情况,这种分析方法称为特性曲线图解法,简称图解法。

图解法确定静态工作点的步骤如下。

① 做直流负载线。图 2-7（a）所示为静态时共发射极基本放大电路的直流通路,它被虚线 AB 分成两部分。

虚线 AB 的左边为三极管的输出端,其输出电压 U_{CE} 和电流 I_C 的关系应按三极管输出特性曲线描述的规律变化。由于本电路中的三极管的 I_B 已由 V_{CC} 和 R_b 确定,即 $I_B \approx V_{CC}/R_b$=40μA,所以 U_{CE} 和 I_C 的关系就是三极管对应于 I_B=40μA 的输出特性曲线。

虚线 AB 的右边的伏安特性由如下方程确定:

$$U_{CE} = V_{CC} - I_C R_c \tag{2-10}$$

式（2-10）是一个反映 U_{CE} 和 I_C 关系的直线方程式,可在如图 2-7（b）所示的三极管输出特性曲线上画出,方法是先根据式（2-10）找到直线上的两个特殊点。

- 令 I_C=0,则 $U_{CE}=V_{CC}$,得 M 点（12V, 0mA）。
- 令 U_{CE}=0,则 $I_C=V_{CC}/R_c$,得 N 点（0V, 3mA）。

M 点和 N 点的连线就是输出回路的直流负载线。直流负载线的斜率为 $-1/R_c$,它是由三极管的直流负载电阻 R_c 决定的。由于直线 MN 表示了放大电路输出回路中电压和电流的直流量间的关系,所以直线 MN 称为直流负载线。

② 确定静态工作点,若给定静态基极电流 I_{BQ}=40μA,则 I_{BQ}=40μA 对应的输出特性曲线和直流负载线 MN 的交点就是相应的静态工作点 Q。静态工作点对应的电流、电压就是静态工作情况下的电流和电压,由图 2-7(b)可以读出 I_{BQ}= 40μA,I_{CQ}=1.5mA,U_{CEQ}=6V。静态工作点确定后,就可以在此基础上进行动态分析了。

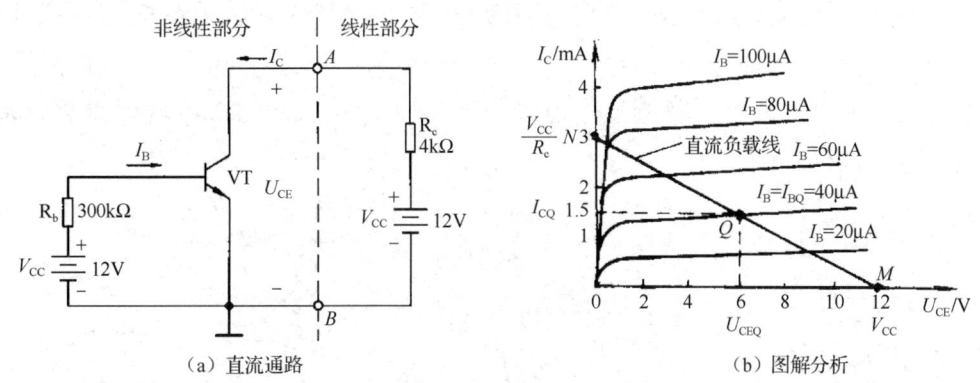

图 2-7 共发射极基本放大电路的静态工作图解

2.2.3 放大电路的动态分析

1. 放大电路的放大原理

当在如图 2-3 所示的共发射极基本放大电路输入端加上交流电压信号 u_i 时,在三极管的线性范围内,基射极电压 u_{BE}、基极电流 i_B、集电极电流 i_C 和集射极电压 u_{CE} 都在其直流分量的基础上叠加了交流分量,如图 2-8 所示。此时电路中的电压和电流都同时含有直流分量和交流分量,即存在关系 $u_{BE}=U_{BE}+u_{be}$,$i_B=I_B+i_b$,$i_C=I_C+i_c$,$u_{CE}=U_{CE}+u_{ce}$,由于电容 C_2 具有隔直流作用,因此放大电路的输出电压只有交流分量 u_o,即 $u_o=u_{ce}$。由图 2-8 可知,$u_{CE}=V_{CC}-i_C R_c$,i_C 增大时 u_{CE} 减小,u_{CE} 与 i_C 的变化情况正好相反,输出电压 u_o 与输入电压 u_i 相位相反,这种现象被称为单管放大电路的倒相作用,这也是单管共发射极放大电路的特点。

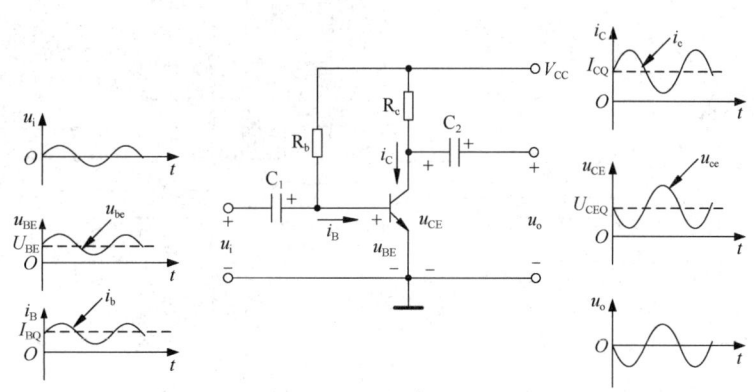

图 2-8 放大电路各处电压、电流波形

2. 用图解法对放大电路进行动态性能分析

1)交流负载线

电路在静态工作时,如图 2-9(a)所示,由于电容 C_2 具有隔直流作用,R_L 对电路的静态工作点无影响。电路在动态工作时,情况则不同,对于交流信号 C_1、C_2 可以看作短路,因此可画出如图 2-9(b)所示的交流通路,此时图中的电压、电流都是交流成分。显然,放大电路的交流负载电阻为 R_L',即

$$R'_L = R_c // R_L = \frac{R_c R_L}{R_c + R_L} \tag{2-11}$$

对于交流信号而言,负载线的斜率不再是$-1/R_c$,而是$-1/R'_L$。斜率为$-1/R'_L$的负载线称为交流负载线,它表示电路处于动态工作时工作点的移动轨迹,由交流通路决定。

交流负载线和直流负载线必然在静态工作点相交,这是因为输入交流电压在变化过程中一定会经过 0 点,当输入信号变到 0 时,u_{CE} 和 i_C 的值应该是 U_{CEQ} 和 I_{CQ},由此可见交流负载线是通过静态工作点的。通过静态工作点做一条斜率为$-1/R'_L$的直线就可得到交流负载线,如图 2-10 中的直线 AB 所示。

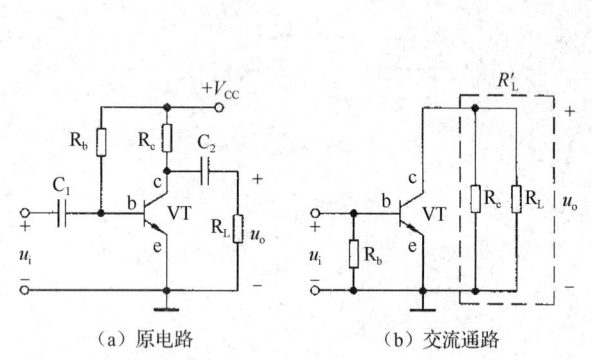

(a) 原电路　　　(b) 交流通路

图 2-9　放大电路交流负载电阻示意图

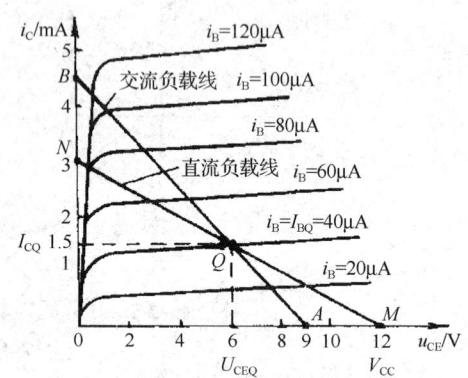

图 2-10　交流负载线

2)电压和电流波形

放大电路输入交流信号后,i_B 将随着输入信号的大小而变化,交流动态工作点沿着交流负载线在 Q' 点和 Q'' 点间变化,相应地引起 u_{CE} 和 i_C 变化。i_B、u_{BE}、i_C、u_{CE} 的变化情况如图 2-11 所示。

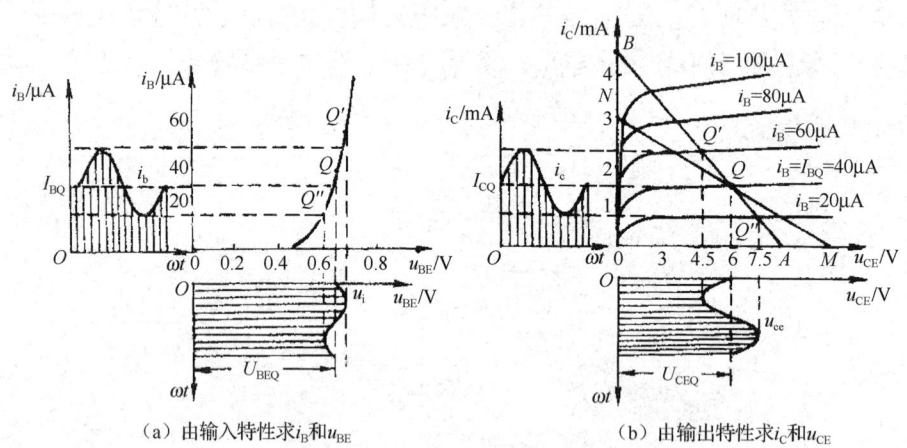

(a) 由输入特性求i_B和u_{BE}　　　(b) 由输出特性求i_C和u_{CE}

图 2-11　动态工作图解分析

3)静态工作点对波形的影响

静态工作点选择不当,会使放大电路在工作时产生失真的信号波形。如图 2-12 所示,由于信号波形的失真都是三极管的工作状态离开线性放大区进入非线性的饱和区和截止区造成的,因此被称为非线性失真。表 2-2 列出了放大电路的非线性失真情况。显然,为了获得幅度大而不失真的交流输出信号,放大电路的静态工作点应选在交流负载线的中点 Q 处。

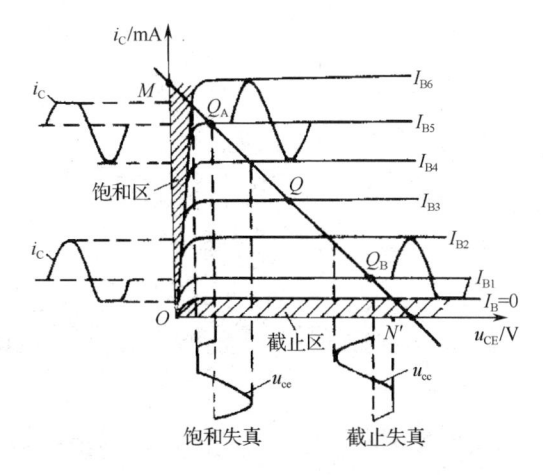

图 2-12 静态工作点和非线性失真

表 2-2 放大电路的非线性失真情况

失真名称	产生现象	产生原因	消除方法
饱和失真	输出电压波形负半周期被部分消除	静态工作点在交流负载线上的位置过高	将 I_C 减小
截止失真	输出电压的正半周期被部分消除	静态工作点在交流负载线上位置过低	将 I_C 增大
双向限幅失真	输出电压波形正半周期、负半周期都被部分消除	输入信号幅度太大	减小输入信号幅度

3．用微变等效电路法求放大电路的动态参数

电路在动态工作时，如果输入的交流信号幅度很小，交流小信号仅在三极管特性曲线静态工作点附近做微小变化，三极管输入、输出各变量之间近似呈线性关系，那么可以用线性等效电路等效非线性的三极管，称之为三极管的微变等效电路。显然，微变等效电路只适用于计算低频小信号交流分量的动态指标，它的前提是假定电路已经有合适的静态工作点并且是在小信号情况下工作。

1）三极管的微变等效电路

NPN 型三极管电路如图 2-13（a）所示，NPN 型三极管的微变等效电路如图 2-13（b）所示。当三极管的输入端加交流信号 u_{be} 时，其基极将产生相应的变化电流 i_b，这和在一个电阻上加交流电压会产生交流电流一样。因此，三极管的基极和发射极之间可以用一个等效电阻代替，我们把这个电阻称为三极管的输入电阻，用 r_{be} 表示，r_{be} 的大小为

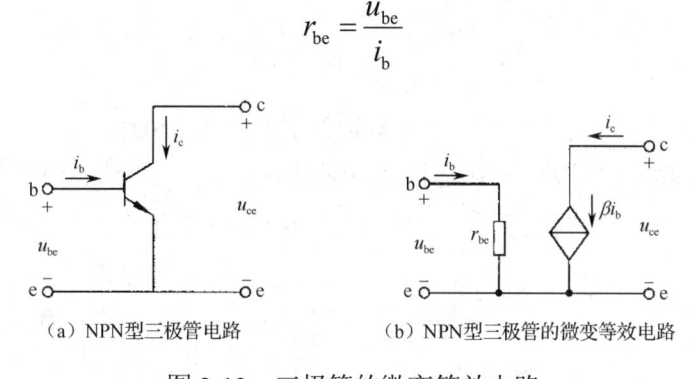

$$r_{be}=\frac{u_{be}}{i_b}$$

（a）NPN型三极管电路　　　　（b）NPN型三极管的微变等效电路

图 2-13 三极管的微变等效电路

在小信号输入的情况下，r_{be} 基本上不随信号的变化而变化，r_{be} 可以用下面的近似公式表示：

$$r_{be} \approx r_{bb'} + (1+\beta)\frac{26(\text{mV})}{I_{EQ}(\text{mA})} \tag{2-12}$$

式中，$r_{bb'}$ 是三极管基区电阻的阻值，在小电流（I_{EQ} 约为几毫安）工作的情况下，$r_{bb'}$ 为 100～300Ω。

从式（2-12）可看出，r_{be} 与 I_{EQ} 有关。值得注意的是，r_{be} 是三极管基极和集电极之间的交流等效电阻，不是直流等效电阻。

三极管的输出端可以用一个大小为 βi_b 的受控电流源来等效，如图2-13（b）所示。

2）动态指标的计算

先画出如图2-3所示的共发射极基本放大电路的交流通路，如图2-14（a）所示，然后用微变等效电路来代替其中的三极管，如图2-14（b）所示，再根据微变等效电路求出放大电路的性能指标，如 A_u、R_i、R_o 等。

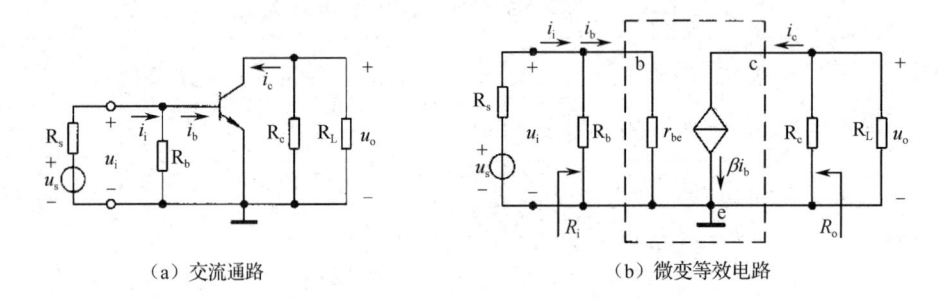

（a）交流通路　　　　　　　　　（b）微变等效电路

图2-14　共发射极基本放大电路的交流通路和微变等效电路

由图2-14（b）可得，$u_i = i_b r_{be}$，$u_o = -\beta i_b (R_c /\!/ R_L) = -\beta i_b R_L'$，则电压放大倍数为

$$A_u = \frac{u_o}{u_i} = -\frac{\beta R_L'}{r_{be}} \tag{2-13}$$

式中，$R_L' = R_c /\!/ R_L$，负号表示共发射极放大电路的倒相作用。

又由图2-14（b）可得，$u_i = i_i (R_b /\!/ r_{be})$，考虑到 $R_b \gg r_{be}$，故 R_i 为

$$R_i = \frac{u_i}{i_i} = R_b /\!/ r_{be} \approx r_{be} \tag{2-14}$$

放大电路的 R_o 就是从放大电路输出端（不包括外接负载电阻 R_L）看进去的交流等效电阻，因为三极管输出端在放大区是一个受控恒流源，其动态电阻很大，所以输出电阻近似等于集电极电阻，即

$$R_o \approx R_c \tag{2-15}$$

【例2-3】　在如图2-3所示的电路中，已知 $R_b=560\text{k}\Omega$，$R_c=5\text{k}\Omega$，$V_{CC}=12\text{V}$，$R_L=5\text{k}\Omega$，三极管的 $\beta=50$，$r_{bb'}=200\Omega$。

（1）试估算放大电路的电压放大倍数、输入电阻、输出电阻。

（2）若换上 $\beta=100$ 的三极管，电路其他参数不变，静态工作点将如何变化？

（3）若换上 $\beta=100$ 的三极管后，调整电路基极偏置电阻 R_b，以保持 I_E 不变，电压放大倍数如何变化？

（4）若仍用原来的 $\beta=50$ 三极管，但调整基极电流使 I_E 增大1倍，电压放大倍数如何变化？

解：（1）先求静态工作点：

$$I_B = \frac{V_{CC} - U_{BE}}{R_b} \approx 20\mu\text{A}\,;\quad I_C = \beta I_B = 50 \times 0.02 = 1\text{mA}\,;\quad U_{CE} = V_{CC} - I_C R_c = 7\text{A}$$

三极管的输入电阻为

$$r_{be} \approx 200 + (1+\beta)\frac{26}{I_E} = 200 + 51 \times 26 \approx 1.5\text{k}\Omega$$

电压放大倍数为

$$A_u = -\frac{\beta R'_L}{r_{be}} = -\frac{50 \times 2.5}{1.5} \approx -83.3$$

输入电阻为

$$R_i = R_b // r_{be} \approx 1.4\text{k}\Omega$$

输出电阻为

$$R_o \approx R_c = 5\text{k}\Omega$$

（2）当 $\beta =100$ 时，电路其他参数不变，则有 $I_B = 20\mu\text{A}$ 不变，此时其他值为 $I_C= \beta I_B =2\text{mA}$；$I_E = 2\text{mA}$；$U_{CE}=V_{CC}-I_C R_c =2\text{V}$；可见 β 增大时，I_C 增大，U_{CE} 减小，静态工作点移近饱和区。

（3）当 $\beta =100$ 时，保持 I_E 不变，则有

$$r_{be} = 200 + \frac{101 \times 26}{1} \approx 2.8\text{k}\Omega$$

电压放大倍数为

$$A_u = -\frac{100 \times 2.5}{2.8} \approx -89.3$$

计算结果表明，虽然 β 增加了 1 倍，但由于 I_E 保持不变，r_{be} 增加了近 1 倍，因此电压放大倍数变化不大。

（4）当 $\beta = 50$，$I_E = 2\text{mA}$ 时有

$$r_{be} = 200 + \frac{51 \times 26}{2} = 863\Omega$$

此时电压放大倍数为

$$A_u = -\frac{50 \times 2.5}{0.863} \approx -144.8$$

计算结果表明，虽然 β 不变，但由于 I_E 增大，r_{be} 减小，因此电路的电压放大倍数变大。但 I_E 增大时，静态工作点向上移，容易进入饱和区，从而产生饱和失真，因此不能为了提高电压放大倍数而无限度地增大 I_E。

思考题

2.2.1 什么是放大电路的静态工作点？为什么要设置静态工作点？

2.2.2 改变 R_c 和 V_{CC} 对放大电路的直流负载线有什么影响？

2.2.3 分析图 2-7，设 V_{CC} 和 R_c 为定值，当 I_B 增加时，I_C 是否成正比例增加？最终接近何值？这时 U_{CE} 的大小如何？当 I_B 减小时，I_C 如何变化？最终达到何值？这时 U_{CE} 约等于多少？

2.2.4 三极管用微变等效电路代替的条件是什么？

2.2.5 r_{be}、R_i、R_o 是交流等效电阻，还是直流等效电阻？在 R_o 中是否包括外接负载电阻？

2.2.6 通常希望放大电路的输入电阻高一些，还是低一些？对于输出电阻呢？

2.2.7 在如图 2-3 所示的基本放大电路工作时用示波器观察其输出波形，发现波形失真严重，用直流电压表测量，解答如下问题。

若测得 $U_{CE}≈V_{CC}$，试分析三极管工作在什么状态？怎样调节 R_b 的阻值才能使电路正常工作？

若测得 $U_{CE}<U_{BE}$，试分析三极管工作在什么状态？怎样调节 R_b 的阻值才能使电路正常工作？

2.3 放大电路静态工作点的稳定

前面指出，合适的静态工作点是三极管工作在正常放大状态的前提和保证。在前面讨论的共发射极基本放大电路中，当电源电压 V_{CC} 和集电极电阻的大小 R_c 确定后，放大电路的静态工作点就由基极电流 I_B 来确定。但是，由于共发射极基本放大电路的基极电流是基本固定的（$I_B≈V_{CC}/R_b$），当更换三极管或环境温度变化引起三极管参数变化时，电路的静态工作点往往会移动，甚至移到不合适的位置，导致放大电路无法正常工作，因此必须选择能够自动调整工作点的偏置放大电路，以使静态工作点稳定在合适的位置。

下面讨论环境温度对静态工作点的影响，以及稳定工作点的偏置电路。

2.3.1 环境温度对静态工作点的影响

导致静态工作点不稳定的原因有很多，如电源电压变化、电路参数变化等，但最主要的原因是三极管的特性参数（如 I_{CBQ}、U_{BEQ}、$β$ 等）随温度变化。实验证明，当温度升高时，大多数三极管的 U_{BEQ} 下降，I_{CBQ} 增加，$β$ 增大，集中表现在静态工作点电流 I_{CQ} 增大，从而造成静态工作点不稳定。另外，电源电压发生变化，以及更换三极管也会使静态工作点发生变化。常用的具有稳定静态工作点的放大电路是分压式偏置放大电路。

2.3.2 分压式偏置放大电路

1. 电路的组成

分压式偏置放大电路如图 2-15 所示。电源电压 V_{CC} 经 R_{b1} 和 R_{b2} 分压后得到基极电压 U_B，提供基极电流 I_B；R_e 是发射极电阻；C_e 是发射极电阻旁路电容。

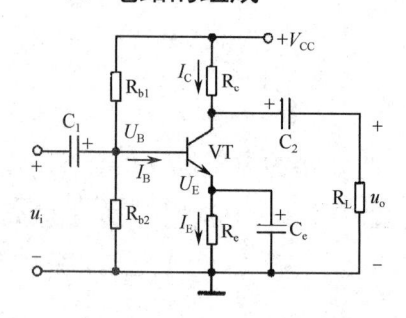

图 2-15 分压式偏置放大电路

2. 电路工作原理

由图 2-15 可知，由于基极电压 U_B 可近似看成是由 V_{CC} 经 R_{b1} 和 R_{b2} 分压后得到的，因此可以认为其不受温度变化的影响，基本上是稳定的，$U_{BEQ}=U_{BQ}-U_{EQ}$，当环境温度升高时，I_{EQ} 增大，发射极电压 $U_{EQ}=I_{EQ}R_e$ 升高，故 U_{BEQ} 减小，从而导致 I_{BQ} 减小，于是限制了 I_{CQ} 的增大，总的效果是使 I_{CQ} 基本不变。上述稳定过程可表示为

$$T（温度）↑→I_{CQ}↑→I_{EQ}↑→U_{EQ}↑→U_{BEQ}↓→I_{BQ}↓→I_{CQ}↓$$

分压式偏置放大电路中与 R_e 并联的 C_e 的作用是提供交流信号的通道，减少信号放大过程的损耗，使放大电路的放大倍数不至于因 R_e 的存在而降低。

3. 静态工作点的计算

在满足静态工作点稳定的条件下，不难得到：

$$\left.\begin{aligned}&U_{BQ} \approx \frac{R_{b2}}{R_{b1}+R_{b2}}V_{CC}\\&I_{CQ} \approx I_{EQ} = \frac{U_{BQ}-U_{BEQ}}{R_e} \approx \frac{U_{BQ}}{R_e}\\&U_{CEQ} = V_{CC}-I_{CQ}R_e-I_{EQ}R_c \approx V_{CC}-I_{CQ}(R_e+R_c)\\&I_{BQ} = \frac{I_{CQ}}{\beta}\end{aligned}\right\} \quad (2\text{-}16)$$

应当指出，当 $U_{BQ} \gg U_{BEQ}$ 得不到满足时，U_{BEQ} 不能忽略。

【例 2-4】 在如图 2-15 所示的分压式偏置放大电路中，若 R_{b1}=75kΩ，R_{b2}=18kΩ，R_c=4kΩ，R_e=1kΩ，V_{CC}=9V，U_{BEQ}=0.7V，β=50，试确定该电路的静态工作点。

解：
$$U_{BQ} = \frac{R_{b2}}{R_{b1}+R_{b2}}V_{CC} = \frac{18\text{kΩ}}{75\text{kΩ}+18\text{kΩ}} \times 9\text{V} \approx 1.7\text{V}$$

$$I_{CQ} \approx \frac{U_{BQ}-U_{BEQ}}{R_e} = \frac{1.7\text{V}-0.7\text{V}}{1\text{kΩ}} = 1\text{mA}$$

$$U_{CEQ} \approx V_{CC}-I_{CQ}(R_c+R_e) = 9\text{V}-1\text{mA}\times(4\text{kΩ}+1\text{kΩ}) = 4\text{V}$$

$$I_{BQ} = \frac{I_{CQ}}{\beta} = \frac{1\text{mA}}{50} = 20\text{μA}$$

思考题

2.3.1 放大电路静态工作点不稳定的主要因素是什么？

2.3.2 在放大电路中，静态工作点不稳定对放大电路的工作有何影响？

2.3.3 对分压式偏置放大电路而言，当更换三极管时，对放大电路的静态工作点有无影响？试说明。

2.3.4 在实际工作中调整分压式偏置放大电路的静态工作点时，调节哪个元件的参数比较方便？C_e 的大小对静态工作点是否有影响？

2.4 共集电极放大电路与共基极放大电路

2.4.1 共集电极放大电路

1．电路的组成及特点

共集电极放大电路的电路图如图 2-16（a）所示，其结构特点是集电极直接接电源，而负载接在发射极上，所以共集电极放大电路也称为射极输出器。

2．静态分析

根据如图 2-16（b）所示的直流通路，在基极回路中，由基尔霍夫电压定律可得

$$V_{CC}=I_{BQ}R_b+U_{BEQ}+I_{EQ}R_e=I_{BQ}R_b+U_{BEQ}+(1+\beta)I_{BQ}R_e$$

故有

$$\left.\begin{aligned}&I_{BQ} = \frac{V_{CC}-U_{BEQ}}{R_b+(1+\beta)R_e} \approx \frac{V_{CC}}{R_b+(1+\beta)R_e}\\&I_{EQ} = (1+\beta)I_{BQ}\\&U_{CEQ} = V_{CC}-I_{EQ}R_e\end{aligned}\right\} \quad (2\text{-}17)$$

3．动态分析

（1）电压放大倍数 A_u：图 2-16（c）所示为共集电极放大电路的交流通路，通过分析可得

$$A_u = \frac{u_o}{u_i} = \frac{(1+\beta)R'_L}{r_{be}+(1+\beta)R'_L} \tag{2-18}$$

式中，$R'_L = R_e // R_L$。

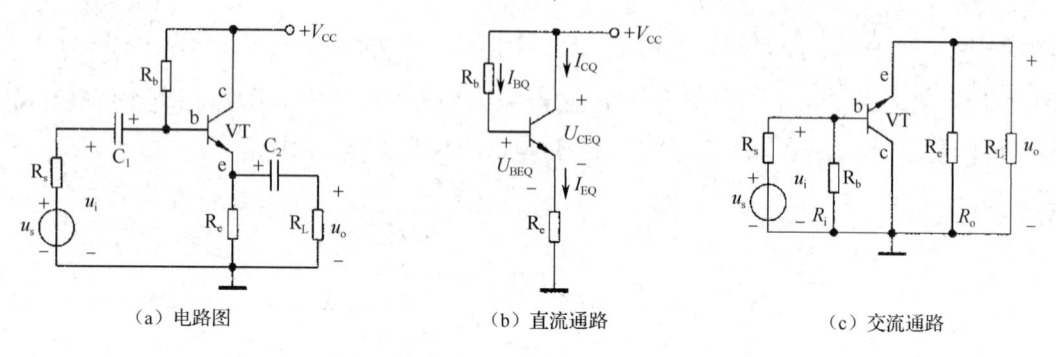

图 2-16 共集电极放大电路

（a）电路图　　（b）直流通路　　（c）交流通路

由式（2-18）可以看出 $A_u<1$，但因为 $(1+\beta)R'_L \gg r_{be}$，所以 $A_u \approx 1$。共集电极放大电路的电压放大倍数约为 1，同时电压放大倍数为正，说明输出电压与输入电压大小相近、相位相同，因此共集电极放大电路又称电压跟随器。

（2）输入电阻 R_i：是从基极与地之间看进去的等效电阻。通过分析可以得到输入电阻为

$$R_i = R_b // [r_{be}+(1+\beta)R'_L] \tag{2-19}$$

（3）输出电阻 R_o：是从放大电路输出端向内看进去的等效电阻。通过分析计算可以得到输出电阻为

$$R_o = R_e // \frac{R'_s + r_{be}}{1+\beta} \tag{2-20}$$

式中，$R'_s = R_s // R_b$。通常，$R_o \approx \frac{R'_s + r_{be}}{1+\beta}$。

例如，当三极管的 $\beta=50$，$r_{be}=1\text{k}\Omega$，$R_s=50\Omega$，$R_b=100\text{k}\Omega$，$R_e=2\text{k}\Omega$，$R_L=2\text{k}\Omega$ 时，$R'_s = R_s // R_b \approx 50\Omega$，经计算可得 $R_i=34.2\text{k}\Omega$，$R_o=21\Omega$。这个数值表明，共集电极放大电路的输入电阻较高，输出电阻很低。为了提高输入电阻、降低输出电阻，应选用 β 较大的三极管。

上述分析说明，共集电极放大电路的特点是电压放大倍数小于 1 且约为 1、输出电压与输入电压同相、输入电阻高、输出电阻低。共集电极放大电路因具有上述特点而被广泛应用。在多级放大电路中，如果把它用作输入级，则可以提高放大电路的输入电阻，并减小放大电路从信号源（或前级）获取的电流信号。如果把它用作输出级，则可以提高带负载的能力。此外，共集电极放大电路还可以用作阻抗变换器，使电路中的放大电路通过它的接入达到阻抗匹配。有时，为了减小后级电路对前级电路的影响，还会将共集电极放大电路用作隔离级。

2.4.2　共基极放大电路

共基极放大电路的电路图如图 2-17（a）所示，其中 R_c 为集电极电阻，R_{b1}、R_{b2} 为基极分压偏置电阻。图 2-17（b）所示为直流通路。图 2-17（c）所示为交流通路。由于基极是输入回路、输出回路的公共端，因此称此种电路为共基极放大电路。

(a)电路图　　　　　　　(b)直流通路　　　　　　(c)交流通路

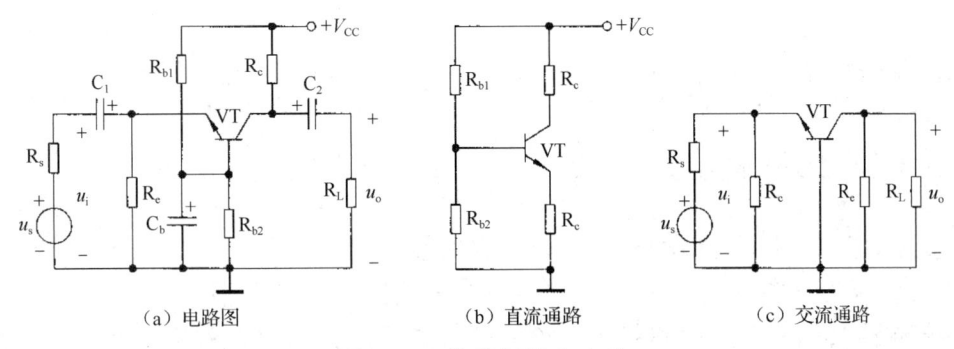

图 2-17　共基极放大电路

图 2-17（b）所示的共基极放大电路的直流通路与分压式偏置放大电路的直流通路完全相同，因此其静态工作点的求法也完全相同。

共基极放大电路的交流通路如图 2-17（c）所示。通过分析共基极放大电路的交流参数可得

$$\left. \begin{array}{l} A_u = \dfrac{\beta R'_L}{r_{be}} \\ R_i = R_e // \dfrac{r_{be}}{1+\beta} \approx \dfrac{r_{be}}{1+\beta} \\ R_o = R_c \end{array} \right\} \quad (2\text{-}21)$$

由此可见，共基极放大电路的特点是输出电压与输入电压同相；输入电阻很低，一般只有几欧至几十欧；输出电阻较高，没有电流放大能力。

共基极放大电路由于频率特性好，因此多用在高频和宽频电路中。

2.4.3　放大电路三种基本组态的特点

三种放大电路（共发射极放大电路、共集电极放大电路、共基极放大电路）各具特点，具体比较如表 2-3 所示。

表 2-3　三种放大电路的比较

参数与应用	共发射极放大电路	共基极放大电路	共集电极放大电路
输入电阻 R_i	1kΩ左右	几欧至几十欧	几十千欧至几百千欧
输出电阻 R_o	几千欧至几十千欧	几千欧至几百千欧	几十欧
电流放大倍数 A_i	几十至100	小于1	几十至100
电压放大倍数 A_u	几十至几百	几十至几百	略小于1
输入电压 u_i 与输出电压 u_o 间的相位关系	反相	同相	同相
在多级放大电路中的应用	输入、输出和中间级	用作宽频放大电路	输入级、缓冲级、输出级

思考题

2.4.1　共集电极放大电路有什么特点，这些特点在电子电路中能起什么作用？

2.4.2　共集电极放大电路又称电压跟随器，这里"跟随"二字意味着什么？

2.4.3　共基极放大电路是否具有电流放大作用？

2.5 放大电路的频率特性

2.5.1 频率特性的基本概念

前面讨论的放大电路各性能指标都是在假定输入信号为单一频率的标准正弦波信号的条件下得到的，而实际情况是放大电路承接要放大的信号的类型很多，如语言信号、仪表测量信号、图像和伴音信号等。这些都不是单一频率信号，它们包含着许多频率不同的正弦波，其频率从几赫兹到几百兆赫。电路中不可避免地存在电容等电抗元件，电抗元件对信号的传输和放大会产生影响，这种影响可用幅频特性和相频特性来衡量。幅频特性是指放大电路的电压放大倍数与频率之间的关系。相频特性是指输出电压相对于输入电压的相位移（相位差）φ 与频率之间的关系。幅频特性和相频特性统称为频率特性或频率响应。

单级阻容耦合放大电路的频率特性如图 2-18 所示。

由图 2-18 可知，频率过低或过高会使放大电路的电压放大倍数下降。通常将放大电路中频段内稳定的最大的电压放大倍数的绝对值记作 $|A_{um}|$。当频率变化引起 $|A_u|$ 值下降后，即下降到 $\frac{1}{\sqrt{2}}|A_{um}| \approx 0.707|A_{um}|$ 时，对应的低频端的频率称为下限截止频率，用 f_L 表示；对应的高频端的频率称为上限截止频率，用 f_H 表示，f_L 和 f_H 之间的频率范围称作通频带，用 f_{bw} 表示，即

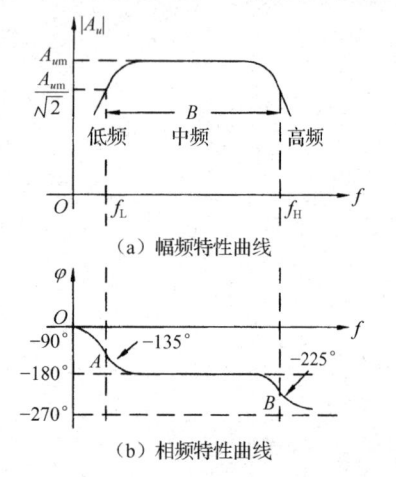

$$f_{bw} = f_H - f_L \tag{2-22}$$

图 2-18 单级阻容耦合放大电路的频率特性
(a) 幅频特性曲线
(b) 相频特性曲线

2.5.2 阻容耦合放大电路的频率特性

单级阻容耦合放大电路的频率特性如图 2-18 所示。

电压放大倍数在低频段下降的主要原因是，放大电路中有阻抗随频率变化而变化的电抗元件，在阻容耦合放大电路中就是耦合电容和发射极电阻旁路电容。因为在低频段，容抗 $\frac{1}{\omega C}$ 增大，交流信号在电容上的压降就增大，耦合到下一级的电压信号相应减小，从而使低频段的电压放大倍数下降。因此在选用耦合电容和发射极电阻旁路电容时应注意合适的容量。在实际工作中，不要求精确计算，一般选用 5～50μF 的耦合电容，选用 30～100μF 的发射极电阻旁路电容。但应注意，容抗的存在是不能避免的。

电压放大倍数在高频段下降的主要原因是，随着频率增高，β 降低，电压放大倍数下降。除此之外，三极管结电容的存在也使得放大倍数下降。

只有在中频段，可以认为电压放大倍数及输入电压与输出电压间的相位差与频率无关。前面讨论的放大电路都是指放大电路工作在中频段的状态。

思考题

2.5.1 放大电路的频带宽度是怎么定义的？

2.5.2 放大电路的理想幅频特性曲线是一条水平线，而实际放大电路的幅频特性曲线一般只在中频段

是平坦的，在低频段和高频段电压放大倍数都远远低于中频段，这是哪些因素引起的呢？

2.6 应用与实验

2.6.1 三极管工作状态的判别

通过实测电路中的三极管引脚的对地电压，可以初步判断出三极管的工作状态。

（1）对于 NPN 型管，若测得 $U_C>U_B>U_E$，则该管满足放大状态的偏置。

对于 PNP 型管，若测得 $U_C<U_B<U_E$，则该管满足放大状态的偏置。

（2）若测得三极管的集电极的对地电压 U_C 接近电源电压 V_{CC}，则表明三极管处于截止状态。

（3）若测得三极管的集电极的对地电压 U_C 接近发射极引脚的对地电压 U_E，则表明三极管处于饱和状态。

2.6.2 常用电子仪器的使用

一、实验目的

（1）熟悉低频信号发生器和电子电压表的用途及其主要技术性能指标。

（2）学会正确使用低频信号发生器和毫伏表。

二、实验原理

1. 仪器的连接

在电子技术实验中，常用仪器定量或定性地测量和分析电信号的波形和数值，以掌握电路的性能及工作情况。常用电子仪器在实验电路中的相互关系如图 2-19 所示。

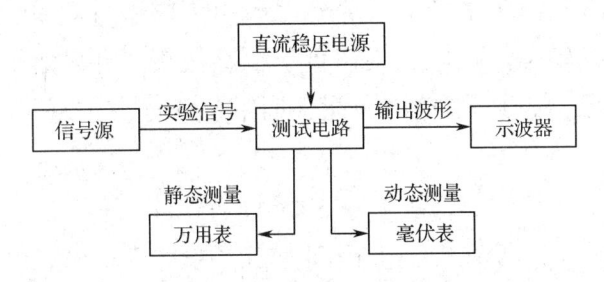

图 2-19 常用电子仪器在实验电路中的相互关系

低频信号发生器、电子电压表和示波器的连接线路图如图 2-20 所示。

2. 用示波器测量电压

测量电压主要采用的方法是标尺法，该方法是根据示波器屏幕前标尺的刻度和 Y 轴的灵敏度选择旋钮所指刻度（屏幕上纵向每格的伏数为 V/div）来计算的。在使用这种方法进行测量前，必须将 Y 轴的放大倍数微调旋钮置于校准位置。在校准后，Y 轴的放大倍数微调旋钮维持在校准位置不变。此时，测得的交流电压的峰-峰值为

$$U_{P-P}=n\text{div}\times c\text{V/div}\times 10$$

式中 $n\text{div}$——电压峰-峰值所占屏幕的纵向格数；

$c\text{V/div}$——Y 轴灵敏度选择旋钮所指刻度；

10——10∶1 探头衰减倍数。如果不是 10∶1 衰减探头，就不乘以 10。

用标尺法测得的示波器中的图像如图 2-21 所示。

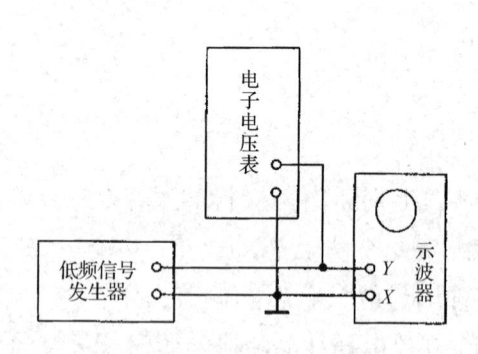

图 2-20　低频信号发生器、电子电压表和示波器的连接线路图

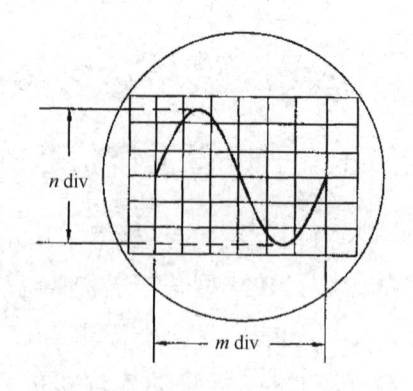

图 2-21　用标尺法测得的示波器中的图像

示波器在测量输入电压时，若 Y 轴输入采用 AC 耦合，则示波器仅反映交流成分；若采用 Y 轴输入 DC 耦合，则可用来测量直流电压和交流、直流叠加信号。在测量直流电压或直流分量前，必须将 Y 轴输入耦合接地（⊥），将 Y 轴移位对准坐标零线（零基线），之后再测试。在测量直流电压时，读数应根据跳动格数计算；在测量直流分量时，读数应根据与零基线相比较的跳动格数计算。

3．用示波器测量时间

利用示波器可测出被测信号波形上任意两点间的时间间隔，若采用双踪示波器还可测出两个信号波形上任意两点间的时间间隔。若被测信号为重复性周期波形，则相邻对应点的时间间隔就是信号的周期，其倒数就是频率。测量时间常用的方法也是标尺法。这种方法与测量电压时所用的标尺法相似。根据要读取的被测信号波形中两点间的时间间隔在屏幕横向上所占格数，结合扫描时间旋钮所指刻度（屏幕上横向每格的时间单位为 ms/div 或 μs/div）来计算。在读取前必须将 X 轴的扫描微调旋钮置于校准位置，并用示波器本身产生的标准方波信号对扫描时间进行校准。校准后，扫描微调旋钮维持在校准位置不再变动。如图 2-21 所示，正弦波的周期为

$$T = m\mathrm{div} \times t/\mathrm{div}$$

式中　$m\mathrm{div}$——正弦波一个周期在屏幕上横向所占格数；

　　　t/div——扫描时间旋钮所指刻度。

低频信号发生器用来输出具有一定频率和一定幅度的正弦波电压信号。其频率和幅度可在信号源频率范围和输出电压范围内任意选择。电子电压表用来测量正弦波电压信号的有效值。

三、实验仪器

低频信号发生器（一台）、电子电压表（一台）、万用表（一只）。

四、实验内容与步骤

1．用低频信号发生器测试电子电压表和万用表的频率特性

电子电压表和万用表在测试不同频率的正弦波信号的电压时具有不同的频率特性，这给测试值带来一定误差。测试方法如下：将低频信号发生器的输出电压调到 5V 并保持不变，改变输出信号的频率，用电子电压表和万用表测量相应的输出电压，并记录在表 2-4 中。

表 2-4 用电子电压表和万用表测量不同频率的信号的输出电压（低频信号源电压为 5V）

信号频率/Hz	10	50	100	1k	10k	50k	100k	500k	1M
电子电压表读数/V									
万用表读数/V									

2．测试低频信号发生器在不同输出衰减时的输出电压

测试方法是将低频信号发生器的频率调整到 1kHz，并保持不变。先将输出衰减旋钮调到 0dB 处，再调节输出细调旋钮，使输出电压达到 5V，并保持不变。然后逐级改变输出衰减，测低频信号发生器的输出电压，并记录在表 2-5 中。

表 2-5 不同输出衰减时的输出电压（0dB 时输出最大电压为 5V）

输出衰减的值/dB	0	10	20	30	40	50	60	70	80	90
电子电压表测试值/V										

3．观察信号波形

接通电源，在加入被测信号之前，先调节辉度旋钮、聚焦旋钮和辅助聚焦旋钮，使屏幕上显示一条细而清晰的扫描基线。然后将被测信号接入示波器，调节有关旋钮，直至屏幕上显示的正弦波幅度与波形个数较为合适，以及被测信号的波形稳定地显示。

4．用示波器测量电压信号

使低频信号发生器输出信号的频率固定为 10kHz，并保持其表头指示为 5V，将示波器灵敏度的微调旋钮旋至校准位置。在此位置上灵敏度选择旋钮所指刻度表示屏幕上纵向每格的电压伏数。这样就能根据显示波形高度所占的格数，直接读出电压了。为了保证测量精度，在屏幕上应显示足够高的波形。因此，应将灵敏度选择旋钮置于合适挡位。同时用电子电压表测量输出电压，并将测量结果记录在表 2-6 中。

表 2-6 电子电压表测量输出电压的结果

低频信号发生器输出衰减旋钮所在位置/dB	0	10	20	30	40
低频信号发生器表头指示为 5V 时的输出电压/V					
示波器灵敏度选择开关所在挡位/（V/div）					
电压峰-峰波形高度/格					
峰-峰电压 U_{p-p}/V					
电压有效值/V					
电子电压表测得电压/V					

在使用 10∶1 衰减探头测量时，计算中应考虑 10∶1 的衰减倍数。

5．用示波器测量信号周期

使低频信号发生器输出 3V 的固定信号，将示波器扫描时间微调旋钮旋至校准位置。在此位置扫描时间旋钮所指刻度 t/div 表示屏幕上横向每格的时间值。这样就能根据示波器屏幕上显示的一个周期的波形在水平方向所占的格数直接读出信号的周期了。为了保证测量精度，屏幕上显示的一个周期的波形应占足够的格数。因此，应将扫描时间旋钮置于合适挡位。

将测量结果记录在表 2-7 中。

表 2-7 示波器测量信号周期的结果

信号频率 f/kHz	1	5	25	50	100	1000
扫描时间旋钮位置/(t/div)						
一周期波形在水平方向所占格数						
信号周期 T/μs						

五、实验分析和总结

（1）整理各项实验记录。

（2）回答下列问题：①电子电压表测试交流信号的频率范围是否有限制？是否可用来测非正弦波电压信号？②根据实验结果分析万用表能否测量频率较高的交流电压。

（3）在用示波器观察波形时，要达到如下要求应调节哪些旋钮：①波形清晰；②亮度适中；③波形稳定；④移动波形位置；⑤改变波形个数；⑥改变波形高度。

2.6.3 单管低频放大电路实验

一、实验目的

（1）通过对单管低频放大电路进行估算和调试，熟悉放大电路的主要性能指标。

（2）学会静态工作点的测量和调试方法。

（3）学会放大电路电压放大倍数、输入电阻和输出电阻的测试方法。

（4）探究静态工作点对输出波形失真和电压放大倍数的影响。

二、实验原理

1. 实验电路

单管低频放大电路如图 2-22 所示。

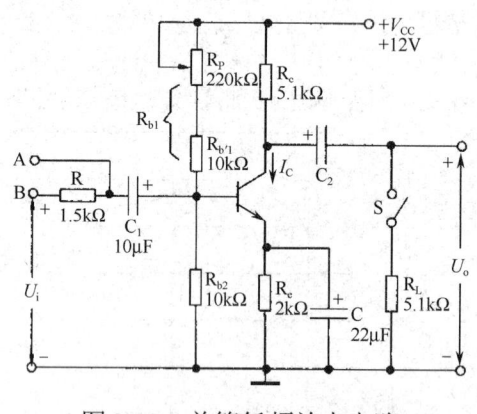

图 2-22 单管低频放大电路

2. 基本原理

1）放大电路静态工作点的测量与调试

（1）静态工作点的测量。

放大电路静态工作点的测量应在输入信号 $u_i=0$ 的情况下进行，即先将放大电路输入端与地短接，然后选用量程合适的直流毫安表和直流电压表分别测量三极管的集电极电流 I_C 及各电极的对地电压 U_B、U_C、U_E。在实验中，为了避免断开集电极，常采用测量 U_E 或 U_C 后计算 I_C 的方法。例如，只要测出 U_E，即可根据 $I_C \approx I_E = \dfrac{U_E}{R_e}$ 计算出 I_C，同时能根据 $U_{BE}=U_B-U_E$，

$U_{CE}=U_C-U_E$ 计算出 U_{BE} 和 U_{CE}。

（2）静态工作点的调试。

改变电路参数 V_{CC}、R_e、R_b（R_{b1}、R_{b2}）都会引起静态工作点变化。通常采用调节偏置电阻 R_{b1}（电路中的 R_P）的方法来改变静态工作点。

2）电压放大倍数 A_u 的测量

调整放大电路到合适的静态工作点，从 A 端加入输入电压 u_i，在输出电压 u_o 不失真的情况下，用交流毫伏表测出 u_i 和 u_o 的有效值 U_i 和 U_o；根据 $A_u=\dfrac{U_o}{U_i}$，计算出 A_u。

3）输入电阻 R_i 的测量

为了测量放大电路的输入电阻 R_i，按如图 2-23 所示的电路，在被测放大电路的输入端与信号源之间串入一个已知电阻 R，在放大电路正常工作的情况下，用交流毫伏表测出信号源的输出电压 U_s 和放大电路的输入电压 U_i，根据输入电阻的定义可得 $R_i=\dfrac{U_i}{I_i}=\dfrac{U_i}{\dfrac{U_s-U_i}{R}}=\dfrac{U_i}{U_s-U_i}R$。

4）输出电阻 R_o 的测量

为了测量放大电路的输出电阻 R_o，按如图 2-23 所示的电路，在放大电路正常工作的情况下，测出输出端不接负载 R_L 的输出电压 U_o 和接入负载 R_L 后的输出电压 U_L，根据 $R_o=(U_o/U_L-1)R_L$，即可求出输出电阻 R_o。在测试时，要保证负载 R_L 接入前后输入信号的大小不变。

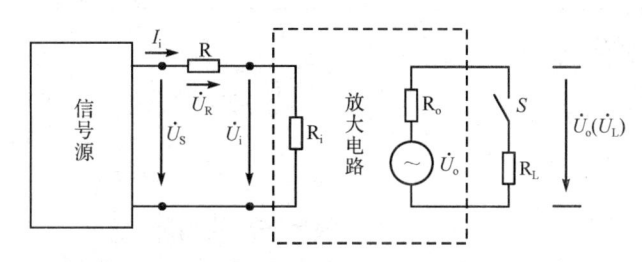

图 2-23　输入电阻、输出电阻的测量电路

5）最大不失真输出电压 U_{opp} 的测量

为了得到最大动态范围，应将静态工作点调在交流负载线的中点。在放大电路正常工作的情况下，逐步增大输入信号的幅度，同时调节 R_P，用示波器观察 u_o，当输出波形同时出现削底和削顶现象时，说明静态工作点已调至交流负载线的中点。反复调整输入信号，在输出波形幅度最大且无明显失真时，从示波器中直接读出最大不失真输出电压 U_{opp}，或者用毫伏表测出 U_o，此时动态范围等于 $2\sqrt{2}U_o$。

三、实验仪器和器材

电子电压表（一台）、示波器（一台）、稳压电源（一台）、万用表（一只）、实验电路板（一块）。

四、实验内容与步骤

1. 调试静态工作点

（1）按 $I_{CQ}=1mA$ 调整（调节 R_P，用万用表测量 R_c 两端的电压，使 $U_{R_c}=I_{CQ}R_c$），测试三

极管各点电位,并计算电压,将数据记录在表 2-8 中。

(2)以最大不失真输出为依据进行调整(接负载 R_L,输入端 A 加 1kHz 的正弦波信号,调节 R_P 并改变输入信号幅度,用示波器观察输出波形,达到最大不失真输出为止),测试各点电位,并计算电压,将数据记录在表 2-8 中。

表 2-8 静态工作点测试值

测试条件	测 试 值			计 算 值		
	U_{CQ}/V	U_{BQ}/V	U_{EQ}/V	U_{BEQ}/V	U_{CEQ}/V	I_{CQ}/mA
I_{CQ}=1mA						
最大不失真输出						

2. 研究静态工作点与输出波形失真的关系

将输入端 A 接 1kHz 正弦波信号,断开负载 R_L,在输出端用示波器观察波形。改变输入信号的大小,使输出为最大不失真波形,在此基础上调节 R_P,分别观察波形的变化,并记录输出波形,测试各点电位,并计算电压,将数据记录在表 2-9 中。

表 2-9 波形失真时的静态工作点

测试条件	测 试 值			计 算 值		
	U_{CQ}/V	U_{BQ}/V	U_{EQ}/V	U_{BEQ}/V	U_{CEQ}/V	I_{CQ}/mA
R_{b1}						
较大						
较小						

3. 测试电压放大倍数 A_u

将输入端 A 接 1kHz 正弦波信号,要求输出端波形不失真,按表 2-10 所列测试条件进行测试。

表 2-10 电压放大倍数的测试

测试条件		测 试 值		计 算 值		
I_{CQ}	R_L	U_i/V	U_o/V	$A_u = U_o/U_i$	r_{be}/Ω	计算 A_u 理论值
1mA	∞					
	接入					
0.5mA	∞					
	接入					
1.5mA	∞					
	接入					

4. 测量输入电阻 R_i

接入辅助电阻 R,将输入端 B 接频率为 1kHz 的正弦波信号 U_s,用示波器监视输出波形,要求输出波形不失真,测量 U_s 和 U_i,记录在表 2-11 中,并计算。

表 2-11 输入电阻的测量

测试条件	测试值		计算值	
	U_s/V	U_i/V	$R_i=U_iR/(U_s-U_i)$	$R_i\approx r_{be}$
I_{CQ}=1mA				

5. 测量输出电阻 R_o

在输入端 A 接频率为 1kHz 的正弦波信号,用示波器监视输出波形(要求输出波形不失真),分别测量不接负载 R_L 时的输出电压 U_o' 和接入负载 R_L 后的输出电压 U_o,记录在表 2-12 中,并计算。

表 2-12 输出电阻的测量

测试条件	测试值		计算值	
	U_o'/V	U_o/V	$R_o=(U_o'/U_o-1)R_L$	$R_o\approx R_c$
R_L=5.1kΩ				

五、注意事项

(1) 静态工作点的测试应在输入信号为 0 或将输入端短接的条件下进行,以免交流信号对直流测量产生影响。

(2) 在测量直流电位时,尽可能采用内阻高的仪表或数字万用表,并且用同一量程测量,以免不同量程导致的内阻变化引起测量值的误差。

(3) 所有仪器的接地端引线必须接放大电路的地线。

(4) 输出波形应为不失真的正弦波,避免在各种失真情况下测试动态参数,以免影响测量结果。

六、实验分析和总结

(1) 总结静态工作点对放大电路输出波形及电压放大倍数的影响。

(2) 讨论外接负载对放大电路输出的动态范围的影响。

本章小结

(1) 放大的本质是信号对能量的控制作用,即用能量比较小的输入信号控制另一能源,从而使负载得到较大的能量。所谓放大,就是输入信号的一个小变化量,导致负载上一个比较大的变化量。

(2) 单级低频信号放大电路是基本放大电路。放大电路的主要性能指标有放大倍数、输入电阻、输出电阻等。

(3) 要不失真地放大交流信号,就必须为放大电路设置合适的静态工作点,以保证三极管在放大信号时始终在放大区。为了提高电路的稳定性,必须采用静态工作点稳定的电路。

(4) 放大电路存在两种状态:未输入信号时的静态和输入信号时的动态。放大电路处于动态时,电路中三极管的各极电流与电压都是由直流量和交流量叠加而成的,放大电路处于交流、直流并存的状态。要注意放大电路中的直流分量、交流分量和总量的符号,在书写时要按规定加以区别。

(5) 图解法和近似估算法是分析放大电路的两种基本方法。图解法可以直观地了解放大电路的工作原理,它的关键是画直流负载线和交流负载线。近似估算法可以简捷地了解放大电路的工作状况,使用该方法的关键是熟练记住估算静态工作点的公式及估算输入电阻、输出电阻、放大倍数的公式。

（6）三极管放大电路有共发射极、共集电极和共基极三种组态，它们具有不同的特点，分别适用于不同的场合。

（7）频率特性是放大电路的重要特性，当输入信号的频率不同时，输出信号的幅度和相位都将随之发生变化，其变化规律称为幅频特性和相频特性。

习题 2

2.1 输入电压 U_i=0.02V、输入电流 I_i=1.0mA、输出电压 U_o=2V、输出电流 I_o=0.1A，问放大电路的电压放大倍数、电流放大倍数和功率放大倍数各为多少？用 dB 表示各为多少？

2.2 某一电路电压放大倍数是−60dB，试问它的电压放大倍数是多少？该电路是放大电路吗？

2.3 试分析如题图 2-1 所示的各电路能否进行正常放大，并说明理由。

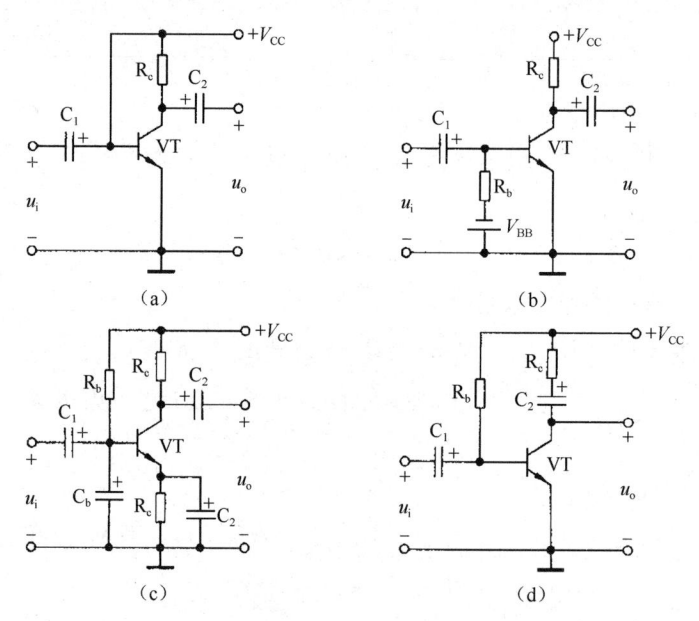

题图 2-1

2.4 画出题图 2-2 中各放大电路的直流通路和交流通路。

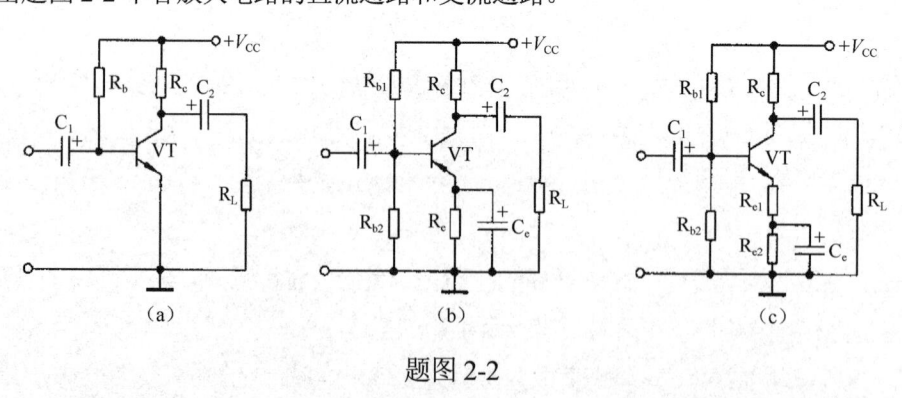

题图 2-2

2.5 题图 2-3 所示为某放大电路及三极管输出特性曲线，图中 V_{CC}=12V、R_c=5kΩ、R_b=560kΩ、R_L=5kΩ，三极管的 U_{BEQ}=0.7V。

（1）用近似估算法求静态工作点，判断三极管所处工作状态。

（2）试用图解法求静态工作点。

（a）

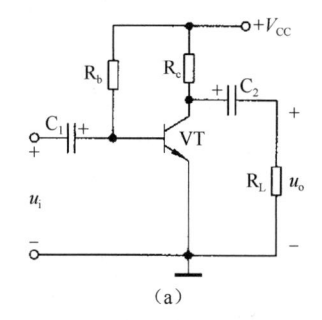

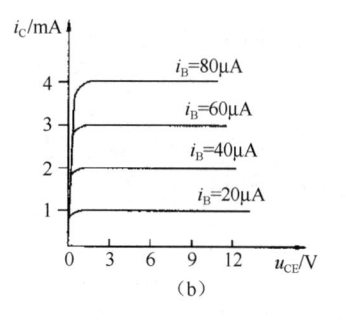

（b）

题图 2-3

2.6 题图 2-4 中，$R_b=510\text{k}\Omega$、$R_c=5.1\text{k}\Omega$、$\beta=50$，求 U_{CEQ}；若 $U_{CEQ}=3\text{V}$、$I_{CQ}=0.5\text{mA}$，求 R_b、R_c。

2.7 针对下列三种条件，求如题图 2-5 所示电路中的 U_{CEQ}。

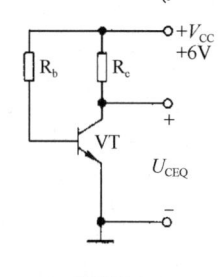

(1) $\begin{cases} R_b=200\text{k}\Omega \\ \beta=20 \end{cases}$ (2) $\begin{cases} R_b=300\text{k}\Omega \\ \beta=20 \end{cases}$ (3) $\begin{cases} R_b=200\text{k}\Omega \\ \beta=100 \end{cases}$

题图 2-4

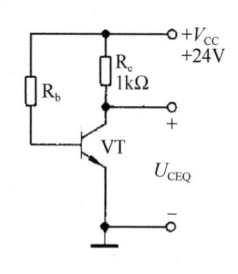

题图 2-5

2.8 求如题图 2-6 所示各电路的静态工作点，假设 U_{BE}、U_{CES} 均可忽略。

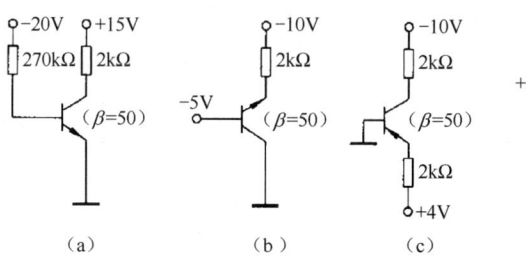

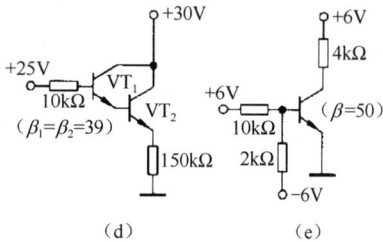

（a） （b） （c） （d） （e）

题图 2-6

2.9 电路如题图 2-7 所示，若三极管的 $U_{BEQ}=0.7\text{V}$、$U_{CES}=0.3\text{V}$、$r_{bb'}=100\Omega$，其他参数如图所示。

（1）估算静态工作点 I_{BQ}、I_{CQ}、U_{CEQ}。

（2）求 A_u、R_i、R_o、A_{us}。

2.10 分压式偏置放大电路如题图 2-8 所示，已知三极管的 $\beta=60$、$r_{bb'}=100\Omega$、$U_{CES}=0.3\text{V}$、$U_{BEQ}=0.7\text{V}$。

（1）估算静态工作点。

（2）求放大电路的 A_u、R_i、R_o。

（3）若电路其他参数不变，上偏流电阻 R_{b1} 为多大能使 $U_{CEQ}=4\text{V}$？

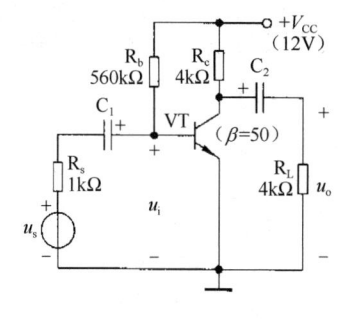

题图 2-7

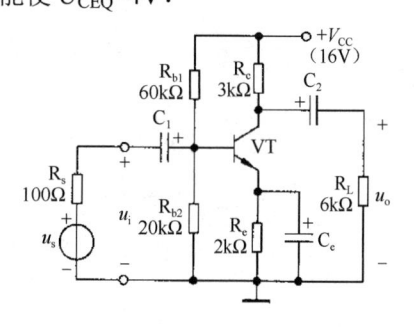

题图 2-8

2.11 稳定静态工作点的电路如题图 2-9 所示，设三极管的参数为 $\beta=50$、$U_{BEQ}=0.6V$。

（1）求静态工作点。

（2）设 β、U_{BEQ}、V_{CC} 仍为原来给定的数值。若要求有 $U_{CEQ}=5V$，$I_{CQ}=1mA$，则 R_c、R_b 各为多少？

2.12 设如题图 2-10 所示的共集电极放大电路中三极管的 $r_{bb'}=100\Omega$。

（1）试求 I_{CQ} 和 U_{CEQ}。

（2）分别求出 R_L 开路和 $R_L=1.2k\Omega$ 时的 A_u、R_i、R_o。

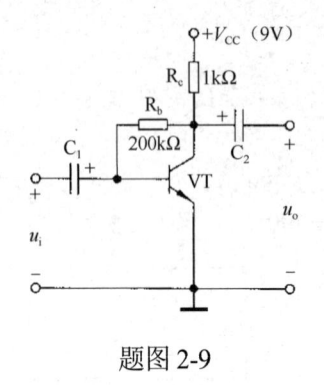

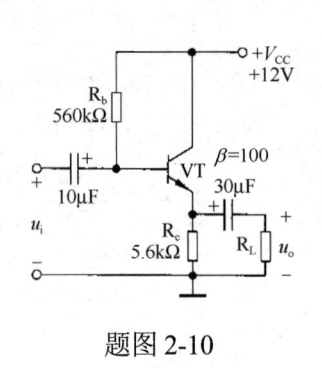

题图 2-9　　　　　题图 2-10

第 3 章　集成运算放大器

本章学习目标和要求
1. 简述差动放大电路的特点，解释其工作原理，举例说明差模信号与共模信号的概念。
2. 阐述集成运算放大器的特点与基本组成及主要参数。
3. 能根据手册读识集成运算放大器的引脚功能，并学会其使用方法。

前面介绍的单级放大电路在输入与信号源之间、输出与负载之间采用的是阻容耦合，除了阻容耦合，还常用到变压器耦合、直接耦合和光电耦合。这是因为在工业自动控制系统中，常需要将一些物理量（如温度、转速、压力）的变化通过传感器转化为电信号，而这些信号往往是变化很缓慢（频率很低）的非周期信号或极性固定不变的直流信号。显然，这类信号必须采用直接耦合的放大电路，也称直流放大电路。另外，在现代集成技术的发展过程中，由于变压器及电容不易集成，因此若想使电路的集成度及性能指标大为提高，就必须采用直接耦合方式。

3.1　差动放大电路

一个放大电路的输出端与另一个放大电路的输入端直接连接的耦合方式称为直接耦合，这是级与级连接方式中最简单的连接方式。零点漂移是直接耦合放大电路中存在的一个特殊问题。在没有输入信号时，用灵敏的直流表测量放大电路的输出端也会有变化缓慢的输出电压，这就是零点漂移现象，如图 3-1 所示。零点漂移的信号会在各级放大电路间传递，经过多级放大后，在输出端成为较大的信号。如果有用信号较弱，那么在直接耦合放大电路中漂移电压和有效信号电压会混合在一起被逐级放大。当漂移电压的大小可以和有效电压信号相比时，在输出端将很难分辨出有效电压信号；在漂移现象严重的情况下，有效电压信号往往会被"淹没"，放大电路将不能正常工作。因此，必须找出产生零点漂移的原因，并找到抑制零点漂移的方法。

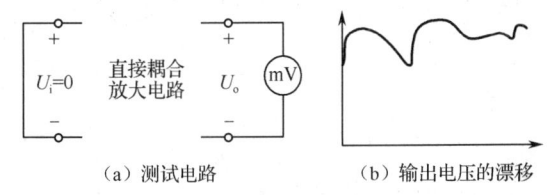

(a) 测试电路　　(b) 输出电压的漂移

图 3-1　零点漂移现象

产生零点漂移的原因有很多，如电源电压不稳、元器件参数变化、环境温度变化等。其中最主要的产生零点漂移的原因是温度变化，因为三极管是温度敏感器件，当温度变化时，U_{BE}、β、I_{CBO} 都将发生变化，最终导致放大电路静态工作点产生偏移。在诸原因中，最难控制的是环境温度变化。

在多级直接耦合放大电路的各级的零点漂移中，第一级的零点漂移影响最严重，因此减小第一级的零点漂移成为多级直接耦合放大电路一个至关重要的问题。

3.1.1 基本差动放大电路

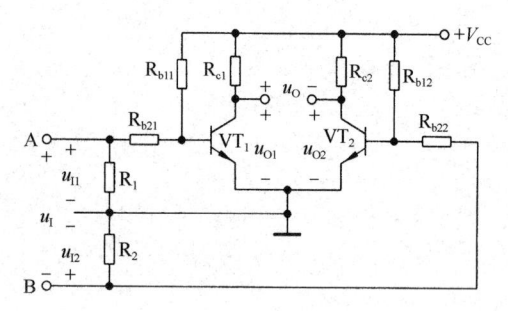

图 3-2 最基本的差动放大电路

差动放大电路是一种能有效抑制零点漂移的直流放大电路,它又称为差分放大电路。它的电路结构有多种形式,最基本的差动放大电路如图3-2所示。下面讨论差动放大电路的特点、抑制零点漂移的原理和主要性能。

1. 电路特点

差动放大电路由两个完全对称的单管放大电路组成。在图3-2中 $R_{b11}=R_{b12}$、$R_{b21}=R_{b22}$、$R_{c1}=R_{c2}$、$R_1=R_2$,且 VT_1 和 VT_2 的特性相同。u_I 是输入电压,它经 R_1 和 R_2 分压为 u_{I1} 和 u_{I2},u_{I1} 和 u_{I2} 分别加到 VT_1 和 VT_2 的基极(称为双端输入);u_O 是输出电压,它是 VT_1 和 VT_2 输出电压之差,即 $u_O=u_{O1}-u_{O2}$(称为双端输出)。

2. 抑制零点漂移的原理

因为 VT_1、VT_2 完全对称,所以在没有加输入信号时,即在 $u_I=0$ 时,$I_{CQ1}=I_{CQ2}$,$u_{O1}=u_{O2}$,输出电压 $u_O=0$。当电源电压波动或温度变化时,VT_1 和 VT_2 同时发生零点漂移,由于差动放大电路具有对称性,总有 $u_{O1}=u_{O2}$,故 $u_O=u_{O1}-u_{O2}$ 仍为 0。这说明零点漂移因相互补偿而抵消了,因此输出电压仍为 0。显然差动放大电路两边的对称性越好,其抑制零点漂移的效果就越好。

3. 放大倍数

(1)差模放大倍数 A_{ud}。

在图3-2中,因为 $R_1=R_2$,故 $u_{I1}=1/2u_I$,$u_{I2}=1/2u_I$,u_{I1} 和 u_{I2} 分别输入 VT_1 和 VT_2 的基极。这种信号输入方式称为差模输入。u_{I1} 和 u_{I2} 是两个大小相等、极性相反的电压信号,即 $u_{I1}=-u_{I2}$,称为差模信号。

差动放大电路在输入差模信号时,有 $u_{Id}=u_{I1}-u_{I2}=2u_{I1}$,此时,差动放大电路中有 $u_{O1}=-u_{O2}$,则 $u_{Od}=u_{O1}-u_{O2}=2u_{O1}$。设两个单管放大电路的电压放大倍数分别为 A_{u1} 和 A_{u2},显然 $A_{u1}=A_{u2}$,则整个差动放大电路的放大倍数为

$$A_{ud}=\frac{u_{Od}}{u_{Id}}=\frac{2u_{O1}}{2u_{I1}}=A_{u1}=A_{u2}$$

由上式可知,差动放大电路在采用双端输入、双端输出时,它的差模放大倍数与单管放大电路的电压放大倍数相同。所以,只要求得其中一个单管放大电路的电压放大倍数,就可以求得差动放大电路的差模放大倍数。差动放大电路多用了一组放大电路,只是为了实现对零点漂移的抑制。

(2)共模放大倍数 A_{uc}。

如图3-3所示,此时 VT_1 和 VT_2 输入电压信号 $u_{I1}=u_{I2}=u_{Ic}$,它们是大小相等且极性相同的电压信号,称为共模信号,这种输入方式称为共模输入。因为两边电路完全对称,所以 $u_{O1}=u_{O2}$,则 $u_{Oc}=u_{O1}-u_{O2}=0$。

一个完全对称的差动放大电路的共模放大倍数为

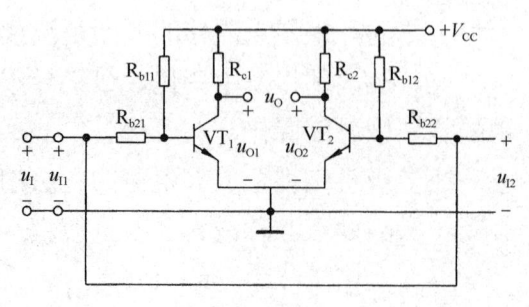

图 3-3 差动放大电路的共模输入方式

$$A_{uc} = \frac{u_{Oc}}{u_{Ic}} = \frac{0}{u_I} = 0$$

实际的差动放大电路不可能完全对称,共模放大倍数并不精确为 0,但通常很小。在图 3-3 中,当外界的干扰信号同时从 VT_1 和 VT_2 基极输入时,相当于共模输入。由于温度变化,VT_1 和 VT_2 产生同样的漂移电压,相当于在输入端加入共模信号。可见,共模信号在放大电路中起干扰作用。由上面分析可知,差动放大电路的共模放大倍数很小,不能放大共模信号,进而能有效抑制共模信号的干扰。

4. 共模抑制比 K_{CMR}

所谓共模抑制比,是指差动放大电路的差模放大倍数与共模放大倍数之比的绝对值,即

$$K_{CMR} = \left|\frac{A_{ud}}{A_{uc}}\right| \tag{3-1}$$

用分贝表示有

$$K_{CMR} = 20\lg\left|\frac{A_{ud}}{A_{uc}}\right| \text{ (dB)} \tag{3-2}$$

共模抑制比是衡量差动放大电路质量的重要指标之一。共模抑制比越大,说明差动放大电路对共模信号的抑制能力越强,差动放大电路受共模信号的影响越小,差动放大电路质量越好。

综上分析,差动放大电路是利用电路的对称性来抑制零点漂移的。当因温度等变化而输入共模信号时,因为放大电路对共模信号无放大能力,所以输出电压保持为 0。只有输入信号为有"差别"的非共模信号时,放大电路才对信号进行放大,输出端才有电压输出,"差动"的名称由此而来。

【例 3-1】 在如图 3-2 所示的对称差动放大电路中,已知 VT_1、VT_2 为硅管,且 β 均为 50,$r_{bb'}$ 均为 300Ω,输入端分压电阻为 $R_1=R_2 \ll 20k\Omega$(计算中可忽略),$R_{b11}=R_{b12}=300k\Omega$,$R_{c1}=R_{c2}=10k\Omega$,$R_{b21}=R_{b22}=20k\Omega$,$V_{CC}=12V$,求:①静态工作点;②$A_{ud}$。

解:因为两边单管放大电路对称,所以静态工作点相同。

① 忽略 R_1、R_2,有

$$I_{BQ1} = I_{BQ2} = \frac{V_{CC}-U_{BEQ}}{R_{b11}} - \frac{U_{BEQ}}{R_{b21}} = \frac{12V-0.7V}{300k\Omega} - \frac{0.7V}{20k\Omega} \approx 3\mu A$$

$$I_{CQ1}=I_{CQ2}=\beta I_{BQ1}=50 \times 3\mu A=150\mu A$$

$$U_{CEQ1}=U_{CEQ2}=V_{CC}-I_{CQ1}R_{c1}=12V-150\mu A \times 10k\Omega=10.5V$$

② $r_{be1}=r_{be2}=300+(1+\beta)\frac{26mV}{I_{CQ1}mA}=300+51 \times \frac{26mV}{0.15mA}=9.14k\Omega$

因为单管放大电路为共发射极放大电路,所以有

$$A_{ud}=A_{u1}=A_{u2}=-\frac{\beta R_{c1}}{R_{b21}+r_{be1}}=-\frac{50 \times 10k\Omega}{20k\Omega+9.14k\Omega} \approx -17$$

> **注意**
>
> 若差动放大电路的输出端带有负载,则在求差模放大倍数时应考虑 $R'_L = R_c // \frac{R_L}{2}$,单管放

大电路的等效负载为 R_L 的一半，则有 $A_{ud}=-\beta\dfrac{R_L'}{R_{b21}+r_{be1}}$。

3.1.2 差动放大电路的四种接法

差动放大电路一共有两个输入端和两个输出端，按照信号的输入、输出方式，有如下四种接法。

① 双端输入、双端输出：如图 3-4（a）所示，由前面分析可知，它的差模放大倍数为 $A_{ud}=A_{u1}=A_{u2}$。

② 双端输入、单端输出：如图 3-4（b）所示，由于输出端只和 VT_1 的集电极连接，而 VT_2 的集电极电压未使用，所以输出电压只有双端输出时的一半，故有 $A_{ud}=A_{u1}/2=A_{u2}/2$。这种接法适用于将双端输入的信号转换成单端输出的信号，以便与后面的放大级均处于共"地"状态。

③ 单端输入、双端输出：如图 3-4（c）所示，其特点是将单端输入的信号转换为双端输出的信号，作为下一级差动放大电路的输入信号。例如，示波器将单端信号放大后，双端输出送到示波器的偏转板。从图 3-4（c）中可以看出，虽然信号只从一个三极管的基极输入，似乎两个三极管并不工作在差模输入状态，但通过分析可以得知这种电路的放大倍数与双端输入、双端输出电路的一致，即 $A_{ud}=A_{u1}=A_{u2}$。

④ 单端输入、单端输出：如图 3-4（d）所示，这种接法比单管基本放大电路具有更强的抑制零点漂移作用，而且通过输出端的不同接法（接 VT_2 或接 VT_1），可以得到与输入信号同相或反相的输出信号。它的放大倍数和双端输入、单端输出相同，即 $A_{ud}=A_{u1}/2=A_{u2}/2$。

（a）双端输入、双端输出　（b）双端输入、单端输出　（c）单端输入、双端输出　（d）单端输入、单端输出

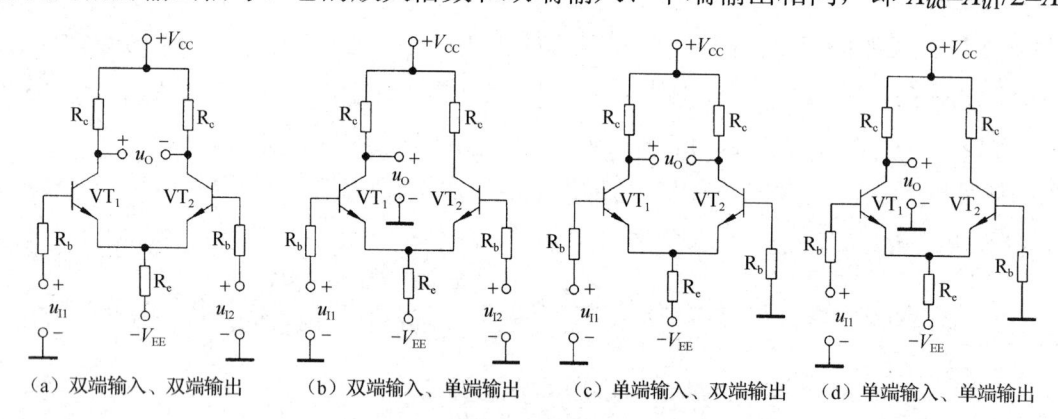

图 3-4　差动放大电路的四种接法

综上所述，双端输出的差模放大倍数等于单管放大电路的电压放大倍数；单端输出的差模放大倍数为单管放大电路的电压放大倍数的一半。

思考题

3.1.1　差动放大电路在结构上有什么特点？

3.1.2　差模信号和共模信号分别是什么？差动放大电路是如何对待这两种信号的？

3.1.3　采用双端输入、双端输出接法的差动放大电路为什么能抑制零点漂移？为什么共模反馈电阻 R_e 能提高抑制零点漂移的效果？为什么共模反馈电阻 R_e 不影响差模信号的放大效果？

3.2 运算放大器的简单介绍

3.2.1 概述

集成电路是把三极管、必要的元件及相互之间的连接同时制造在一个半导体芯片上（如硅片）形成的具有一定电路功能的器件。根据功能的不同，集成电路可分为模拟集成电路和数字集成电路两大类，其中集成运算放大器（简称集成运放）在模拟集成电路中的应用最为广泛。

集成运算放大器本质上是一个高电压放大倍数、高输入电阻和低输出电阻的直接耦合的多级放大电路，它有很多类型，为了使用方便，通常分为通用型和专用型两类。前者的适用范围很广，其特性和指标可以满足一般应用要求；后者是在前者的基础上为适应某些特殊要求而制作的。不同类型的集成运算放大器对应的电路不相同，但是结构具有相同之处。图 3-5 所示为集成运算放大器 CF714 的金属圆形封装和塑料双列直插式封装的外形及引脚排列图。

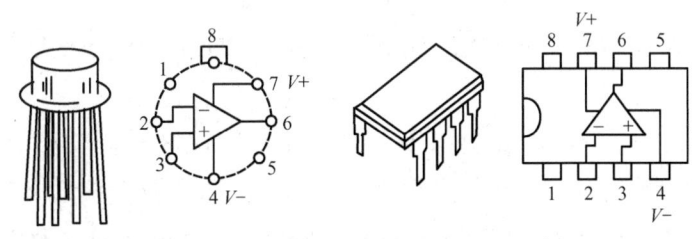

(a) 金属圆形封装的外形及引脚排列图　　(b) 塑料双列直插式封装的外形及引脚排列图

图 3-5　集成运算放大器 CF714 的金属圆形封装和塑料双列直插式封装的外形及引脚排列图

3.2.2 集成运算放大器的组成

集成运算放大器有很多类型，不同类型的集成运算放大器对应的电路不尽相同，但结构差别不大，主要由输入级、中间级、输出级及偏置放大电路组成，如图 3-6 所示。

输入级采用差动放大电路，以消除零点漂移、抑制干扰。中间级一般采用共发射极放大电路，以获得足够高的电压放大倍数。输出级一般采用互补对称功率放大器，以输出足够大的电压和电流，其输出电阻小、负载能力强。偏置放大电路为各级放大电路提供静态工作电流，一般由电流源构成。

除上述 4 个主要组成部分外，根据需要，集成运算放大器还可以设置外接调零电路和消除自激振荡的 RC 相位补偿环节。

集成运算放大器的电路符号如图 3-7 所示。它有两个输入端和一个输出端。其中，标有 "−" 号的输入端称为反相输入端，表示输出电压 u_o 与输入电压 u_n 反相；标有 "+" 号的输入端称为同相输入端，表示输出电压 u_o 与输入电压 u_p 同相。图 3-7（a）所示为集成运算放大器的新电路符号，图 3-7（b）所示为集成运算放大器的旧电路符号。

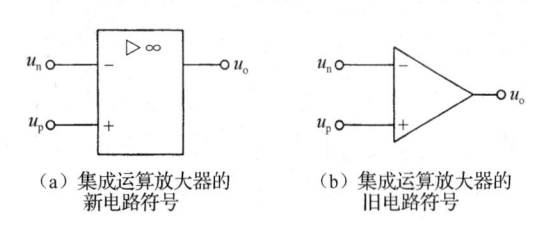

(a) 集成运算放大器的新电路符号　　(b) 集成运算放大器的旧电路符号

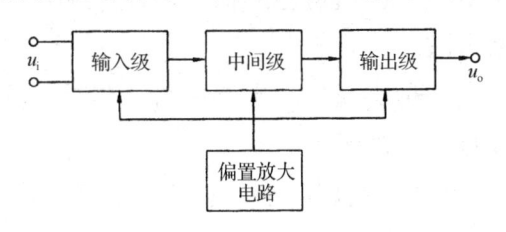

图 3-6　集成运算放大器的组成框图　　图 3-7　集成运算放大器的电路符号

3.2.3 集成运算放大器的主要参数

为了合理选择和正确使用集成运算放大器,下面介绍几个主要的集成运算放大器参数。

(1) 输入失调电压 U_{IO}:在输入电压和输入端外接电阻为 0 时,为了使输出电压为 0,必须在两个输入端间加一个直流补偿电压,这个电压就是输入失调电压 U_{IO}。输入失调电压 U_{IO} 越小越好,其值为 $\pm(1\mu V \sim 20mV)$。

(2) 输入失调电流 I_{IO}:当集成运算放大器的输出失调电压 U_{IO} 为 0 时,两个输入端静态偏置电流之差称为输入失调电流,用 I_{IO} 表示,$I_{IO}=|I_{BP}-I_{BN}|$。输入失调电流 I_{IO} 实际上是两个输入端所加的补偿电流,其值越小越好。

(3) 输入偏置电流 I_{IB}:集成运算放大器的反相输入端与同相输入端的静态偏置电流 I_{BN} 和 I_{BP} 的平均值被称为输入偏置电流,用 I_{IB} 表示,即

$$I_{IB} = \frac{1}{2}(I_{BN} + I_{BP})$$

双极型集成运算放大器的输入偏置电流 I_{IB} 为微安级,MOS 管集成运算放大器的输入偏置电流 I_{IB} 为皮安级。

(4) 开环放大倍数 A_{od}:当集成运算放大器工作在线性区时,输出开路电压 u_o 与输入差模电压 $u_{id}=(u_p-u_n)$ 的比值称为开环放大倍数,用 A_{od} 表示。开环放大倍数 A_{od} 的值为 $60\sim180dB$。

(5) 共模抑制比 K_{CMR}:其定义与前面一致,$K_{CMR}=|A_{ud}/A_{uc}|$,即集成运算放大器的差模电压放大倍数与共模电压放大倍数的比值的绝对值,在用分贝表示时其值为 $80\sim180dB$。

此外,集成运算放大器还有其他参数,限于篇幅,不再一一介绍。

思考题

3.2.1 集成运算放大器的输入级为什么采用差动放大电路?集成运算放大器的中间级和输出级应满足什么要求,一般采用什么样的电路形式?

3.2.2 简述下列集成运算放大器参数的含义。

(1) 输入失调电压 U_{IO}。

(2) 开环放大倍数 A_{od}。

(3) 共模抑制比 K_{CMR}。

3.3 应用与实验

3.3.1 集成运算放大器的应用常识

1. 集成电路的型号

对集成电路型号的命名至今无统一标准。各厂商或公司都按自己的命名方法来为产品命名。下面介绍一种基于集成电路型号主要特征的命名方法。

集成电路的型号大体上包含:公司代号、电路系列或种类代号、电路序号、封装形式代号、温度范围代号和其他代号。这些内容均用字母或数字来表示。

根据国家标准 GB/T 3430—1989,我国半导体集成电路的型号命名由五部分组成,如表 3-1 所示。

表3-1 我国半导体集成电路的型号命名组成

第0部分		第1部分		第2部分	第3部分		第4部分	
用字母表示器件符合国家标准		用字母表示器件的类型		用阿拉伯数字和字符表示器件的系列和品种代号	用字母表示器件的工作温度范围		用字母表示器件的封装	
符号	意义	符号	意义		符号	意义	符号	意义
C	符合国家标准	T	TTL电路		C	0～70℃	F	多层陶瓷扁平
		H	HTL电路		G	−25～70℃	B	塑料扁平
		E	ECL电路		L	−25～85℃	H	黑瓷扁平
		C	CMOS电路		E	−40～85℃	D	多层陶瓷双列直插
		M	存储器		R	−55～85℃	J	黑瓷双列直插
		μ	微型机电路		M	−55～125℃	P	塑料双列直插
		F	线性放大器				S	塑料单列直插
		W	稳压器				K	金属菱形
		B	非线性电路				T	金属圆形
		J	接口电路				C	陶瓷片状载体
		AD	A/D转换器				E	塑料片状载体
		DA	D/A转换器				G	网格阵列
		D	音响、电视电路					
		SC	通信专用电路					
		SS	敏感电路					
		SW	钟表电路					

2. 运算放大器的选用

运算放大器有很多类型，在工作中需要按系统对电路的要求来选用。一般选用通用型，其售价较低，且容易购买，只有在有特殊需要时，才选用某种特殊型运算放大器。但并不是价格贵的运算放大器就好，因为特殊型运算放大器只是某几个技术指标比较突出，且是以牺牲其他指标为代价的。另外，在选用时需要注意可靠性。如果工作中经常有冲击电压或电流，就应选用过载保护型运算放大器，而且在容量方面要留有充分的余地。

3. 运算放大器使用注意事项

运算放大器在使用时除与二极管、三极管有相同的使用注意事项外，还需要注意以下几个方面。

1）引脚排列

在科技高速发展的今天，集成电路（包括集成运算放大器）的使用已经相当普遍。我们在使用集成电路时遇到的第一个问题就是如何正确识别集成电路的各引脚，使之与电路图中标注的引脚相对应，这是使用者必须熟练掌握的一项基本技能。集成电路有很多型号，根据型号记忆各引脚的位置很困难，可以借助集成电路的引脚分布规律，来识别形形色色集成电路的引脚号。集成电路的引脚分布规律一般是从外壳顶部向下看，从左下角按逆时针方向读数，其中第一脚附近一般有参考标志，如缺口、凹坑、斜面、色点等。具体的集成电路的引脚、有关参数和使用方法可以通过查阅有关资料获取。

2）零点调整

常用的零点调整方法是将两个输入端短路接地，利用外接调零电位器调整，使输出电压为0，具体调零方法可参阅有关说明书。

3）消除寄生振荡

集成运算放大器开环放大倍数很大，容易引起振荡，寄生振荡频率的范围为几十赫至几百千赫。因此，经常需要加阻容补偿网络，具体参数和接法可参阅使用说明书。合适的补偿网络参数应通过实验确定。

4）保护电路

集成运算放大器的电源的电压极性接反、输入信号过大、输出端电压过高，都可能导致集成运算放大器损坏，除在使用时注意外，最好加保护电路。

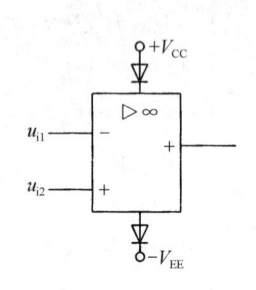

（1）电源极性保护：利用二极管的单向导电性可防止电源极性接反造成的集成运算放大器损坏。由图3-8可知，当电源极性错接成上负下正时，两个二极管均不导通，相当于电源断路，从而起到保护作用。

图3-8 电源极性保护

（2）输入保护：当输入信号超过额定值时，集成运算放大器内部结构可能会损坏。常用的保护办法是利用 VD_1、VD_2 对输入信号幅度加以限制，如图 3-9 所示，当信号的正向电压或负向电压超过二极管的导通电压时，VD_1 或 VD_2 就会导通，从而限制输入信号的幅度，起到保护作用。

（3）输出保护：图 3-10 所示为输出端过压保护电路，将 D_{Z1}、D_{Z2} 反向串联。若输出端出现过高电压，集成运算放大器输出端电压将受到稳压二极管稳定电压的限制，从而避免损坏。稳压二极管稳定电压应略高于集成运算放大器的最大输出电压。

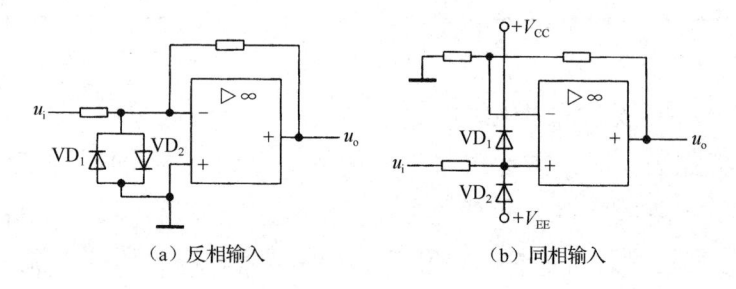

（a）反相输入　　（b）同相输入

图3-9 输入保护

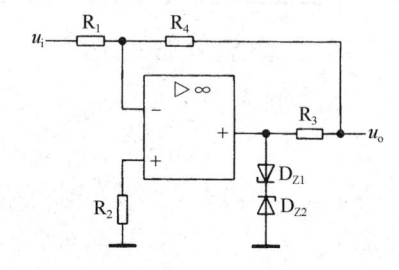

图3-10 输出端过压保护电路

实际使用的保护电路有很多形式，以上仅给出几个例子。

3.3.2 差动放大电路实验

一、实验目的

（1）学会差动放大电路零点的调整方法和静态工作点的测试方法。
（2）掌握差动放大电路的差模放大倍数的测试方法。
（3）熟悉差动放大电路的共模抑制比的测试方法。

二、实验原理

1. 实验电路

元件参考值：$R_{c1}=R_{c2}=12\text{k}\Omega$；$R_{b1}=R_{b2}=20\text{k}\Omega$；$R_1=R_2=510\Omega$；$R_{b3}=47\text{k}\Omega$；$R_{b4}=15\text{k}\Omega$；$R_{e1}=12\text{k}\Omega$；

R_{e2}=5.6kΩ；R_P=680Ω；VT_1 和 VT_2——5G921 组合型对管；VT_3——3DG6；$β$ 为 50～60；V_{CC}= +12V；$-V_{EE}$= -12V。

2．基本原理

差动式放大电路的电路结构和电路性能参数是对称的，如图 3-11 所示。但在实际电路中，参数不会完全对称，是存在一定差异的，所以在静态工作状态下时，u_O 不为 0，必须通过调节 R_P 使两个三极管的静态电流相等，达到 u_O=0。

差模放大倍数：

$$A_{ud} = u_O/u_I = -βR_c /[R_{b1}+r_{be1}+(1+β)R_P/2]$$

共模抑制比：

$$K_{CMR}=20\lg|A_{ud}/A_{uc}| \text{（dB）}$$

A_{uc} 越小，K_{CMR} 越大，表示电路对共模信号的抑制能力越强。

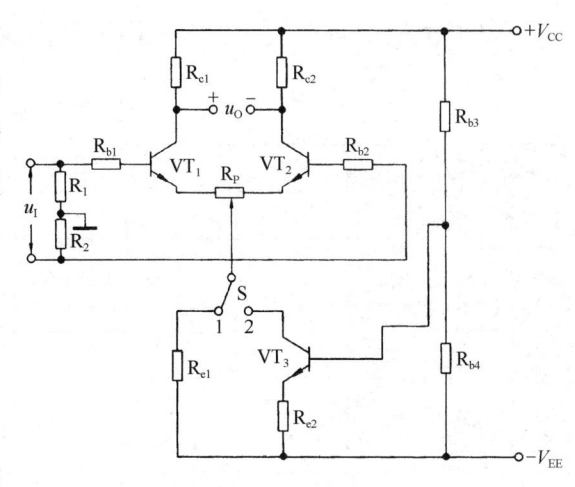

图 3-11 差动放大电路

当采用增加 R_e 的阻值来提高共模抑制比时，R_e 上会有过大的直流电压。为了避免出现这种现象，可用恒流源电路代替 R_e，以进一步提高共模抑制比，同时不影响动态范围，而直流压降不大，此时差模放大倍数不变。

三、实验仪器和器材

电子电压表（一台）、示波器（一台）、双路直流稳压电源（一台）、数字万用表（一只）、低频信号发生器（一台）、实验电路板（一块）。

四、实验内容与步骤

1．测试静态工作点

将 S 置于 1 处，加上电源，调节 R_P，使静态工作时的 u_O=0。当达到直流平衡时，测试各点静态电位，并记录在表 3-2 中。

表 3-2 静态工作点的测试

测试条件	测试值			计算值
	U_{CQ}/V	U_{BQ}/V	U_{EQ}/V	I_{CQ}/mA
VT_1				
VT_2				

2．测试差模放大倍数

差动放大电路的输入信号可以是直流信号，也可以是低频信号。按如图 3-11 所示电路接入输入信号，直流信号可用稳压电源经滑动变阻器调分压比来获得所需输入电压信号；差动放大电路的输出端和输入端的电压可以用数字万用表的直流电压挡测量，尽可能用同一挡倍率测量，以免各挡内阻不一致带来附加误差。当采用低频信号测试时，差动放大电路的输出电压为

$$U_o = U_{o1}+U_{o2}$$

差模放大倍数为

$$A_{ud} = U_o/U_i$$

VT_1 和 VT_2 单端输出的差模放大倍数分别为

$$A_{ud1} = U_{o1}/U_i;\quad A_{ud2} = U_{o2}/U_i$$

式中，U_i、U_{o1}、U_{o2} 均为交流电压信号的有效值。

将测试值记录在表 3-3 中，根据表内参数绘制差模信号的传输特性曲线 $U_o = f(U_i)$。

表 3-3　差模放大倍数测试值

测试值	U_i/V	0.1	0.2	0.3	0.4	0.5	0.6	0.7	0.8	0.9
	U_{o1}/V									
	U_{o2}/V									
计算值	U_o/V									
	A_{ud}									
	A_{ud1}									
	A_{ud2}									

3．测试共模放大倍数并计算共模抑制比

在如图 3-11 所示的电路中，将输入端改接成共模输入形式，如图 3-12 所示。输入 $f=100\text{Hz}$、$U_i=0.2\text{V}$ 的共模信号，分别测试 U_{o1} 和 U_{o2}，并计算单端和双端输出的共模抑制比。

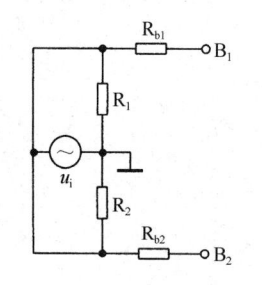

为了提高共模抑制比，将 S 置于 2 处，并重新调节 R_P 到直流平衡，重复上述步骤。

双端输出和单端输出的共模放大倍数分别为

$$A_{uc}=(U_{o1}-U_{o2})/U_i;\quad A_{uc1}=U_{o1}/U_i;\quad A_{uc2}=U_{o2}/U_i$$

双端输出的共模抑制比为

$$K_{\text{CMR(双)}} = A_{ud}/A_{uc}$$

图 3-12　共模输入连接图

单端输出的共模抑制比为

$$K_{\text{CMR(单)}} = A_{ud1}/A_{uc1};\quad K_{\text{CMR(单)}} = A_{ud2}/A_{uc2}$$

将测试值与计算值记录到表 3-4 中。

表 3-4　测试共模放大倍数和共模抑制比

测试条件		测试值		计算值				
$f=100\text{Hz}$，$U_i=0.2\text{V}$		U_{o1}/V	U_{o2}/V	A_1	A_2	A	$K_{\text{CMR(双)}}$	$K_{\text{CMR(单)}}$
接 R_{e1}	差模							
	共模							
接恒流源	差模							
	共模							

五、实验分析和总结

（1）整理实验数据，比较实验结果和理论估算值，分析误差原因。

（2）根据传输特性，分析线性区的范围受哪些参数影响。为什么？

（3）如何提高差模放大倍数？

（4）哪种线路的共模抑制比高？为什么？

（5）分析讨论差动放大器是如何解决放大电路中的零点漂移与放大倍数之间的矛盾的。

本章小结

(1) 放大电路的级间耦合方式有阻容耦合、直接耦合、变压器耦合等。放大电路一般采用阻容耦合，因为阻容耦合电路具有电路简单、调试方便的特点；而对于直流或缓慢变化的信号，必须采用直接耦合。

(2) 直接耦合放大电路存在零点漂移的问题。通常采用差动放大电路来解决零点漂移问题。

(3) 基本的差动放大电路利用电路的对称性来抑制零点漂移。

常用共模抑制比 K_{CMR} 来衡量差动放大电路抑制共模信号的能力，$K_{CMR}=|A_{ud}/A_{uc}|$，K_{CMR} 越大，电路对共模信号的抑制能力越强。

(4) 集成电路是把三极管、必要的元件及相互之间的连接同时制造在一块半导体芯片上（如硅片）形成的具有一定电路功能的器件。它具有体积小、性能好的优点，得到越来越广泛的应用。集成运算放大器是众多集成电路中的一种。

(5) 集成运算放大器是高放大倍数的直接耦合多级放大电路。为消除零点漂移、抑制干扰，输入级常采用差动放大电路，中间级一般采用共发射极放大电路，输出级一般采用互补对称功率放大器，以提高带负载能力。

(6) 集成运算放大器的主要参数有 U_{IO}、I_{IO}、I_{IB}、A_{od}、K_{CMR} 等，在使用时应合理选用。

习题 3

3.1 填空题。

(1) 差动放大电路的两种输入方式为_____和_____。

(2) 评价差动放大电路性能的好坏，应同时考虑它的_____和_____。

(3) 为了有效地抑制零点漂移，多级直流放大器的第一级均采用_____电路。

(4) 用于放大_____或_____的放大器，称为直流放大电路。

(5) 在差动放大电路中，共模输入信号主要来源于_____和_____。

(6) 与非差动直接耦合放大电路相比，差动放大电路以多用一个三极管为代价，换取_____。

(7) 集成运算放大器主要由_____、_____、_____、_____四部分构成。

3.2 什么是直接耦合放大电路？它是否能放大交流信号？若能，其下限截止频率 f_L 为多大？

3.3 直接耦合放大电路存在哪两个特殊问题，应如何解决？

3.4 在直接耦合放大电路中，为什么用二极管或稳压二极管代替射极电阻 R_e？

3.5 画出一个典型的差动放大电路，说明减小零点漂移的工作原理。

3.6 为什么说共模抑制比越大，电路抗共模信号干扰能力越强？

3.7 在如图 3-11 所示的差动放大电路中，设两个三极管的 $\beta=60$，输入端分压电阻 $R_1=R_2=1\text{k}\Omega$、$R_{b11}=R_{b12}=200\text{k}\Omega$、$R_{c1}=R_{c2}=5\text{k}\Omega$、$R_{b21}=R_{b22}=20\text{k}\Omega$、$V_{CC}=12\text{V}$，它的共模放大倍数 $A_{uc}=2$。求：①静态工作点；②差模放大倍数；③共模抑制比。

第 4 章 放大电路中的负反馈

本章学习目标和要求
1. 解释反馈的基本概念。
2. 概括判断放大电路反馈类型的方法，并能根据实例电路进行判断。
3. 叙述负反馈对放大电路性能的影响。
4. 学会负反馈放大电路的测试与调整方法。

反馈在电子电路中得到广泛应用。负反馈可以改善放大电路的性能，实用的放大电路离不开负反馈。本章从反馈的基本概念入手，抽象出反馈放大电路的方框图，分析负反馈对放大电路性能的影响，介绍引入负反馈的一般原则及计算深度负反馈的方法。

4.1 反馈的基本概念及判断方法

在实用的放大电路中，几乎都要引入这样或那样的反馈，以改善放大电路某些方面的性能。因此，掌握反馈的基本概念及判断方法是研究实用放大电路的基础。

4.1.1 反馈的基本概念

将放大电路的输出信号（电压或电流）的一部分或全部，通过一定的电路（反馈网络）送回输入回路，这一过程称为反馈。要识别一个电路是否存在反馈，只要分析放大电路的输出回路与输入回路之间是否存在联系作用的反馈元件或反馈网络即可。反馈网络通常由电阻、电容等元件组成。

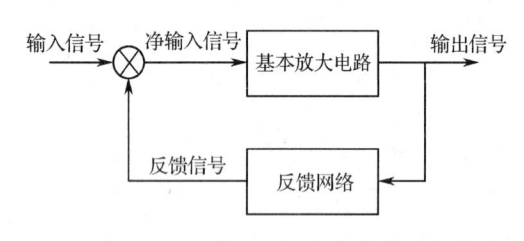

反馈放大电路的方框图如图 4-1 所示。反馈放大电路主要由基本放大电路及反馈网络两部分组成。前者的主要功能是放大信号，后者的主要功能是传输反馈信号。基本放大电路的输入信号称为净输入信号，它不仅决定于输入信号（输入量），还与反馈信号（反馈量）有关。

图 4-1 反馈放大电路的方框图

4.1.2 反馈的判断方法

1. 有无反馈的判断方法

若放大电路中存在将输出回路与输入回路相连的通路，即反馈元件或反馈网络，并由此影响了基本放大电路的净输入信号，则表明该放大电路引入了反馈；否则该放大电路中没有引入反馈。

在如图 4-2（a）所示的电路中，集成运算放大器的输出端与同相输入端、反相输入端之间均无通路，故该电路中没有引入反馈。

在如图4-2（b）所示的电路中，电阻R_2将集成运算放大器的输出端与反相输入端相连，集成运算放大器的净输入信号不仅决定于输入信号，还与输出信号有关，所以该电路中引入了反馈。

在如图4-2（c）所示的电路中，虽然电阻R跨接在集成运算放大器的输出端与同相输入端之间，但是由于同相输入端接地，电阻R只是集成运算放大器的负载，不会使输出信号作用于输入回路，所以电路中没有引入反馈。

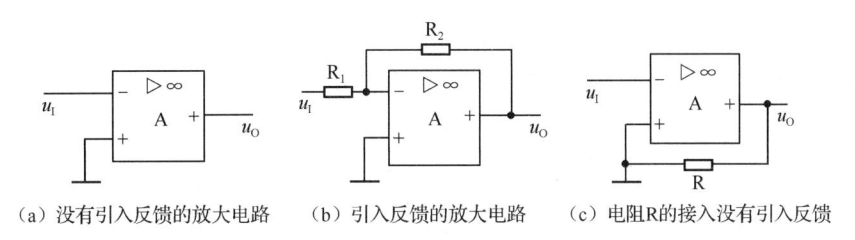

（a）没有引入反馈的放大电路　　（b）引入反馈的放大电路　　（c）电阻R的接入没有引入反馈

图4-2　有无反馈的判断

由上述分析可知，通过寻找电路中有无反馈元件或反馈网络，可以判断电路是否引入了反馈。

2．正反馈与负反馈的判断方法

根据反馈效果可以区分反馈的极性：使基本放大电路的净输入信号增大的反馈称为正反馈，使基本放大电路的净输入信号减小的反馈称为负反馈。反馈的结果影响净输入信号，必然影响输出信号。因此，根据输出信号的变化可以区分反馈的极性：反馈的结果使输出信号的变化增大的为正反馈，使输出信号的变化减小的为负反馈。

瞬时极性法是判断电路中反馈极性的基本方法，具体做法是规定电路输入信号在某一时刻对地的极性，并以此为依据，逐级判断电路中各相关点的电流流向和电位极性，从而得到输出信号的极性，根据输出信号的极性判断反馈信号的极性。若反馈信号使基本放大电路的净输入信号增大，则说明引入了正反馈；若反馈信号使基本放大电路的净输入信号减小，则说明引入了负反馈。

对于分立器件放大电路，可以通过判断输入级放大端的净输入电压（u_{BE}或u_{EB}）或净输入电流（i_B或i_E）因反馈的引入是增大还是减小，来判断反馈的极性。例如，在如图4-3所示的电路中，设输入电压u_1的瞬时极性对地为正，因此VT_1的基极电位对地为正，由于共发射极放大电路输出电压与输入电压反相（共集电极放大电路输出电压与输入电压同相，共基极放大电路输出电压与输入电压同相），因此VT_1的集电极电位对地为负，即VT_2的基极电位对地为负；第二级仍为共发射极放大电路，故VT_2的集电极电位对地为正，即输出电压u_O的极性为上正下负；u_O作用于R_6和R_3回路，产生电流，如图4-3中的虚线所示，从而在R_3上得到反馈电压u_F；根据u_O的极性得到u_F的极性为上正下负；u_F作用的结果使VT_1的净输入电压u_{BE}减小，故判定电路引入了负反馈。

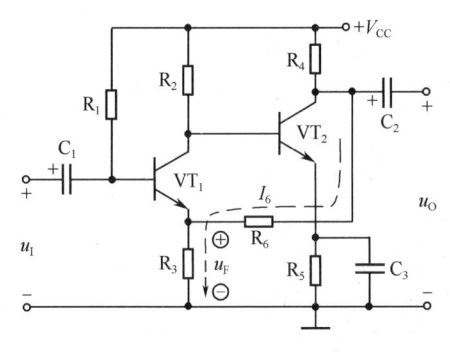

图4-3　分立器件放大电路反馈极性的判断

在如图4-4（a）所示的电路中，设输入电压u_1的瞬时极性对地为正，即集成运算放大器同相输入端的输入电压 u_P 对地为正，因此输出电压 u_O 对地也为正。u_O 通过电阻 R_2 在电阻 R_1 上产生上正下负的反馈电压 u_F，使反相输入端电位对地为正，因此集成运算放大器的净输入电压 u_P-u_N 的数值减小，说明电路引入了负反馈。

在如图 4-4（b）所示的电路中，设输入电流 i_I 的瞬时方向如图所示。集成运算放大器反相输入端的电流 i_N 流入集成运算放大器，u_N 对地为正，因此输出电压 u_O 对地为负。u_O 作用于电阻 R_2 产生电流 i_F，如图 4-4（b）所示，导致集成运算放大器的净输入电流 i_N 数值减小，说明电路引入了负反馈。

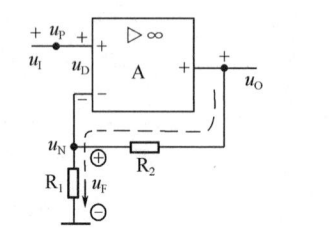

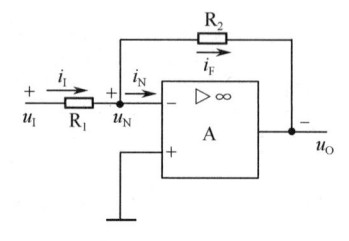

（a）通过净输入电压的变化判断反馈极性　　（b）通过净输入电流的变化判断反馈极性

图 4-4　集成运算放大器反馈极性的判断

以上分析说明，在集成运算放大器组成的反馈放大电路中，可以通过分析集成运算放大器的净输入电压 u_P-u_N（或 u_N-u_P），或者净输入电流 i_I，依据反馈的引入是使其增大还是减小，来判断反馈的极性。凡使净输入信号增大的为正反馈，使净输入信号减小的为负反馈。

可以证明，当输入信号与反馈信号从不同端子引入时，若两者极性相同，则为负反馈；若两者极性相反，则为正反馈。当输入信号和反馈信号从同一端子引入时，若两者极性相同，则为正反馈；若两者极性相反，则为负反馈。

3．直流反馈与交流反馈的判断方法

如果反馈量只含直流量，则称之为直流反馈；如果反馈量只含交流量，则称之为交流反馈。或者说，仅在直流通路中存在的反馈称为直流反馈；仅在交流通路中存在的反馈称为交流反馈。很多放大电路中，常常是交流反馈、直流反馈兼而有之。

根据直流反馈和交流反馈的定义，可以通过反馈是存在于放大电路的直流通路中，还是存在于放大电路的交流通路中，来判断电路引入的是直流反馈还是交流反馈。

在如图 4-5（a）所示的电路中，已知电容 C 对于交流信号可视为短路，因此它的直流通路和交流通路分别如图 4-5（b）和图 4-5（c）所示。根据前面讲述的反馈的判断方法可知，如图 4-5（a）所示的电路只引入了直流反馈，没有引入交流反馈。

在如图 4-6 所示的电路中，已知电容 C 对于交流信号可视为短路；对于直流信号可视为开路，即在直流通路中不存在连接输出回路与输入回路的通路，故电路中没有引入直流反馈，只引入了交流反馈。

（a）电路　　（b）直流通路　　（c）交流通路

图 4-5　直流反馈与交流反馈的判断　　　　图 4-6　只引入交流反馈电路

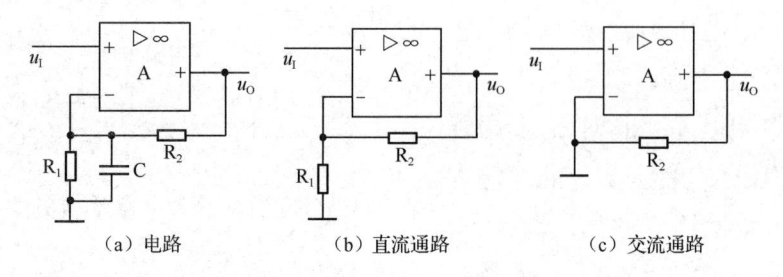

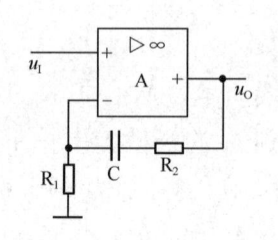

4. 电压反馈与电流反馈的判断方法

根据反馈信号从输出端的取样对象（取自放大电路输出电压或电流），反馈可以分为电压反馈和电流反馈。如果反馈信号取自输出电压，即反馈量与输出电压成正比，则称为电压反馈；如果反馈信号取自输出电流，即反馈量与输出电流成正比，则称为电流反馈。具体判别方法如下：令反馈放大电路的输出电压 u_O 为 0，若反馈量也随之为 0，则说明电路中引入了电压反馈；若反馈量依然存在，则说明电路中引入了电流反馈。

通过判断可知，如图 4-7（a）所示的电路引入了交流负反馈。令输出电压 $u_O=0$，即将集成运算放大器的输出端接地，得到如图 4-7（b）所示的电路。此时输出回路与输入回路之间没有连接的通路，反馈不存在，故电路中引入的是电压反馈。

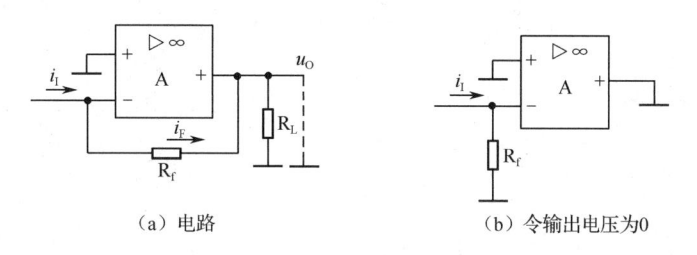

（a）电路　　　　　　　　（b）令输出电压为 0

图 4-7　电压反馈

通过判断可知，如图 4-8（a）所示的电路引入了交流负反馈。令输出电压 $u_O=0$，即将负载 R_L 两端短路，得到如图 4-8（b）所示的电路。通过判断得知反馈仍然存在，故电路中引入的是电流反馈。

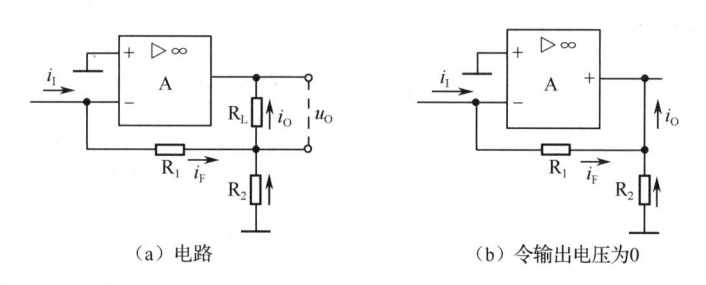

（a）电路　　　　　　　　（b）令输出电压为 0

图 4-8　电流反馈

5. 串联反馈与并联反馈的判断方法

串联反馈与并联反馈是针对放大电路的输入端而言的。串联反馈与并联反馈的区别在于基本放大电路的输入回路与反馈网络的连接方式不同。若反馈信号为电压，与输入电压相减获得净输入电压，即净输入电压=输入电压–反馈电压，则为串联反馈；若反馈信号为电流，与输入电流相减获得净输入电流，即净输入电流=输入电流–反馈电流，则为并联反馈。

判别串联反馈与并联反馈的方法有如下两种。

（1）将输入回路的反馈节点对地短路，若输入信号仍能被送到放大电路中，则为串联反馈；若输入信号不能再被送到放大电路中，则为并联反馈。

（2）从电路的结构来看，输入信号与反馈信号加在放大电路的不同输入端为串联反馈；输入信号与反馈信号并接在同一输入端为并联反馈。

例如，在如图 4-9（a）所示的电路中，将输入回路反馈节点对地短路后，VT_1 的基极接地，输入信号无法被送到放大电路中，故为并联反馈。另外，由图 4-9（a）可以看出，R_f 和 C_f 引入的反馈信号线与输入信号线并接在一起，将反馈信号回送到输入端，同样可判定为并联反馈。

又如，在如图 4-9（b）所示的电路中，将输入回路的反馈节点对地短路后，相当于 VT_1 发射极接地，由于输入信号加在 VT_1 的基极，故输入信号仍然能送到放大电路中，因此为串联反馈。另外，由图 4-9（b）也可以看出，R_f 和 C_f 引入的反馈信号接在 VT_1 的发射极，没有将反馈信号回送到 VT_1 的基极，故为串联反馈。

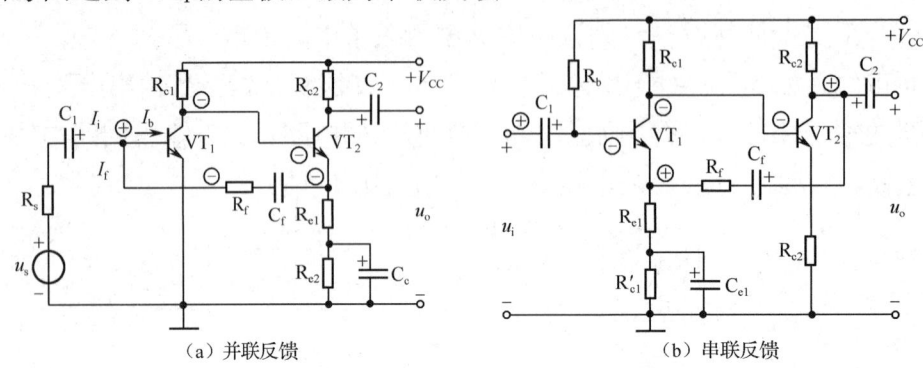

（a）并联反馈　　　　　　　　　　　（b）串联反馈

图 4-9　并联反馈和串联反馈的判断

4.1.3　负反馈的四种组态及其判别

根据反馈信号在输出端的取样方式及与输入回路的连接方式的不同组合，负反馈分别有四种组态：电压串联负反馈、电压并联负反馈、电流串联负反馈和电流并联负反馈。下面通过具体电路进行分析。

1．电压串联负反馈

图 4-10 所示为电压串联负反馈放大电路，其中基本放大电路是一个集成运算放大器，反馈网络是由 R_1、R_2 组成的分压器。采用瞬时极性法判别反馈极性，即假设在同相输入端接入电压信号 u_i，设其瞬时极性对地为正，因为输出端与同相输入端极性一致也为正，u_o 经 R_1、R_2 分压后 N 相电位仍为正，而在输入回路中有 $u_i=u_d+u_f$，则 $u_d=u_i-u_f$，u_f 的存在使 u_d 减小了，因此引入的反馈为负反馈；由于反馈信号在输入回路中与输入信号串联，故为串联反馈；从输出端看，R_1、R_2 组成分压器，将输出电压的一部分取出作为反馈信号 $u_f=u_o R_1/(R_1+R_2)$，因此为电压反馈。综合上述分析可知，如图 4-10 所示的电路引入的反馈为电压串联负反馈。

2．电压并联负反馈

图 4-11 所示为电压并联负反馈放大电路。从图 4-11 输入端来看，反馈信号 i_f 与输入信号 i_i 并联，所以为并联反馈；从输出端来看，反馈网络（由 R_f 构成）与基本放大电路和负载 R_L 并联，若将输出端短路，反馈信号就消失了，这说明反馈信号与输出电压成正比，因此为电压反馈。设某一瞬间输入 u_i 为正，则 u_o 为负，i_f 和 i_d 的方向如图 4-11 所示，可见净输入电流 $i_d=i_i-i_f$，i_f 的存在使 i_d 变小了，故为负反馈。由上述分析可知，如图 4-11 所示的电路引入的反馈为电压并联负反馈。

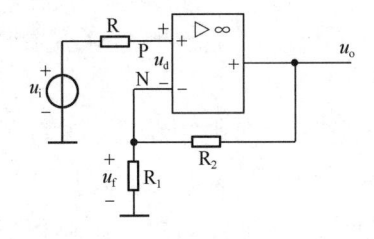

图 4-10　电压串联负反馈放大电路 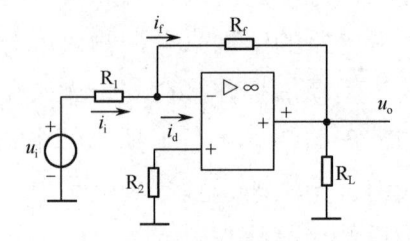　　　　图 4-11　电压并联负反馈放大电路

3. 电流串联负反馈

图 4-12 所示为电流串联负反馈放大电路。在图 4-12 中，反馈信号 u_f 与输入信号 u_i 和净输入信号 u_d 串联在输入回路中，故为串联反馈；从输出端来看，反馈电阻 R_f 和负载电阻 R_L 串联，若输出端被短路，即 $u_o=0$，$u_f=i_oR_f$ 仍存在，故为电流反馈；设 u_i 瞬时极性对地为正，输出电压 u_o 对地也为正，i_o 方向如图 4-12 所示，u_f 极性已标出，在输入回路中有 $u_i=u_d+u_f$，则 $u_d=u_i-u_f$，u_f 的存在使 u_d 变小了，故为负反馈。由上述分析可知，如图 4-12 所示的电路引入的反馈为电流串联负反馈。引入电流负反馈可以稳定输出电流。

4. 电流并联负反馈

图 4-13 所示为电流并联负反馈放大电路。在图 4-13 中，反馈信号与净输入信号并联，故为并联反馈；若将 R_L 短路，即 $u_o=0$，反馈信号 i_f 仍存在，故为电流反馈；设 u_i 瞬时极性对地为正，输出电压 u_o 为负，i_f 及 i_i 方向如图 4-13 所示，$i_d=i_i-i_f$，i_f 的存在使 i_d 变小了，故为负反馈。由上述分析可知，如图 4-13 所示的电路引入的反馈为电流并联负反馈。

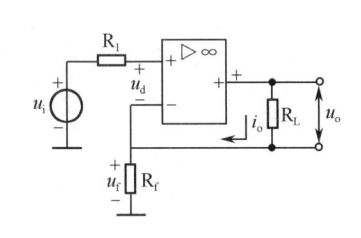

图 4-12　电流串联负反馈放大电路 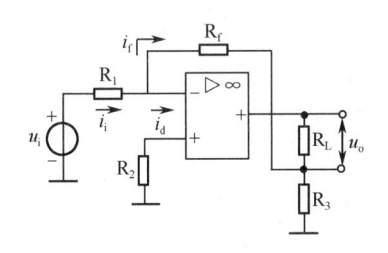　　　　图 4-13　电流并联负反馈放大电路

放大电路在引入交流负反馈后，其多方面性能可得到改善，如可以稳定放大倍数，改变输入电阻、输出电阻，扩展通频带，减小非线性失真等，下面将一一加以说明。

思考题

4.1.1　何谓反馈？什么是正反馈？什么是负反馈？

4.1.2　反馈放大电路由哪几部分组成？

4.1.3　按反馈信号取样方式反馈可分为哪两种类型？按反馈信号输入方式反馈可分为哪两种类型？

4.2　负反馈放大电路的一般分析方法

4.2.1　反馈放大电路的方框图

反馈放大电路的形式有很多，为了研究其共同点，可以把它们的相互关系抽象地概括起来，方框图表示法就是一种概括方式。不管什么类型的反馈放大电路，也不管采用什么反馈方式的反馈放大电路，都包含基本放大电路和反馈网络两大部分，其方框图如图 4-14 所示。

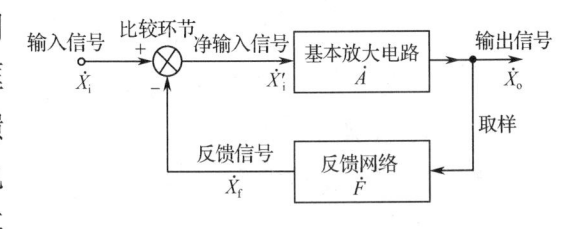

图 4-14　反馈放大电路的方框图

图 4-14 中，$\dot{X}_i$、$\dot{X}_i'$、$\dot{X}_o$ 和 $\dot{X}_f$[①]分别表示反馈放大电路的输入信号、净输入信号、输出信号和反馈信号。$\dot{A}$ 表示基本放大电路的放大倍数，称为开环放大倍数；$\dot{F}$ 表示反馈网

---

① 方框图中，$\dot{X}_i$、$\dot{X}_f$、$\dot{X}_i'$、$\dot{X}_o$ 均为复数。在中频段，为了分析方便，均用实数表示。

络的传输系数，称为反馈系数。放大电路和反馈网络中的信号传递的方向如图4-14中的箭头所示。放大电路的输出端为取样环节，对输出量取样得到的信号经过反馈网络后成为反馈信号。符号⊗表示比较环节。反馈信号与输入信号经过比较环节后得到净输入信号，净输入信号被送至基本放大电路。在方框图中，$\dot{X}_i$、$\dot{X}'_i$、$\dot{X}_o$ 和 $\dot{X}_f$ 可以是电压量，也可以是电流量。$\dot{A}$ 和 $\dot{F}$ 分别对应广义的放大倍数和反馈系数。在本章的讨论中，除涉及频率特性内容外，均认为信号频率处在放大电路的通频带内（中频段），这样所有信号均可用有效值表示，$\dot{A}$ 和 $\dot{F}$ 可用实数表示。

4.2.2 反馈的一般关系式

采用方框图表示法，可以将不同的反馈放大电路的结构统一起来，并由它导出反馈的一般关系式，由图4-14可得如下关系式。

开环放大倍数为

$$\dot{A} = \frac{\dot{X}_o}{\dot{X}'_i} \tag{4-1}$$

反馈系数为

$$\dot{F} = \frac{\dot{X}_f}{\dot{X}_o} \tag{4-2}$$

净输入信号为

$$\dot{X}'_i = \dot{X}_i - \dot{X}_f \tag{4-3}$$

将式（4-3）和式（4-2）代入式（4-1）可得

$$\dot{X}_o = \dot{A}\dot{X}'_i = \dot{A}(\dot{X}_i - \dot{X}_f) = \dot{A}(\dot{X}_i - \dot{F}\dot{X}_o)$$

整理上式后可得反馈放大电路输入、输出关系的一般表达式为

$$\dot{A}_f = \frac{\dot{X}_o}{\dot{X}_i} = \frac{\dot{A}}{1+\dot{A}\dot{F}} \tag{4-4}$$

在式（4-4）中，$\dot{A}_f$ 表示引入反馈后放大电路的放大倍数，称为闭环放大倍数，它表示了反馈放大电路的基本关系，是分析反馈问题的出发点；$1+\dot{A}\dot{F}$ 称为反馈深度，是一个反映反馈强弱的物理量，也是反馈放大电路定量分析的基础。

对反馈的一般关系式进行以下几点讨论。

（1）当 $|1+\dot{A}\dot{F}|>1$ 时，$|\dot{A}_f|<|\dot{A}|$，电路中为负反馈。

当 $|1+\dot{A}\dot{F}|<1$ 时，$|\dot{A}_f|>|\dot{A}|$，电路中为正反馈。

当 $|1+\dot{A}\dot{F}|=1$ 时，$|\dot{A}_f|=|\dot{A}|$，电路没有反馈效果，实际上就是没有反馈。

（2）当 $|1+\dot{A}\dot{F}|=0$ 时，$\dot{A}\dot{F}=-1$，$|\dot{A}_f|=\infty$，放大电路即使没有外加输入信号，仍然有一定的输出信号，这种情况称为自激振荡，这是正反馈的一种特殊情况。

（3）如果 $|1+\dot{A}\dot{F}|\gg1$，即 $|\dot{A}\dot{F}|\gg1$，这种情况称为深度负反馈，此时有

$$\dot{A}_f = \frac{\dot{A}}{1+\dot{A}\dot{F}} \approx \frac{\dot{A}}{\dot{A}\dot{F}} = \frac{1}{\dot{F}} \tag{4-5}$$

式（4-5）表明，在放大电路中引入深度负反馈后，其闭环放大倍数基本上与原来放大电路的放大倍数无关，主要决定于反馈网络的反馈系数。因此，即使由于温度等因素变化而导致放大电路的放大倍数 $\dot{A}$ 发生变化，只要 $\dot{F}$ 一定，就能保持闭环放大倍数 $\dot{A}_f$ 稳定，这是深度

负反馈放大电路的一个突出优点。实际上，反馈网络常常是由电阻等元件组成的，反馈系数通常决定于某些电阻的阻值之比，基本上不受温度等因素影响。在设计放大电路时，为了提高稳定性，往往选用开环放大倍数很大的多级放大电路或集成运算放大器，以便引入深度负反馈。

（4）如果信号频率处于放大电路的中频段，并且反馈网络具有纯电阻性质，那么所有信号均可以用有效值表示，式（4-4）中各参数均为实数，则有

$$A_f = \frac{A}{1+AF} \tag{4-6}$$

为了简化问题，在以后的讨论中，除频率特性外，均按此情况处理。

4.3 负反馈对放大电路性能的影响

放大电路在引入交流负反馈后，其多方面性能可得到改善，如提高放大倍数的稳定性，减小非线性失真，扩展通频带，改变输入电阻和输出电阻等。当然这些性能的改善都是以降低放大倍数为代价的。

4.3.1 放大倍数稳定性的提高

放大电路引入了负反馈以后得到的最直接的、最显著的效果就是提高了放大倍数的稳定性。

假设由于某种原因基本放大电路的放大倍数在 A 的基础上变化了ΔA，在无反馈的情况下，放大倍数的相对变化量为$\Delta A/A$。

在同样的情况下，有反馈时放大倍数在 A_f 的基础上变化了ΔA_f，经推导可以得到，有反馈时放大倍数的相对变化量为

$$\frac{\Delta A_f}{A_f} \approx \frac{\Delta A}{A} \frac{1}{1+AF} \tag{4-7}$$

对于负反馈有$(1+AF)>1$，所以$\frac{\Delta A_f}{A_f} < \frac{\Delta A}{A}$。这表明闭环放大倍数相对变化量只是开环放大倍数相对变化量的$1/(1+AF)$，即放大倍数的稳定性提高了$1+AF$倍。

4.3.2 非线性失真的减小

一个理想的放大电路，其输出波形应对输入波形进行不失真地线性放大。但由于实际的三极管等半导体器件是非线性的，因此输出波形会出现不同程度的非线性失真。在图4-15（a）中，一个无反馈的基本放大电路的输出产生了失真。假设这个失真波形正半周期的幅值大、负半周期的幅值小，引入负反馈后，如图 4-15（b）所示，反馈信号波形与输出波形相似，也是正半周期的幅值大、负半周期的幅值小，经过比较环节后，净输入电压$u_i' = u_i - u_f$将变为正半周期幅值小、负半周期幅值大的波形。经过放大这个净输入信号可使输出波形的失真程度大大减小。

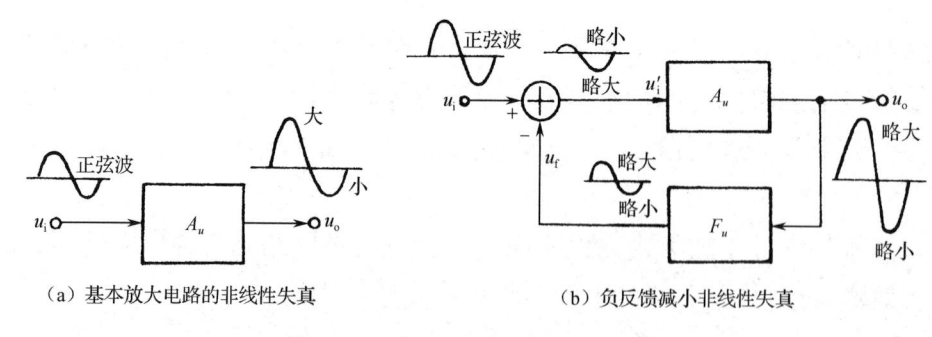

(a)基本放大电路的非线性失真　　　　(b)负反馈减小非线性失真

图 4-15　负反馈减小非线性失真

顺便指出，负反馈只能减小由放大电路中的器件本身的非线性引起的失真，不能完全消除失真，不能改善闭环系统外的失真。

4.3.3　通频带的扩展

采用负反馈可以减小由各种因素引起的放大倍数的变化，显然，频率不同引起的放大倍数的变化也能被减小。由图 4-16 可知，由于引入了负反馈，各频段的放大倍数均有所减小。

由公式 $A_f = \dfrac{A}{1+AF}$ 可知，原来的开环放大倍数 A 越大，$1+AF$ 越大，那么放大倍数减小得越多。中频段的开环放大倍数 A 最大，所以放大倍数减小得最多。而在高频段及低频段，由于原来的开环放大倍数 A 较小，因此放大倍数减小得少，从而使放大电路的幅频特性变得平坦，即通频带得到扩展。从图 4-16 中可以清楚看出通频带的变化。

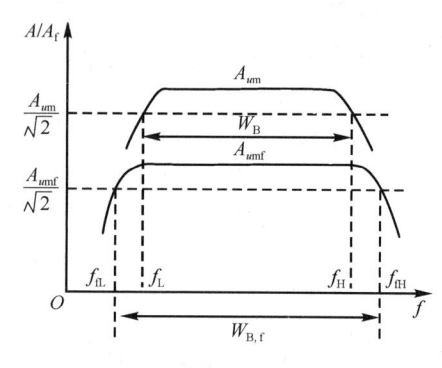

图 4-16　开环与闭环的幅频特性

4.3.4　输入电阻和输出电阻的改变

放大电路在引入负反馈后，其输入电阻、输出电阻都会发生变化。负反馈对输入电阻的影响取决于放大电路输入端的连接方式，与输出端的连接方式无关。由分析可得，串联负反馈使输入电阻增大，并联负反馈使输入电阻减小。负反馈对输出电阻的影响取决于放大电路输出端的连接方式，与输入端的连接方式无关。由分析可得，电压负反馈使输出电阻减小，电流负反馈使输出电阻增大。

思考题

4.3.1　如果需要实现下列要求，应在交流放大电路中引入哪种类型的负反馈？
（1）要求输出电压基本稳定，并能提高输入电阻。
（2）要求输出电流基本稳定，并能减小输入电阻。
（3）要求输出电流基本稳定，并能提高输入电阻。
（4）要求减小放大电路从信号源索取的电流，增大带负载能力。

4.3.2　如果输入信号本身已是一个失真的正弦波，问引入负反馈后能否改善失真，为什么？

4.4 应用与实验

4.4.1 引入负反馈的一般原则

为了改善放大电路的性能,应该引入负反馈。负反馈类型选用的一般原则归纳如下。

(1) 要稳定直流量(如静态工作点),应引入直流负反馈。要改善交流性能(如放大倍数、通频带、失真、输入电阻和输出电阻),应引入交流负反馈。

(2) 要稳定输出电压或减小输出电阻,应引入电压负反馈;要稳定输出电流或提高输出电阻,应引入电流负反馈。

(3) 要提高输入电阻或减小放大电路从信号源索取的电流,应引入串联负反馈;要减小输入电阻,应引入并联负反馈。

(4) 要得到好的效果反馈,在信号源为电压源时,应引入串联负反馈;在信号源为电流源时,应引入并联负反馈。

(5) 要明显改善性能,反馈深度 $1+AF$ 要足够大。但是,反馈深度并不是越大越好。如果反馈深度太大,某些电路在某些频率下产生的附加相移可能使原来的负反馈变成正反馈,甚至出现自激振荡,放大电路将无法正常放大,更谈不上改善性能。此外,由于负反馈使放大倍数减小,因此引入负反馈的前提条件是基本放大电路的放大倍数足够大。可见,反馈深度的大小要适当。

4.4.2 负反馈放大电路实验

一、实验目的

(1) 研究负反馈对放大电路放大倍数的影响。
(2) 掌握负反馈放大电路输入电阻和输出电阻的测量方法。

二、实验原理

1. 实验电路

负反馈放大电路如图 4-17 所示。

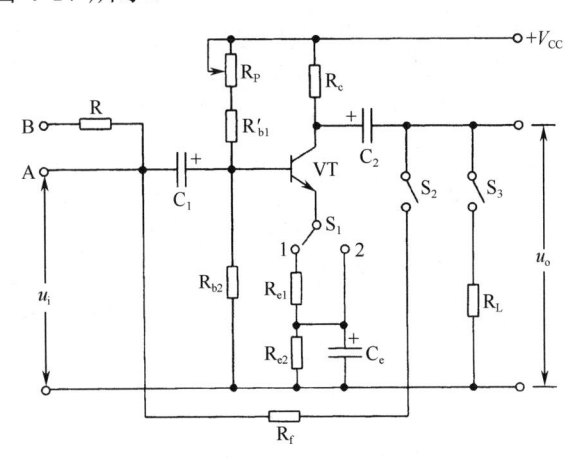

图 4-17 负反馈放大电路

元件参考值:$R=1\text{k}\Omega$;$R'_{b1}=R_{b2}=10\text{k}\Omega$;$R_P=100\text{k}\Omega$;$R_c=4.7\text{k}\Omega$;$R_{e1}=100\Omega$;$R_{e2}=1.5\text{k}\Omega$;$R_L=4.7\text{k}\Omega$;$R_f=10\text{k}\Omega$;$C_1=C_2=10\mu\text{F}/16\text{V}$;$C_e=22\mu\text{F}/16\text{V}$;VT——3DG6;$\beta$ 为 50~60;$V_{CC}=+12\text{V}$。

2．基本原理

实验测试方法：

$$A_u（或 A_{uf}）=U_o/U_i$$
$$R_{if} = U_i R/(U_s - U_i)$$
$$R_{of} = (U_o'/U_o - 1)R_L$$

三、实验仪器和器件

直流稳压电源（一台）、示波器（一台）、低频信号发生器（一台）、电子电压表（一台）、万用表（一只）。

四、实验内容与步骤

1．测试静态工作点

将 S_1 置于 2 处，S_2 断开，使电路处于基本放大电路状态。调节 R_P，使 $I_{CQ}=1mA$，用万用表测试放大电路的静态工作点，并将数据记录在表 4-1 中。

表 4-1 静态工作点测试值

测试条件	参 数 值					
基本放大电路	测 试 值			计 算 值		
I_{CQ}/mA	U_{CQ}/V	U_{BQ}/V	U_{EQ}/V	U_{CEQ}/V	U_{BEQ}/V	$I_{EQ}≈I_{CQ}$/mA
1						

2．测试电压放大倍数并观察电压放大倍数的稳定性

将 S_1 置于 2 处，S_2 断开，放大电路为基本放大电路，处于开环状态；将 S_1 置于 1 处（或将 S_2 闭合），放大电路处于闭环状态。在输入端 A 加 1kHz 信号，用示波器监视输出波形，调节输入信号幅度，使输出波形不失真，再用电子电压表分别测试开环状态和闭环状态下的输入信号，以及输出端不带负载和带负载时的输出电压，并将数据记录在表 4-2 中。

表 4-2 电压放大倍数的测试值

测试条件			参 数 值			
			测 试 值		计 算 值	
			U_i	U_o	放大倍数	放大倍数的稳定性
基本放大状态	$S_1→2$, S_2 断开	不接 R_L			$A_u'=$	$(A_u'-A_u)/A_u'=$
		接 R_L			$A_u=$	
电流串联负反馈	$S_1→1$, S_2 断开	不接 R_L			$A_{uf}'=$	$(A_{uf}'-A_{uf})/A_{uf}'=$
		接 R_L			$A_{uf}=$	
电压并联负反馈	$S_1→2$, S_2 闭合	不接 R_L			$A_{uf}'=$	$(A_{uf}'-A_{uf})/A_{uf}'=$
		接 R_L			$A_{uf}=$	

3．测试输入电阻

信号由输入端 B 输入。通过测试电阻 R 前后两端的对地电压 U_s 和 U_i，即可求得开环输入电阻 R_i 或闭环输入电阻 R_{if}，将测试数据记录在表 4-3 中。

表 4-3 输入电阻测试值

接 R_L（S_3闭合）		参 数 值			
		测 试 值		计 算 值	
		U_s/V	U_i/V	$I_i=(U_s-U_i)/R$	输入电阻 R_i
基本放大状态	$S_1\to 2$，S_2断开				
电流串联负反馈	$S_1\to 1$，S_2断开				
电压并联负反馈	$S_1\to 2$，S_2闭合				

4．测试输出电阻

信号由输入端 A 输入，其幅值维持不变，分别测试负载 R_L 接与不接时的输出电压 U_o 和 U_o'，即可求得开环输出电阻 R_o 和闭环输出电阻 R_{of}。将测试数据记录到表 4-4 中。

表 4-4 输出电阻测试值

测 试 条 件		参 数 值			
		测 试 值		计 算 值	
		U_o/V	U_o'/V	R_o	R_{of}
				$(U_o'/U_o-1)R_L$	
基本放大状态	$S_1\to 2$，S_2断开				
电流串联负反馈	$S_1\to 1$，S_2断开				
电压并联负反馈	$S_1\to 2$，S_2闭合				

五、实验分析和总结

（1）画出实验电路，整理实验数据。

（2）分析实验测试中的开环与闭环的各项参数是否符合反馈深度 $1+A_uF_u$ 关系。

本章小结

（1）按反馈性质不同，反馈分为正反馈和负反馈，可用瞬时极性法来判别。在放大电路中被广泛采用的是负反馈。

（2）按反馈信号是直流量还是交流量，反馈分为直流反馈和交流反馈。前者主要用于稳定静态工作点，后者主要用于改善放大电路的性能。平常所讲的反馈一般指交流负反馈。

（3）按输出端所取对象不同，反馈分为电压反馈和电流反馈，可用输出短路法判别。电压反馈可以稳定电压、降低输出电阻；电流反馈可以稳定输出电流、提高输出电阻。

（4）按输入端接法不同，反馈分为串联反馈和并联反馈，可通过输入端短路法判别。串联反馈可以提高输入电阻，并联反馈可以降低输入电阻。

（5）负反馈的四种组态有电压串联负反馈、电压并联负反馈、电流串联负反馈、电流并联负反馈。应掌握其判别方法，并能根据电路的需要，利用选择负反馈的原则，正确设置负反馈。

（6）所有负反馈均使放大倍数减小，使放大倍数的稳定性提高。深度负反馈时，$A_f\approx 1/F$。

习题 4

4.1 选择合适的答案填入空内。

(1) 对于放大电路，开环是指_____；闭环是指_____。

    A. 无信号源；考虑信号源内阻   B. 无反馈元件或反馈网络；存在反馈元件或反馈网络

    C. 无电源；接入电源   D. 无负载；接入负载

(2) 在输入信号不变的情况下，若引入反馈后_____，则说明引入的反馈是负反馈。

    A. 输入电阻增大   B. 输出信号增大

    C. 净输入信号增大   D. 净输入信号减小

(3) 直流负反馈是指_____。

    A. 直接耦合放大电路引入的负反馈   B. 只有放大直流信号时才有的负反馈

    C. 在直流通路中的负反馈

(4) 交流负反馈是指_____。

    A. 阻容耦合放大电路引入的负反馈   B. 只有放大交流信号时才有的负反馈

    C. 在交流通路中的负反馈

(5) ① 为了稳定静态工作点，应引入_____。

    ② 为了稳定放大倍数，应引入_____。

    ③ 为了改变输入电阻和输出电阻，应引入_____。

    ④ 为了抑制零点漂移，应引入_____。

    ⑤ 为了展宽频带，应引入_____。

    A. 直流负反馈   B. 交流负反馈

4.2 试指出下列情况中哪种情况存在反馈：①输入电路与输出电路之间有信号通路；②除放大电路外还有信号通路；③电路中存在反向传输的信号通路。

4.3 电路如题图 4-1 所示，试判断是否存在反馈网络？如果存在，说明引入的反馈是正反馈，还是负反馈？是交流反馈，还是直流反馈？是电压反馈，还是电流反馈？是串联反馈，还是并联反馈？

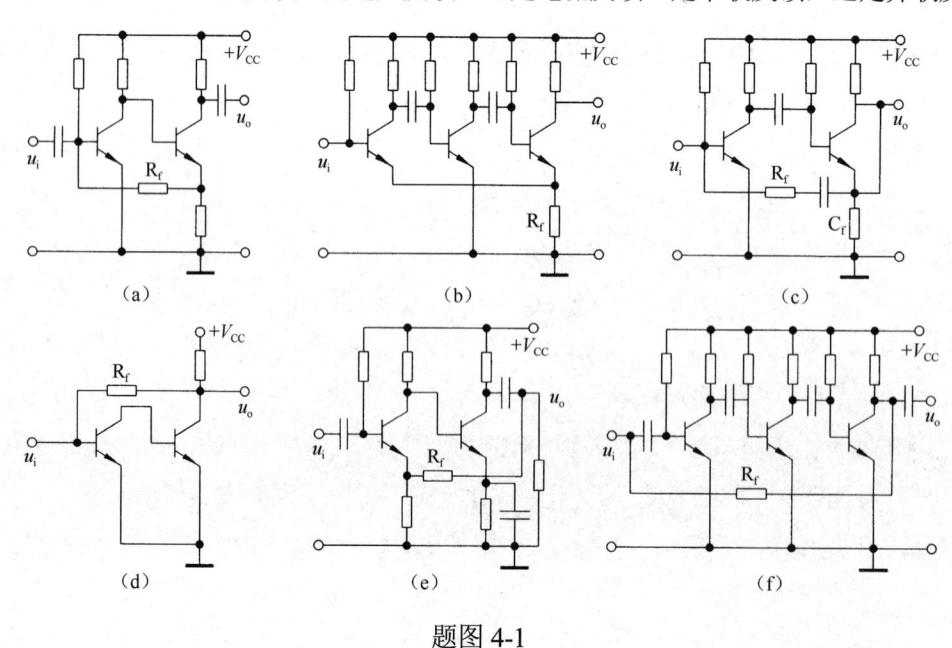

题图 4-1

第4章 放大电路中的负反馈

4.4 判断如题图4-2所示的电路的反馈组态，并指出电路中的反馈网络。

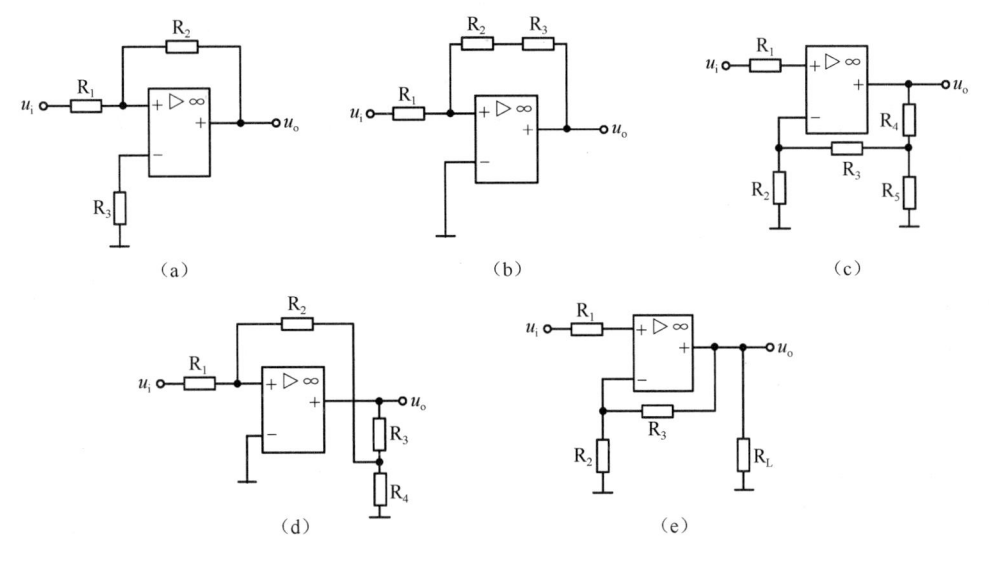

题图4-2

4.5 有一负反馈放大电路，其开环放大倍数 $A=100$，反馈系数 $F=0.1$，问它的反馈深度和闭环放大倍数各是多少？

4.6 简要说明负反馈的引入对放大电路的性能有哪些影响？

4.7 简述不同类型的负反馈对放大电路的输入电阻和输出电阻各产生何种影响？

4.8 如果要求：①稳定静态工作点；②稳定输出电压；③稳定输出电流；④提高输入电阻；⑤降低输出电阻；那么各自应引入什么类型的反馈？

4.9 为了实现下列要求，应相应地引入什么类型的反馈。

（1）在放大电路 $u_s=0$ 时，元件参数的改变对各级工作点的影响比较小。

（2）加入信号，R_L 变化对电路的输出电流影响较小。

（3）接入输入信号 u_s 后，电路输入端从信号源索取的电流要小。

（4）R_L 变化后，放大倍数基本保持不变。

4.10 对共发射极放大电路来讲，反馈信号引入到输入端三极管的发射极上，与输入信号串联起来，称为_____反馈；反馈信号引入到输入端三极管的_____极上，与输入信号并联起来，称为_____反馈。

4.11 怎样用电压表或示波器进行实验，验证负反馈使放大电路的通频带变宽？请设计实验方法和步骤。

4.12 为什么负反馈会减小输出波形的非线性失真？

第5章 集成运算放大器的应用

本章学习目标和要求
1. 阐述集成运算放大器的理想化特性。
2. 概述由集成运算放大器组成的比例运算电路、加法运算电路、减法运算电路的构成并解释其工作原理。
3. 说明集成运算放大器的应用常识。
4. 学会集成运算放大器的简单测试方法和使用方法。

集成运算放大器得到相当广泛的应用，从功能上看，有信号运算、信号处理、信号产生三方面。这里我们仅介绍集成运算放大器在信号运算方面的应用，在分析时假设集成运算放大器为理想集成运算放大器。

5.1 集成运算放大器的理想化及基本电路

5.1.1 集成运算放大器的理想特性

1. 理想集成运算放大器的概念

为了简化分析，人们常常把集成运算放大器理想化。通常认为理想的集成运算放大器具有如下特性。

（1）开环放大倍数 $A_{od} \to \infty$。
（2）差模输入电阻 $r_{id} \to \infty$。
（3）输出电阻 $r_o = 0$。
（4）共模抑制比 $K_{CMR} \to \infty$。
（5）上限截止频率 $f_H \to \infty$。

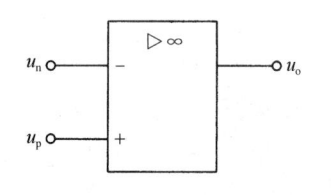

图 5-1 理想集成运算放大器的符号

理想集成运算放大器的符号如图 5-1 所示。

2. 理想集成运算放大器在线性区的特点

根据上述理想化条件，当集成运算放大器线性工作时，应满足 $u_o = A_{od}(u_+ - u_-)$，由于输出电压 u_o 为有限值，$A_{od} \to \infty$，所以输入差模电压 $u_+ - u_-$ 为 0，即

$$u_+ - u_- = \frac{u_o}{A_{od}} = 0$$

由此可得

$$u_+ = u_- \tag{5-1}$$

因为集成运算放大器的差模输入电阻趋于无穷大，所以流进集成运算放大器两个输入端的电流 $i_{in} = i_{ip} = 0$，如图 5-2（a）所示，下文 i_{in} 和 i_{ip} 都用 i_i 表示，且 $i_i = 0$。

因此，工作在线性放大状态的理想集成运算放大器有两个重要特点。

(1) 虚短：两个输入端之间的电压差为0，相当于两个输入端短路，但不是真正的短路，故称为"虚短"。虚短实际上指的是两个输入端的电压相同，也就是 $u_+ = u_-$。

(2) 虚断：$i_i=0$，相当于两个输入端开路，但不是真正的断开，故称为"虚断"。虚断表明两个输入端没有电流。

集成运算放大器的虚短、虚断示意图如图 5-2（b）所示。

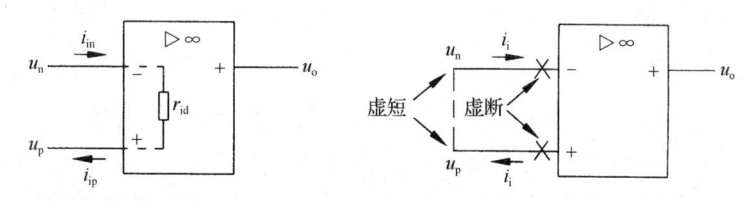

(a) 集成运算放大器的电压和电流　　(b) 集成运算放大器的虚短、虚断示意图

图 5-2　集成运算放大器的电压、电流及虚短、虚断示意图

显然，理想集成运算放大器是不存在的，但只要实际集成运算放大器的性能较好，其应用效果与理想集成运算放大器很接近，就可以把它近似看成理想集成运算放大器。在后面的分析中，如不特别指出都认为集成运算放大器是理想的，这样可以大大简化对电路的分析。

5.1.2　集成运算放大器的两种基本电路

要使集成运算放大器工作在线性放大状态，就必须引入负反馈。否则，由于集成运算放大器的开环放大倍数很大，因此开环时很小的输入电压，甚至集成运算放大器本身的失调都会使集成运算放大器超出线性放大范围。

1．反相输入放大电路

1）电路结构与特点

图 5-3 所示为反相输入放大电路，输入信号加到集成运算放大器的反相输入端。图 5-3 中的 R_f 为反馈电阻；R_1 为输入端电阻，其作用与信号源内阻类似；R' 为反相端的平衡电阻，要求 $R'=R_1//R_f$。显然，如图 5-3 所示电路是电压并联负反馈放大电路。

加入电压信号 u_i，由于理想集成运算放大器 $i_i=0$，因此 R' 上的压降为 0，u_p 与地等电位。根据"虚短"的概念有 $u_+=u_-=0$，相当于反相输入端接地，但又不是真正接地，故称为"虚地"。虚地是虚短的特例，是工作在线性放大区的反相输入放大电路的重要特征。

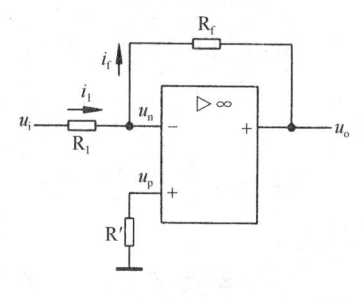

图 5-3　反相输入放大电路

2）电路分析

根据虚地与虚断的概念，有

$$i_1 = \frac{u_i}{R_1}, \quad i_f = -\frac{u_o}{R_f}, \quad i_1 = i_f$$

则有

$$\frac{u_i}{R_1} = -\frac{u_o}{R_f}$$

所以电路的电压放大倍数为

$$A_{uf} = \frac{u_o}{u_i} = -\frac{R_f}{R_1} \tag{5-2}$$

式（5-2）中的负号表示输出与输入反相。

该电路的输入电阻为

$$R_i = \frac{u_i}{i_1} = R_1 \tag{5-3}$$

该电路的输出电阻就是集成运算放大器的输出电阻，即 $R_o=0$。

2. 同相输入放大电路

1）电路的结构与特点

图 5-4 所示为同相输入放大电路，输入信号加到集成运算放大器的同相输入端，输出电压通过 R_f 接反相输入端，且 $R'=R_1//R_f$。显然，如图 5-4 所示电路是电压串联负反馈放大电路。

2）电路分析

根据虚断的概念，通过 R' 的电流为 0，则有 $u_+=u_i$，且 $i_1=i_f$。根据虚短的概念，$u_+=u_-=u_i$。由于 $i_1=i_f$，则有

$$u_i = u_- = u_o \frac{R_1}{R_1 + R_f}$$

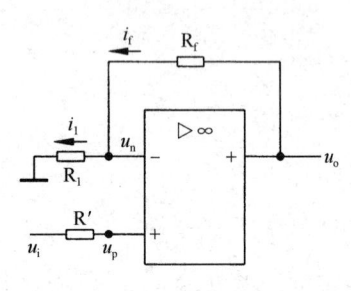

图 5-4 同相输入放大电路

由此可得，电路的电压放大倍数为

$$A_{uf} = \frac{u_o}{u_i} = 1 + \frac{R_f}{R_1} \tag{5-4}$$

式（5-4）表明该电路为同相放大电路，且 $A_{uf} \geq 1$。

由于引入了电压串联负反馈，所以在理想情况下，同相输入放大电路中的 $R_i \to \infty$，$R_o=0$。

【例 5-1】 在如图 5-3 所示的电路中，如果已知 $R_1=1\text{k}\Omega$，$R_f=25\text{k}\Omega$，$u_i=0.2\text{V}$，求 A_{uf}、u_o 及 R'的值。

解：由式（5-2）可得

$$A_{uf} = -\frac{R_f}{R_1} = -\frac{25\text{k}\Omega}{1\text{k}\Omega} = -25$$

输出电压为

$$u_o = A_{uf} u_i = -25 \times 0.2\text{V} = -5\text{V}$$

平衡电阻 R' 为 R_1 与 R_f 的并联值，即

$$R' = R_1 // R_f \approx 0.96\text{k}\Omega$$

【例 5-2】 在如图 5-5 所示的电路中，$V_{CC}=9\text{V}$，$R_f=3.3\text{k}\Omega$，$R_2=5\text{k}\Omega$，$R_3=10\text{k}\Omega$，求输出电压 u_o 的值。

解：输入电压 u_i（指同相输入端对地电压）为

$$u_i = \frac{R_2}{R_2 + R_3} V_{CC} = \frac{5\text{k}\Omega}{5\text{k}\Omega + 10\text{k}\Omega} \times 9\text{V} = 3\text{V}$$

由于 $R_1 \to \infty$，则 u_o 为

$$u_o = \left(1 + \frac{R_f}{R_1}\right) u_i = \left(1 + \frac{3.3\text{k}\Omega}{\infty}\right) \times 3\text{V} \approx 3\text{V}$$

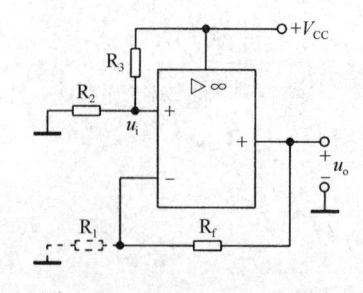

图 5-5 例 5-2 的电路图

结果表明，输出电压与输入电压大小相等，相位相同，随输入电压变化。因为同相输入放大电路具有电压串联负反馈放大电路的特点，所以集成运算放大器的工作状态与共集电极

放大电路相当，不仅具有很高的输入电阻和很低的输出电阻，而且性能优良，在实际电路中得到广泛应用。

思考题

5.1.1 什么是理想集成运算放大器？工作在线性放大区的理想集成运算放大器有什么特点？

5.1.2 使集成运算放大器工作在线性区时，为什么要引入深度负反馈？

5.2 运算电路

集成运算放大器可以组成对模拟量进行各种数学运算的电路，如比例运算电路、加法运算电路、减法运算电路等，下面分别进行介绍。

5.2.1 比例运算电路

数学上 $y=kx$（k 为比例常数）称为比例运算，在电路中，可通过 $u_o=ku_i$ 来模拟这种运算，比例常数 k 为电路的电压放大倍数。显然，前述的反相输入放大电路和同相输入放大电路都可以实现比例运算，前者有 $k=-R_f/R_1<0$，后者有 $k=1+R_f/R_1>0$，因此分别称之为反相比例运算电路和同相比例运算电路。

5.2.2 加法运算电路

图 5-6 所示为加法运算电路，在集成运算放大器的反相输入端输入多个信号 u_{i1}、u_{i2}、u_{i3}，图中 $R'=R_1//R_2//R_3//R_f$。根据虚地和虚断的概念可得

$$i_1=\frac{u_{i1}}{R_1},\ i_2=\frac{u_{i2}}{R_2},\ i_3=\frac{u_{i3}}{R_3}$$

$$i_f=i_1+i_2+i_3,\ u_o=-i_fR_f$$

由上述各式可得

$$u_o=-R_f\left(\frac{u_{i1}}{R_1}+\frac{u_{i2}}{R_2}+\frac{u_{i3}}{R_3}\right) \quad (5\text{-}5)$$

若取 $R_1=R_2=R_3=R$，则式（5-5）可简化为

$$u_o=-\frac{R_f}{R}(u_{i1}+u_{i2}+u_{i3}) \quad (5\text{-}6)$$

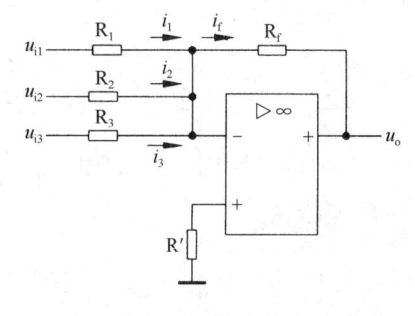

图 5-6 加法运算电路

可见，电路的输出电压正比于各输入电压之和，所以称此电路为加法运算电路。如果取 $R_f=R$，则有

$$u_o=-(u_{i1}+u_{i2}+u_{i3}) \quad (5\text{-}7)$$

5.2.3 减法运算电路

图 5-7 所示为减法运算电路，u_{i1} 通过 R_1 加到集成运算放大器的反相输入端，u_{i2} 通过 R_2、R_3 分压后加到集成运算放大器的同相输入端，而 u_o 通过 R_f 反馈到反相输入端。为了使集成运算放大器两个输入端平衡，有

$$R_1//R_f=R_2//R_3$$

集成运算放大器的 $u_-=u_+$，且有

$$u_+ = \frac{R_3}{R_2+R_3}u_{i2}, \quad i_1 = \frac{u_{i1}-u_-}{R_1}, \quad i_f = \frac{u_- - u_o}{R_f}$$

由于 $i_1=i_f$，因此有

$$\frac{u_{i1}-u_-}{R_1} = \frac{u_- - u_o}{R_f}$$

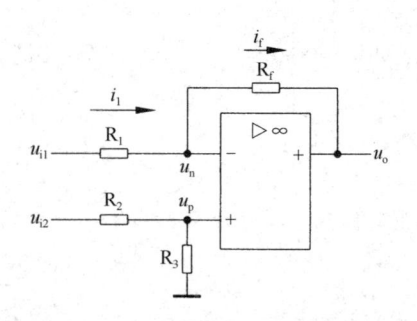

图 5-7 减法运算电路

由上述式子可得

$$u_o = -\frac{R_f}{R_1}u_{i1} + \frac{R_1+R_f}{R_1}\cdot\frac{R_3}{R_2+R_3}u_{i2} = -\frac{R_f}{R_1}u_{i1} + \frac{R_f}{R_2}u_{i2} \quad (5-8)$$

式（5-8）也可由叠加定理得到。如果 $R_1=R_2$，$R_f=R_3$，则式（5-8）化为

$$u_o = \frac{R_f}{R_1}(u_{i2}-u_{i1}) \quad (5-9)$$

可见，输出电压正比于两个输入电压之差。如果取 $R_f=R_1$，则有

$$u_o = u_{i2}-u_{i1} \quad (5-10)$$

称此时的电路为减法运算电路。减法运算电路又称差动输入运算电路。

【例 5-3】 连接集成运算放大器电路图，使它满足下列 u_i 和 u_o 间的运算关系，并计算各电路的阻值。

（1）$u_o = -10(u_{i1}+u_{i2}+u_{i3})$。

（2）$u_o = 20(u_{i2}-u_{i1})$。

解：（1）由 $u_o = -10(u_{i1}+u_{i2}+u_{i3})$ 可知，$R_f/R_1 = -10$，所以只要按如图 5-6 所示的加法运算电路连接即可，其中 $R_f=10R_1$，如果取 $R_1=R_2=R_3=10\text{k}\Omega$，$R_f=100\text{k}\Omega$，使 $R'=R_1//R_2//R_3//R_f\approx 3.22\text{k}\Omega$，即可满足：

$$u_o = -10(u_{i1}+u_{i2}+u_{i3})$$

（2）由 $u_o = 20(u_{i2}-u_{i1})$ 可知，$R_f/R_1 = 20$，所以只要按如图 5-7 所示的减法运算电路连接即可，其中 $R_1=R_2$，$R_3=R_f$，且 $R_f=20R_1$，即符合要求。如果取 $R_1=R_2=1\text{k}\Omega$，则取 $R_3=R_f=20\text{k}\Omega$。

思考题

什么叫作虚地？在图 5-3 中，同相输入端接地，反相输入端的电位接近地电位。把两个输入端直接连接起来，是否影响集成运算放大器工作？

5.3 电压比较器

5.3.1 理想集成运算放大器工作在非线性区的特点

在实际应用电路中，若集成运算放大器处于开环状态或引入了正反馈，如图 5-8（a）和图 5-8（b）所示，则表明集成运算放大器工作在非线性区。

对于工作在非线性区的集成运算放大器，输出电压 u_O 与输入电压 u_I（u_+-u_-）不再是线性关系，其电压传输特性如图 5-8（c）所示。

理想集成运算放大器工作在非线性区的两个特点如下。

（1）输出电压 u_O 只有两种可能情况，分别为 $+U_{OM}$ 和 $-U_{OM}$。当 $u_+>u_-$ 时，$u_O=+U_{OM}$；当 $u_+<u_-$ 时，$u_O=-U_{OM}$。

（2）由于理想集成运算放大器的差模输入电阻为无穷大，所以净输入电流为 0，即 $i_{I+}= i_{I-} = 0$。

(a) 集成运算放大器的开环状态　　(b) 集成运算放大器引入正反馈　　(c) 集成运算放大器的电压传输特性

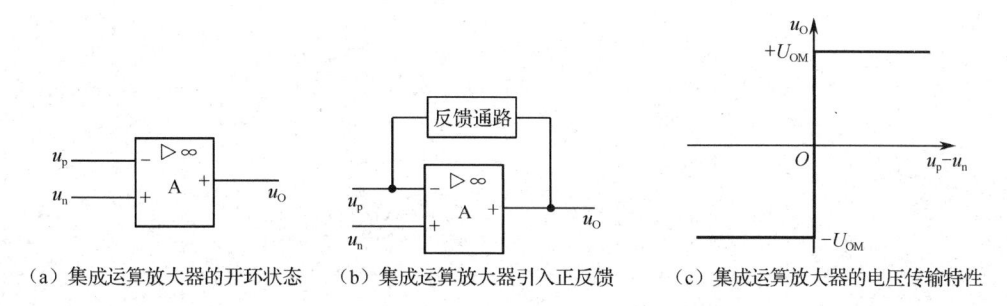

图 5-8　集成运算放大器工作在非线性区的电路特点及其电压传输特性

可见，理想集成运算放大器仍具有虚断的特点，但其净输入电压不再为 0，而是取决于输入信号。

5.3.2　简单的电压比较器

电压比较器简称比较器，是一种对两个输入电压的大小进行比较的电路，比较的结果是通过输出的高电平$+U_{OM}$或低电平$-U_{OM}$来表示的。

简单的电压比较器的电路图如图 5-9（a）所示。集成运算放大器工作在开环状态，它的反相输入端和同相输入端分别接输入信号 u_I 和基准电压 U_{REF}，属于反相输入电压比较器。

若集成运算放大器是理想的，则当 $u_I>U_{REF}$ 时，$u_O= -U_{OM}$；当 $u_I \leq U_{REF}$ 时，$u_O= +U_{OM}$，因此可以画出该电路的输入、输出特性曲线如图 5-9（b）所示。由此，可以根据集成运算放大器的输出状态，来判定比较输入电压 u_I 是大于基准电压 U_{REF} 还是小于基准电压 U_{REF}。如果将图 5-9（a）中的 u_I 与 U_{REF} 对调，则该电路的输入、输出特性曲线如图 5-9（c）所示。电压比较器的输出电压从一个电平翻转到另一个电平时对应的输入电压称为阈值电压或门限电平，用符号 U_{th} 表示，对应于如图 5-9（a）所示电路有 $U_{th}=U_{REF}$。

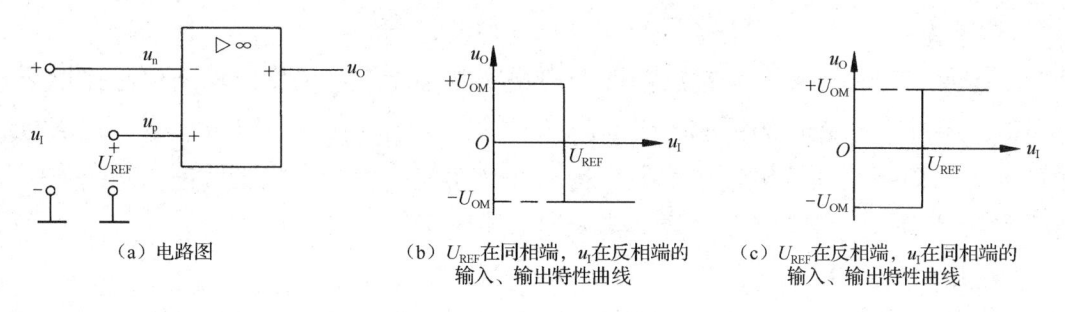

(a) 电路图　　(b) U_{REF}在同相端，u_I在反相端的输入、输出特性曲线　　(c) U_{REF}在反相端，u_I在同相端的输入、输出特性曲线

图 5-9　简单的电压比较器

电压比较器在越限报警中有广泛应用。例如，当压力、温度、液位等超过某一规定值需要报警时，就可以用电压比较器来实现。将需要报警的物理量转换成电压，将相应的规定值对应的电压作为阈值电压，将现场检测到的电压作为输入信号 u_I。当 u_I 小于阈值电压时，电压比较器输出为一个状态；当 u_I 大于阈值电压时，电压比较器输出变化为另一状态，并报警。

电压比较器也可以用于波形变换。例如，电压比较器的输入电压 u_I 是如图 5-10（a）所示的正弦波信号，若 $U_{REF}=0$，则 u_I 每次过零输出状态就要变化 1 次。对于如图 5-10（a）所示的电压比较器，输出的是如图 5-10（b）所示的占空比相等的方波。若 $U_{REF}=V$，则 u_I 每次

过 V 输出状态就要变化 1 次,如图 5-10(c)所示,输出的是如图 5-10(d)所示的占空比不等的矩形波,改变 U_{REF},就可以改变矩形波的占空比。

(a)输入正弦波,$U_{REF}=0$

(c)输入正弦波,$U_{REF}=V$

(b)输出占空比相等的方波

(d)输出占空比不等的矩形波

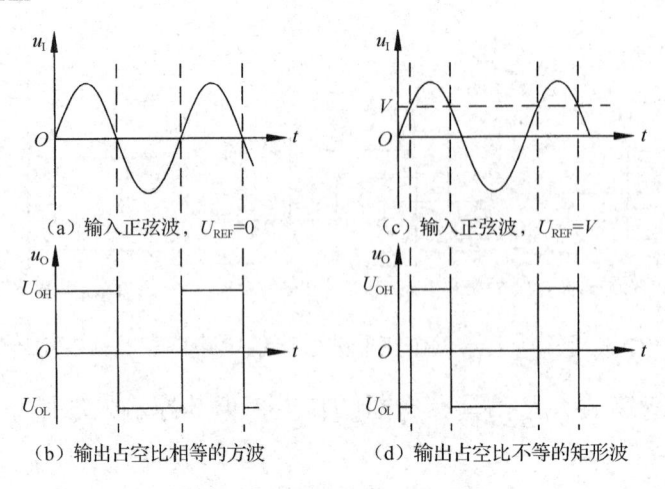

图 5-10 正弦波变换成方波

5.4 集成运算放大器的应用与实验

5.4.1 集成运算放大器常见故障解决方法

在用集成运算放大器组成放大电路时,有可能出现一些实际的问题,下面介绍几种常见的故障现象及常用的解决方法。

1)不能调零

不能调零是指将两个输入端对地短路,调整外接调零电位器,输出电压无法为零。在无负反馈时,由于 A_{od} 很大,微小的失调电压经过放大后,有可能造成输出电压接近正电源或负电源的电压,属于正常现象。若已加入较强的负反馈,在调整外接调零电位器时,输出电压不产生变化,其原因可能是接线有误、电路虚焊或集成运算放大器损坏。

2)堵塞现象

堵塞现象又称自锁现象,是指反馈放大电路突然不能正常工作,输出电压接近正电源电压、负电源电压两个极限值的情况。引起阻塞的原因是输入信号过强或受强干扰信号影响,集成运算放大器内部某些三极管进入饱和状态,从而使负反馈变成正反馈。解决方法是切断电源后再重新接通,或者把组件的两个输入端短路一下。

3)工作时产生自激

自激产生的原因可能是选择的集成运算放大器的 RC 补偿元件的参数不合适,电源滤波不良或输出端有容性负载。为了消除自激,应调整 RC 补偿元件参数到合适值,加强对正电源电压、负电源电压的滤波,调整电路的布线结构,避免电路接线过长。

5.4.2 模拟运算电路实验

一、实验目的

(1)加深对集成运算放大器的基本运算电路的理解。

(2)掌握集成运算放大器的使用方法。

二、实验原理

本实验采用通用集成运算放大器 LM324，选择适当的反馈网络，就可以构成反相比例运算电路、减法运算电路、加法运算电路、微分运算电路、积分运算电路。LM324 的引脚图如图 5-11 所示。

1. 反相比例运算电路

反相比例运算电路如图 5-12 所示。

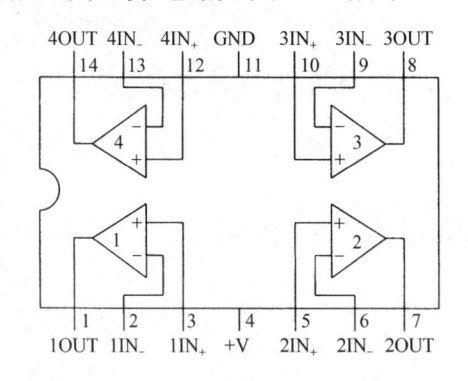

图 5-11　LM324 的引脚图　　　　图 5-12　反相比例运算电路

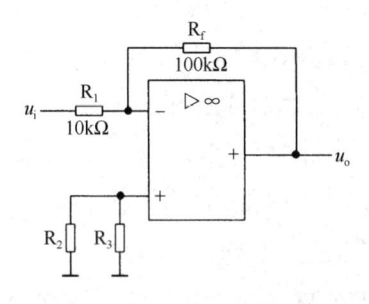

由于电压信号 u_i 从反相端输入，所以 u_o 与 u_i 反相。电路中的 R_2 和 R_3 为输入平衡电阻，选择时应使 $R_1=R_2$，$R_3=R_f$。

反相比例运算电路的电压放大倍数为

$$A_{uf}=-\frac{R_f}{R_1}$$

2. 减法运算电路

减法运算电路如图 5-13 所示。

当 $R_1=R_2=R_3=R_f$ 时，由叠加定理可得

$$u_o=(u_{i2}-u_{i1})$$

3. 加法运算电路

加法运算电路如图 5-14 所示。

$$u_o=-(u_{i1}+u_{i2}+u_{i3})$$

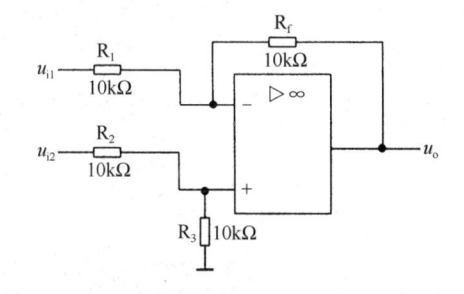

图 5-13　减法运算电路　　　　图 5-14　加法运算电路

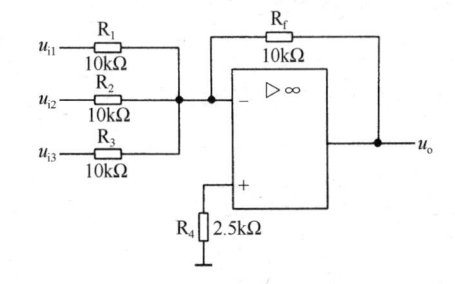

三、实验仪器和器材

双踪示波器（一台）、函数信号发生器（一台）、双路直流稳压电源（一台）、电子电压表（一台）、万用表（一只）、集成运算放大器 LM324 及其他器件（若干）。

四、实验内容与步骤

1. 电源的连接

分别将两组电源调至 12V，两组电源与 LM324 的接法如图 5-15 所示。

2. 反相比例运算电路的测试

实验电路如图 5-12 所示。

（1）在输入端分别接入 0.5V、0.2V、–0.2V、–0.5V 的直流信号，用万用表测量相应的输出电压 U_O，计算 A_{uf}，并与理论值相比较。

（2）输入 u_i 为 $f=1kHz$，$U_i=100mV$ 的正弦波信号，用示波器及交流毫伏表测试输入电压、输出电压，并比较它们的相位和大小，计算 A_{uf}。

3. 减法运算电路的测试

实验电路如图 5-13 所示。在输入端分别接入 $U_{I1}=1V$、$U_{I2}=2V$ 及 $U_{I1}=2V$、$U_{I2}=1V$ 直流电压，测出相应的输出电压 U_O，并与理论值相比较。

4. 加法运算电路的测试

加法运算电路的实验接线图如图 5-16 所示。

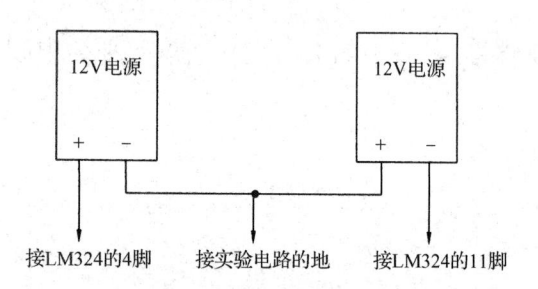

图 5-15　集成运算放大器双电源供电接线图

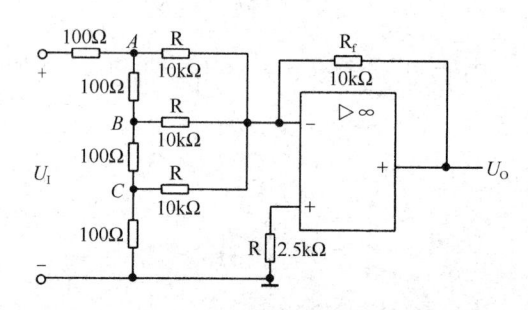

图 5-16　加法运算电路的实验接线图

在输入端分别接入+4V、+2V、–2V、–4V 的直流信号，测出 A 点、B 点、C 点的电位，以及相应的输出电压 U_O。

五、实验分析和总结

（1）整理实验数据，结合数据从理论上验证以上各种运算。

（2）回答下列问题。

① 理想集成运算放大器有哪些特点？

② 如果集成运算放大器改成单电源供电，应如何连接？

③ 在比例运算电路中，当 u_i 达到一定数值后，u_o 不再线性增大，这是什么原因造成的？

本章小结

（1）集成运算放大器有线性和非线性两种工作状态，相应地有两类应用——线性应用和非线性应用。

（2）集成运算放大器工作在线性区的两大特点是 $u_-=u_+$、$i_i=0$，这是分析工作在线性区的集成运算放大器的重要依据。

（3）集成运算放大器的线性应用有组成放大电路、运算电路等。为了工作在线性状态，作为线性应用的集成运算放大器必须引入深度反馈，此时应用虚短、虚断、虚地等概念可大大简化电路的分析。

（4）集成运算放大器工作在非线性区的特点：若 $u_->u_+$，则 $u_o=+U_{OM}$；若 $u_-<u_+$，则 $u_o=-U_{OM}$，输出

电压通常只有高电平和低电平两个稳定状态，它可以看作由输入电压控制的开关。

（5）集成运算放大器的非线性应用有组成电压比较器、非正弦波发生器等。为了使集成运算放大器工作在非线性状态，必须使集成运算放大器开环或引入正反馈，分析电路时的主要步骤是画出它的传输特性或波形。

（6）在使用集成运算放大器时应注意做好相应的保护措施，以防集成运算放大器不能正常工作和损坏。

习题 5

5.1 选择填空（将正确答案的序号填入横线上）。

当集成运算放大器工作在_____时，可运用_____和_____概念，而_____是_____的特殊情况。

a. 线性区　　b. 开环　　c. 闭环　　d. 虚短　　e. 虚地　　f. 虚断

5.2 分别从"同相""反相"中选择一个词填入下面空格。

（1）在_____比例运算电路中，集成运算放大器的反相输入端为虚地点；在_____比例运算电路中，集成运算放大器的两个输入端的对地电压基本上等于输入电压。

（2）_____比例运算电路的输入电阻 R_i 很大，而_____比例运算电路的输入电阻 R_i 很小，$R_i \approx R_1$。

（3）_____比例运算电路的输入电流基本上等于流过反馈电阻的电流，而_____比例运算电路的输入电流几乎等于0。

（4）流过_____加法运算电路反馈电阻的电流等于各输入电流的代数和。

（5）_____比例运算电路的特例是共集电极放大电路，它具有输入电阻大和输出电阻很小的特点，常用作缓冲器。

5.3 设题图 5-1 为理想集成运算放大器，试标出各电路的输出电压。

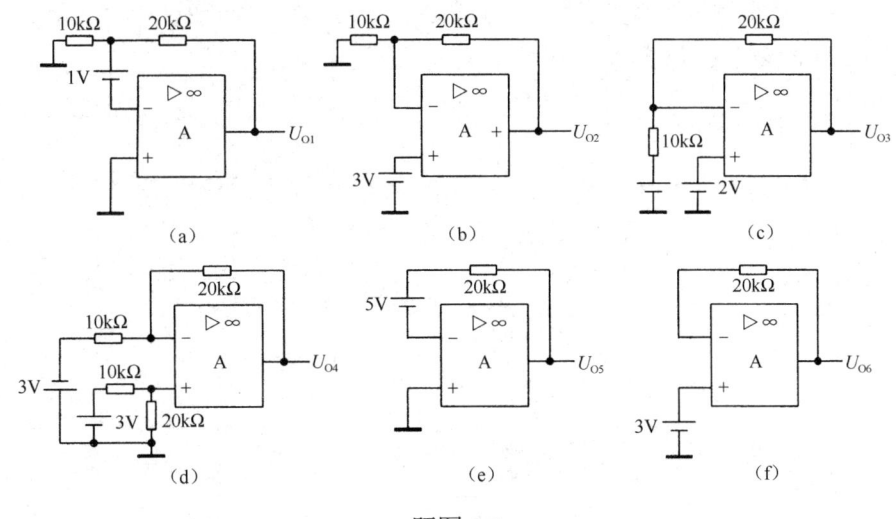

题图 5-1

5.4 画出输出电压 u_o 与输入电压 u_i 符合下列关系的集成运算放大器的电路图。

（1）$u_o = -u_i$。（2）$u_o = 15u_i$。（3）$u_o = -20(u_{i1} + u_{i2} + u_{i3})$。

5.5 求如题图 5-2 所示电路的开关在以下情况下的电压放大倍数。

（1）S_1 和 S_2 均断开。

（2）S_1 闭合，S_2 断开。

（3）S_1 和 S_2 均闭合。

5.6 题图 5-3 中的 A_1 和 A_2 各是什么电路？$U_{i1}=0.1V$、$U_{i2}=0.2V$，求 U_{o1} 和 U_o。

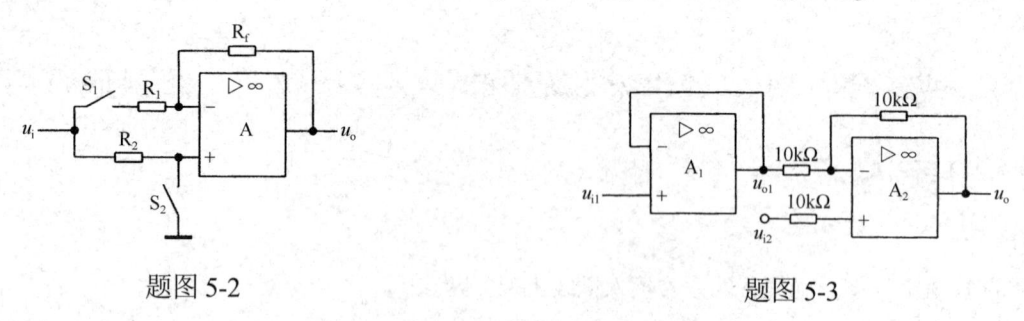

题图 5-2

题图 5-3

5.7 在题图 5-4 中，A_1 和 A_2 各是什么电路？求 U_{o1} 和 U_o。

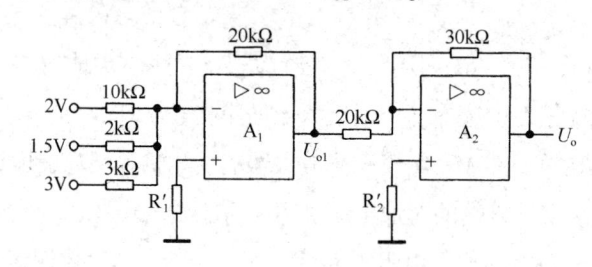

题图 5-4

5.8 设集成运算放大器的开环放大倍数足够大，输出端接量程为 5V 的电压表，电流为 500μA，用它制作测量电压、电流和电阻的三用表。

（1）测量电压的电路原理图如题图 5-5（a）所示。若想得到 25V、15V、10V、1V、0.5V 五种不同的量程，R_{i1}、R_{i2}、R_{i3}、R_{i4}、R_{i5} 的阻值应各为多少？

（2）测量小电流的电路原理图如题图 5-5（b）所示。若想在测量 5mA、1mA、0.5mA、0.1mA、50μA 的电流时分别使输出端的量程为 5V 的电压表达到满量程，R_{f1}、R_{f2}、R_{f3}、R_{f4}、R_{f5} 的阻值应各为多少？

（3）测量电阻的电路原理图如题图 5-5（c）所示。输出端的电压表的指针分别指向 5V、1V、0.5V 时的被测电阻 R_x 的阻值分别为多少？

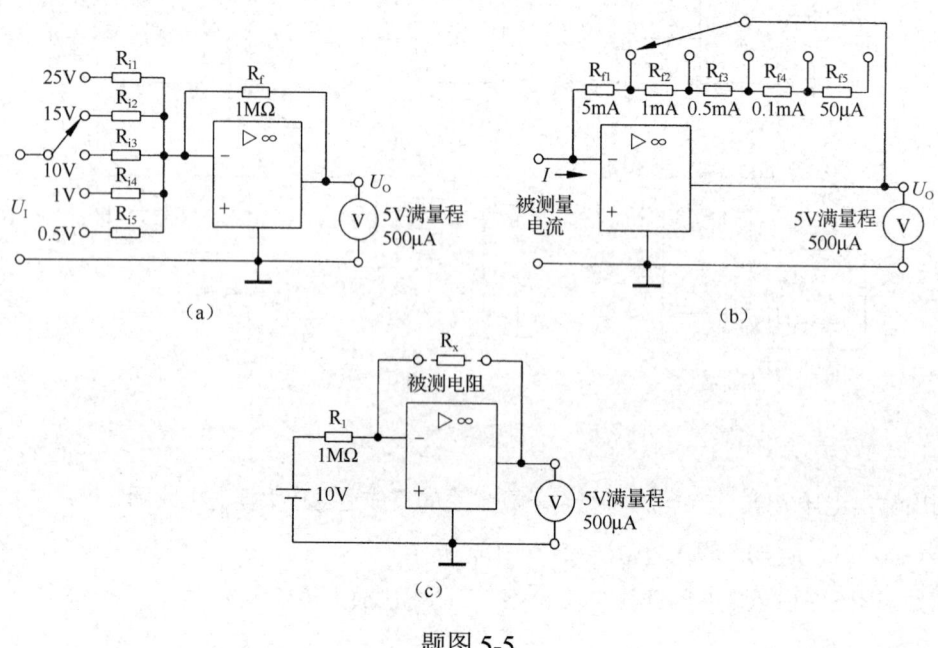

(a)

(b)

(c)

题图 5-5

第6章 低频功率放大器

本章学习目标和要求
1. 阐述低频功率放大器的工作任务、特点和基本要求。
2. 列举 OCL 电路、OTL 电路的组成，分析其工作原理及比较电路的特点。
3. 举例说明典型功率放大器的应用。
4. 掌握 OTL 电路、功率放大器的安装与调试方法。
5. 叙述功率放大管的安全使用知识，会查阅半导体手册，能根据电路的需要选用和代换功率放大器。

在多级放大电路中，输出的信号常被送到负载去驱动一定的装置，如收音机中扬声器的音圈、电动机控制绕组、计算机监视器等。多级放大电路除了电压放大级，还要有功率输出级。这类用于向负载提供功率的放大电路常被称为功率放大器（简称功放）。本章先介绍功率放大器的特点、分类，然后围绕功率放大器的输出功率、效率和非线性失真之间的矛盾分析几种主要的功率放大器。

6.1 概述

6.1.1 功率放大器的特点

如前面所述，放大电路实质上是能量转换电路。从能量控制的角度来看，功率放大器和电压放大电路没有本质区别。但是，功率放大器和电压放大电路要完成的任务是不同的。电压放大电路的主要任务是使负载得到不失真的电压信号，讨论的主要指标是电压放大倍数、输入电阻、输出电阻等，其输出功率并不一定大。功率放大器通常工作在大信号状态下，其主要任务是获得一定的不失真（或失真较小）的输出功率。因此，功率放大器存在一系列在电压放大电路中没有出现过的特殊问题，这些问题如下。

1）输出功率尽可能大

为了获得大的输出功率，功率放大管的电压和电流应有足够大的输出幅度，因此功率放大管往往在接近极限的状态下工作，但又不能超越功率放大管的极限参数。

2）效率高

输出功率大，直流电源消耗的功率也大，因此存在效率问题。所谓效率就是负载得到的有用信号功率和电源供给的直流功率的比值。这个比值越大，意味着效率越高。

3）非线性失真小

功率放大器是工作在大信号状态下的，不可避免地会产生非线性失真，而且同一功率放大管的输出功率越大，非线性失真越严重。测量系统和电声设备对非线性失真的要求较高；而工业控制系统中的功率放大器以输出功率为主要目的，对非线性失真的要求较低。

4）散热性能好

在功率放大器中，由于功率放大管工作在大电流与高电压状态下，因此结温度和管壳温度会升高。当温度过高时，功率放大管会损坏。因此，必须考虑功率放大管的散热问题。

由于功率放大器是在大信号状态下工作的，因此通常采用图解法进行分析。

6.1.2 功率放大器的分类

按功率放大管的工作状态，功率放大器可以分为甲类、乙类、甲乙类等。

1. 甲类

甲类功率放大器的工作状态如图 6-1（a）所示，在输入信号的整个周期内都有 i_C 流过功率放大管。显然，甲类功率放大器的静态工作点位置适中，功率放大管在整个周期内导通，非线性失真较小。前面介绍的电压放大电路就工作在甲类状态。

2. 乙类

乙类功率放大器的工作状态如图 6-1（b）所示，在输入信号的整个周期内只在半个周期有 i_C 流过功率放大管。显然，乙类功率放大器的静态工作点位于截止区（零偏置），功率放大管在半个周期内导通，非线性失真严重（i_C 只有正弦波信号的一半）。由于几乎无静态电流，因此功率损耗最小，效率大大提高。

3. 甲乙类

甲乙类功率放大器的工作状态如图 6-1（c）所示，工作状态介于甲类功率放大器和乙类功率放大器之间，在大半个周期内有 i_C 流过功率放大管。显然，其静态工作点较低，功率放大管在大半个周期内导通，非线性失真较严重。

（a）甲类功率放大器的工作状态（在一个周期内 $i_C>0$）

（b）乙类功率放大器的工作状态（在一个周期内只有半个周期 $i_C>0$）

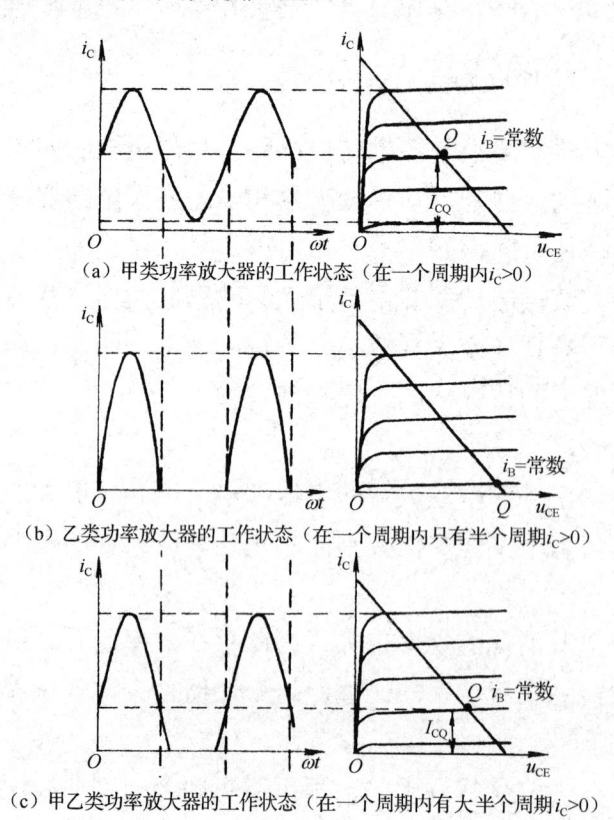

（c）甲乙类功率放大器的工作状态（在一个周期内有大半个周期 $i_C>0$）

图 6-1 静态工作点下移对功率放大器工作状态的影响

从前面的介绍可以看出，从甲类功率放大器到甲乙类功率放大器、乙类功率放大器，其静态工作点逐步降低，功率放大管的导通时间逐渐减少，非线性失真越来越严重，但是它们的效率却逐渐得到提高。提高效率和减小非线性失真是一对矛盾，需要在电路结构上采取措施加以协调。

必须指出，甲类功率放大器由于静态电流大，在理想情况下，其效率最高只能达到 50%，因此现在已很少采用。变压器耦合功率放大器由于变压器体积大，不适于集成，频率特性差，现在的功率放大器也不常采用。因此，本章不涉及这两类功率放大器。

思考题

6.1.1　试比较功率放大器与小信号电压放大电路之间的异同。

6.1.2　功率放大器的静态工作点设置方式有几类，各有什么特点？

6.1.3　与普通三极管相比，功率放大管具有哪些特点？

6.2　互补对称功率放大器

6.2.1　乙类双电源互补对称功率放大器（OCL 电路）

1. OCL 电路的组成与工作原理

图 6-2 所示的 OCL 电路是用两个功率放大管接成推挽形式的乙类功率放大器，其中 VT_1 为 NPN 型管，VT_2 为 PNP 型管，两个三极管都为共集电极接法，其参数基本一致。两个三极管的发射极连在一起，作为输出端直接与电阻 R_L 连接。正负对称双电源供电，两个三极管的中点静态电位 U_A 必须为 0。

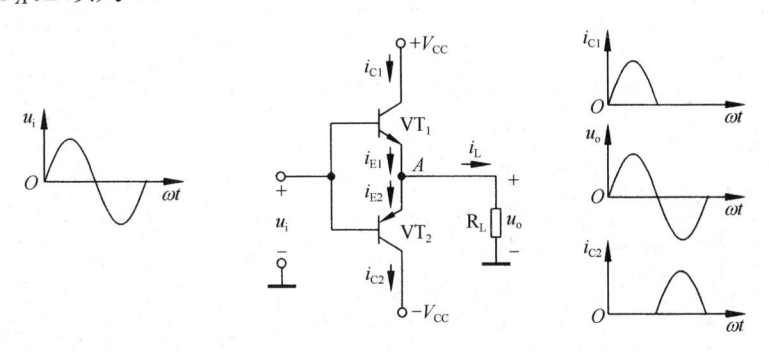

图 6-2　OCL 电路

当输入信号 $u_i=0$ 时，电路处于静态，两个三极管都不导通，静态电流为 0，电源不消耗功率。

当 u_i 为正半周期时，VT_1 导通，VT_2 截止，电流由电源流入 VT_1 的集电极，再从 VT_1 的发射极流出，流经 R_L 到地，得到正半周期的 u_o。

当 u_i 为负半周期时，VT_1 截止，VT_2 导通，电流从地流经 R_L 与 VT_2 进入电源负极，负载上的电压极性与正半周期的正好相反，二者叠加后形成一个完整的波形。由此可知，采用一对 NPN 型和 PNP 型参数对称的三极管互补连接，能实现推挽式工作，故称该电路为互补对称功率放大器，即 OCL 电路。

2. 输出功率、最大效率、管耗

（1）输出功率：电路的最大不失真输出功率为

$$P_{\text{om}} = \frac{(V_{\text{CC}} - U_{\text{CES}})^2}{2R_{\text{L}}} \approx \frac{V_{\text{CC}}^2}{2R_{\text{L}}} \qquad (6\text{-}1)$$

（2）最大效率 η_{m}：在理想情况下电路的最大效率为

$$\eta_{\text{m}} = \frac{\pi}{4} \approx 78.5\% \qquad (6\text{-}2)$$

（3）管耗：功率放大器的功率损耗与功率转换效率相关。可以证明 OTL 电路中功率放大管的最大管耗为

$$P_{\text{VT1m}} = P_{\text{VT2m}} \approx 0.2 P_{\text{om}}$$

6.2.2 甲乙类双电源互补对称功率放大器

图 6-2 中讨论的 OCL 电路没有考虑三极管死区电压的影响，实际上这种电路的输出波形并不能很好地反映输入信号的变化。由于没有直流偏置，三极管只有在 $|u_{\text{BE}}|$ 大于其死区电压时才能导通。当 u_i 低于这个数值时，VT_1 和 VT_2 都截止，i_{C1} 和 i_{C2} 基本上为 0，负载 R_L 上无电流流过，出现一段死区，如图 6-3 所示，这种现象称为交越失真。

为了克服交越失真，可以给两个互补三极管的发射结设置一个很小的正向偏压，使它们在静态时处于微导通状态，静态工作点很低。这样，既消除了交越失真，又使功率放大管工作在甲乙类状态，效率仍可以达到较高。图 6-4 所示为甲乙类 OCL 电路。

在图 6-4 中，静态时 VD_4 和 VD_5 两端的压降加到 VT_1 和 VT_2 的基极之间，两个三极管处于微导通状态。当有信号 u_i 时，即使信号 u_i 很小，也可以线性地进行放大。

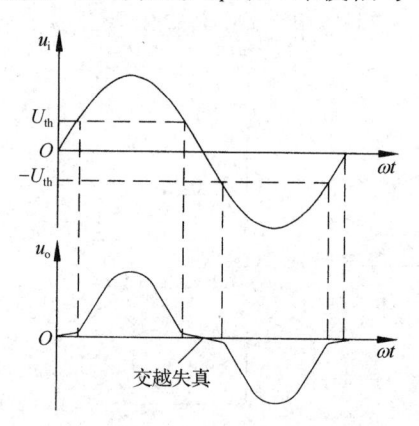

图 6-3 OCL 电路的交越失真

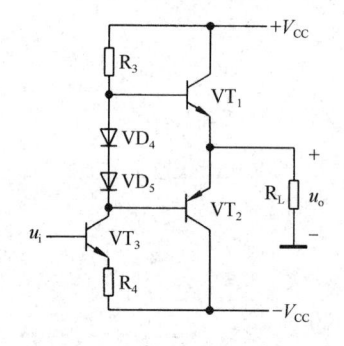

图 6-4 甲乙类 OCL 电路

6.2.3 甲乙类单电源互补对称功率放大器

上述 OCL 电路采用的是双电源供电，在某些场合会给使用者带来不便。对此，常采用如图 6-5 所示的甲乙类单电源互补对称功率放大器，简称 OTL 电路。

在图 6-5 中，VT_3 为前置放大级，VT_1、VT_2 组成互补对称输出级，VD_4、VD_5 用于保证电路工作在甲乙类状态，C_L 为大电容。由于两个三极管的参数是对称的，两个三极管的发射极 K 点的电位为 $V_{\text{CC}}/2$，所以 C_L 上的静态电压 $U_{\text{CL}} = V_{\text{CC}}/2$。

当输入信号 u_i 为负半周期电压时，其经 VT_3 倒相放大，输

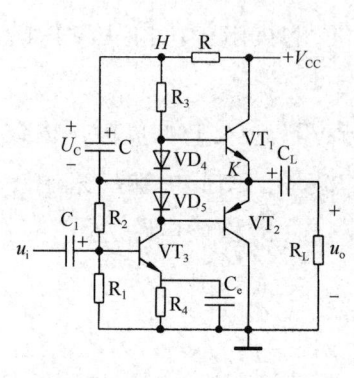

图 6-5 带自举的 OTL 电路

入到 VT_1、VT_2 基极上为正半周期电压，因此 VT_1 导通，VT_2 截止，有电流流过 R_L，同时对 C_L 充电。当输入信号 u_i 为正半周期时，VT_2 导通，VT_1 截止，已经充电的电容 C_L 起电源作用，通过 R_L 放电。只有 C_L 的容量足够大，才能使 C_L 的充电时间常数、放电时间常数远远大于信号周期。在输入信号周期变化的过程中，C_L 两端的电压基本不变，交流信号无衰减地传送给 R_L。

电路中的 R 和 C 是为了提高 OTL 电路的最大输出电压幅度而引入的，常被称为自举电路。

值得指出的是，由于 OTL 电路中的每个三极管的工作电压不是原来的 V_{CC}，而是 $V_{CC}/2$，所以前面推导的计算 P_{om} 和 P_{VTm} 的公式必须加以修正，用 $V_{CC}/2$ 代替原式中的 V_{CC}。

思考题

6.2.1 由于功率放大器中的功率放大管常处于接近极限的工作状态，因此在选择功率放大管时必须特别注意哪三个参数？

6.2.2 OCL 电路为什么会产生交越失真？如何消除交越失真？

6.2.3 设采用 OCL 电路，要求最大输出功率为 5W，则每个功率放大管的最大允许管耗应至少为多少？

6.3 集成功率放大器

随着线性集成电路的发展，集成功率放大器的应用日益广泛。目前，国内外的集成功率放大器产品有多种型号，它们具有体积小、质量轻、工作稳定，以及易于安装、调试等优点。使用者只要了解其外部特性和外接线路的连接方法，就可以方便地使用它们，下面举例介绍几种集成功率放大器的作用。

6.3.1 4100 系列集成电路的应用线路

由于生产厂家不同，国产的 4100 系列集成电路有 DL4100（北京）、TB4100（天津）、SF4100（上海）等；国外的 4100 系列集成电路主要有日本三洋公司生产的 LA4100 等。这些产品的内部电路、技术指标、外形尺寸、封装形式和引脚分布是一致的，在使用时可以互换。4100 系列的产品有 4100、4101、4112 等。

1. 引脚的功能

4100 系列集成电路引脚分布如图 6-6 所示，它是带散热体的 14 脚双排直插式塑封结构，其引脚是从散热体顶部按逆时针方向依次编号的。

2. 典型应用电路

图 6-7 所示为用 LA4100 集成电路组成的 OTL 电路。其中，C_1、C_5 分别为输入信号、输出信号耦合电容；C_3 为消振电容，用于抑制可能产生的高频寄生振荡；C_4 为交流反馈电容，亦可起消振作用；C_6 为自举电容，用于自举升压；C_7 为防振电容，用于防止高频自激；调节 R_1，可调节反馈深度，控制功率放大器的放大倍数。该电路可作为收音机的整个低频放大器和功率放大器，其输入端可以直接接收音机的检波输出端。4100 系列集成电路还可以作为小型音响设备的功率放大器。

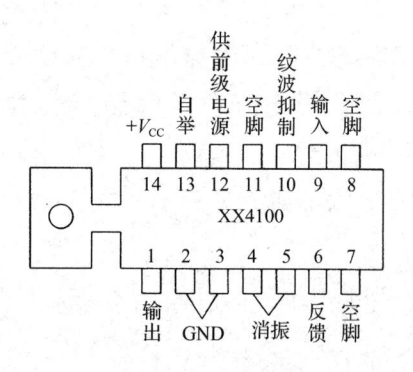

图 6-6 4100 系列集成电路引脚分布

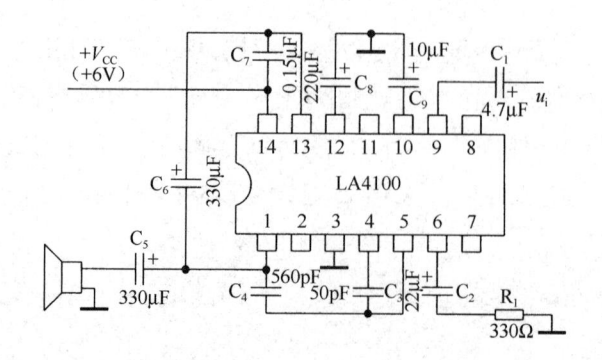

图 6-7 用 LA4100 集成电路组成的 OTL 电路

6.3.2 集成功率放大器 TDA2030 的应用线路

TDA2030 是一种音频功放质量较好的集成功率放大器。它的引脚和外接元件少，内部有过载保护电路，在输出过载时不会损坏。在单电源使用时，散热体可直接固定在金属板上与地线相连，十分方便。

图 6-8 所示为 TDA2030 的引脚分布。该电路的参数特点是电源范围为±（6～18）V，输入信号为 0 时的电源电流小于 60μA，频率响应为 10Hz～140kHz，谐波失真小于 0.5%，在 $V_{CC}=±14V$、$R_L=4Ω$时最大输出功率为 14W。

图 6-9 所示为把 TDA2030 接成 OCL 电路的接法。该电路中接入 VD$_1$、VD$_2$ 是为了防止负载因电源接反而损坏。C$_3$、C$_4$、C$_5$、C$_6$ 为电源滤波电容，100μF 电解电容并联 0.1μF 电容的原因是 100μF 的电解电容具有电感效应。

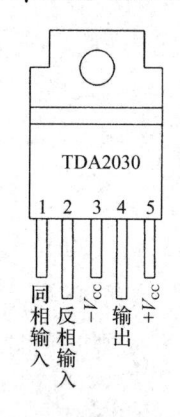

图 6-8 TDA2030 的引脚分布

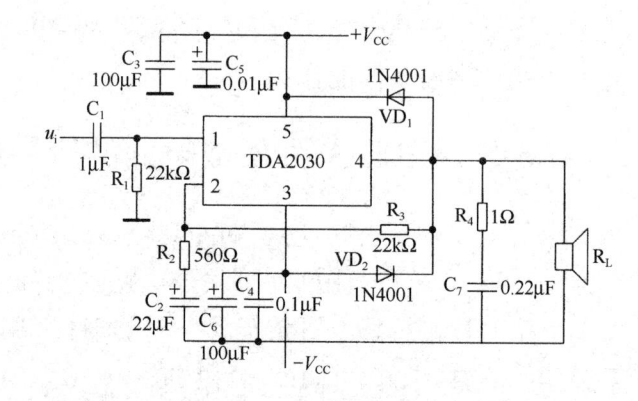

图 6-9 把 TDA2030 接成 OCL 电路的接法

6.4 应用与实验

6.4.1 功率放大管应用注意事项

1. 功率放大管的选择

在 OCL 电路中若要使功率放大器输出最大功率，又使功率放大管安全工作，功率放大管的参数必须满足下列条件。

（1）每个功率放大管的最大允许管耗 P_{CM} 必须大于 P_{VTm}（≈0.2P_{om}）。

（2）$|U_{(BR)CEO}|>2V_{CC}$。

（3）$I_{CM}>V_{CC}/R_L$。

互补管 VD_1 与 VD_2 必须选用特性基本相同的配对管。功率放大管工作在大电流状态，且温度较高，属于易损器件，在电子设备的检修中应注意检查功率放大管是否损坏。通常用万用表检测功率放大管的质量，在检测时应将万用表置于 R×10 挡，具体检测方法与普通三极管质量的检测方法相同，但功率放大管的正向结电阻、反向结电阻都比较小。

2．功率放大管的散热问题

在功率放大器中，功率放大管的工作电流较大，因此集电结温度会升高，如果不把这些热量迅速散发掉，降低结温，功率放大管就容易因过热而损坏。

降低功率放大管集电结温度的常见措施是安装散热片。散热片应该由具有良好导热性的金属材料制成。铝材料因为经济且轻便，所以常用来制成散热片，如图 6-10 所示。散热效果与散热片的面积及表面颜色有关。在一般情况下，散热片的面积愈大，散热效果愈好；黑色物体比白色物体散热效果好。在安装散热片时，要使功率放大管的管壳与散热片之间贴紧靠牢，

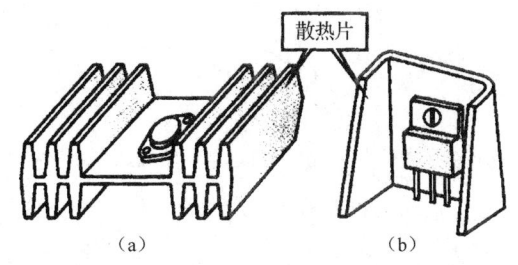

图 6-10　功率放大管的散热片

固定螺丝要旋紧。在电气绝缘允许的情况下，可以把功率放大管直接安装在金属机箱或金属底板上。

3．功率放大管的保护

适当采取功率放大管保护措施，是保证功率放大器正常运行的有效手段。功率放大管有很多保护措施，如在负载两端并联二极管（或二极管和电容），可防止功率放大管因感性负载产生的过压或过流而损坏；将稳压电压适当的稳压二极管并联在功率放大管的集电极和发射极之间，可以吸收瞬时的过电压等。采用何种保护措施可以根据具体情况而定。

6.4.2　集成功率放大器实验

一、实验目的

（1）熟悉集成功率放大器 LM386 的功能及应用。
（2）掌握集成功率放大器应用电路的调整与测试方法。

二、实验原理

集成功率放大器 LM386 应用电路如图 6-11 所示。

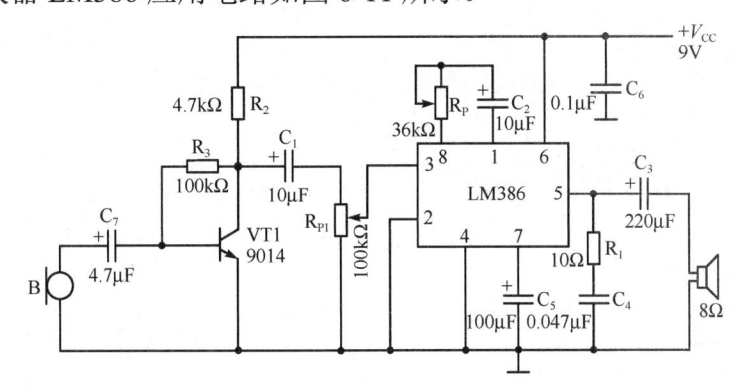

图 6-11　集成功率放大器 LM386 应用电路

三、实验仪器和器材

万用表（一块）、示波器（一台）、信号发生器（一台）、直流稳压电源（一台）、毫伏表（一块）、实验板（一块）。

四、实验内容与步骤

（1）按图 6-11 连接实验电路（注意：驻极体话筒暂时不要接入电路），将音量电位器 R_{P1} 的滑动触头调整到中间位置，调整功率放大器放大倍数调节电位器 R_P 使其阻值最大，经检查接线无误后，接通 9V 直流电源。

（2）将万用表调至直流电压挡，测量 VT_1 的直流工作点及 LM386 各引脚的电位，并将测得数据填入自拟表格。

（3）调整信号发生器，使其产生一个 1000Hz、10mV 的正弦波信号，并输入到实验电路的输入端（C_1 的正极），这时扬声器发出声音，当调节 R_{P1} 时，声音的强弱将随之变化。

（4）调节 R_{P1}，使声音最大，并用示波器测量 5 脚的输出波形，再调节 R_P 使功率放大器的放大倍数逐步提高，同时观察示波器上的波形（不能出现失真，如果出现失真，应该停止调节 R_P，并向相反方向调回一点）。

（5）在保证输出信号不失真的前提下，使输出波形的幅度最大，即扬声器中的声音既不失真又最大，用毫伏表测量实验电路的电压放大倍数，即 $A_u=U_o/U_i$。

（6）将函数信号发生器产生的信号去掉，在实验电路的输入端接上驻极体话筒，检验该电路的功率放大效果。

五、注意事项

（1）电源电压不允许超过极限值，不允许极性接反，否则将损坏集成功率放大器。

（2）电路工作时要避免负载短路，否则将烧毁集成功率放大器。

（3）在接通电源后，要时刻注意集成功率放大器温度，有时未加输入信号集成功率放大器就会过热，同时直流毫安表指示较大电流及示波器显示输出幅度较大、频率较高的波形，这说明电路有自激现象。此时应立刻关机；随后进行故障分析、处理，待消除自激振荡后，才能重新开始实验。

（4）输入信号不要过大。

六、实验分析和总结

（1）整理实验数据，并进行分析。

（2）讨论下列问题并给出解决办法。

① 在无输入信号时，从接在输出端的示波器上观察到频率较高的波形是否正常？如何消除？

② 分析如图 6-11 所示电路中的 R_1、C_4 的作用。

③ 在如图 6-11 所示的电路中，调整哪一个元件可以改变集成功率放大器 LM386 的电压放大倍数？

本章小结

（1）功率放大器的主要任务是安全地、高效地在允许的失真范围内输出尽可能大的功率。按功率放大管的工作状态，功率放大器可以分为甲类、乙类和甲乙类；按输出终端的特点，功率放大器可以分为

OTL 电路、OCL 电路等。

（2）功率放大器是在大信号下工作的，通常采用图解法进行分析。研究的重点是如何在允许失真的条件下，尽可能提高输出功率和效率。

（3）为了提高低频功率放大器的效率，应当使功率放大管工作在乙类状态；为了克服单管乙类功率放大器的严重非线性失真，可采用乙类互补对称功率放大器，即 OCL 电路，其最高工作效率约为 78.5%。为了保证功率放大管安全工作，功率放大管的极限参数必须满足：$P_{CM}>P_{VTm}(\approx 0.2P_{om})$，$|U_{(BR)CEO}|\geqslant 2V_{CC}$，$I_{CM}>V_{CC}/R_L$；为了克服 OCL 电路存在的交越失真，应采用甲乙类（接近乙类）互补对称功率放大器。

（4）OTL 电路的工作原理与 OCL 电路的工作原理基本相同，在计算其输出功率、效率、管耗和电源供给功率时，可借用 OCL 电路的计算公式，但要用 $V_{CC}/2$ 代替原式中的 V_{CC}。

（5）功率放大器具有体积小、质量轻、工作稳定，以及易于安装、调试的优点，是今后功率放大器的发展方向。使用功率放大器应了解它们的外部特性和应用线路。

习题 6

6.1 填空。

（1）对功率放大器的基本要求：①_____；②_____；③_____；④_____。

（2）甲类功率放大器中的功率放大管的导通特点是_____；乙类功率放大器中的功率放大管的导通特点是_____；甲乙类功率放大器中的功率放大管的导通特点是_____。

（3）OCL 电路的_____较高，在理想情况下其值可达_____。但这种电路会产生_____失真，这是功率放大器特有的非线性失真现象。为了消除这种失真，应当使功率放大管工作在_____类状态。

（4）由于在功率放大器中，功率放大管常常处于极限工作状态，因此在选择功率放大管时要特别注意_____、_____和_____三个参数。

6.2 功率放大器的任务是什么？它与电压放大电路有哪些不同？

6.3 画出简单的 OTL 电路和 OCL 电路，解释其工作原理，写出各自的最大输出功率和理想效率的表达式。

6.4 OCL 电路如图 6-2 所示，已知 V_{CC}=12V，R_L=16Ω，u_i 为正弦波。试回答下列问题。

（1）在功率放大管的饱和压降 U_{CES} 可以忽略不计的条件下，负载上可能得到的最大输出功率 P_{om} 为多少？

（2）每个三极管允许的最大管耗 P_{CM} 至少为多少？

（3）每个三极管的 $|U_{(BR)CEO}|$ 应大于多少？

6.5 OTL 电路如题图 6-1 所示，设 VT$_1$、VT$_2$ 的特性完全对称，u_i 为正弦波，V_{CC}=12V，R_L=8Ω，试回答下列问题。

（1）在静态时，C$_L$ 两端的电压应是多少？调整哪个电阻能满足这一要求？

（2）在动态时，若输出电压 u_o 出现交越失真，应调整哪个电阻？如何调整？

（3）在忽略功率放大管的饱和压降 U_{CES} 时，负载上得到的最大输出功率是多少？

6.6 以某一功率放大器的型号为例，画出相应的应用线路。

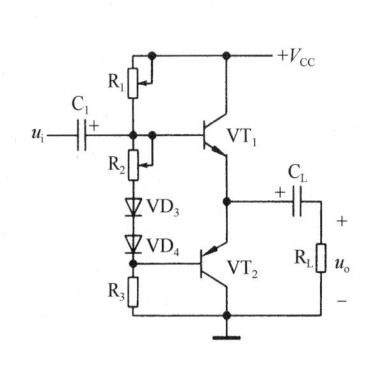

题图 6-1

第 7 章 直流稳压电源

本章学习目标和要求

1. 叙述单相半波整流电路、单相桥式整流电路、滤波电路的组成，分析具体电路的工作原理与性能特点。
2. 分析稳压二极管稳压电路的稳压原理，叙述其使用方法。
3. 概述串联型稳压电路的组成、工作原理。
4. 初步学会集成直流稳压电源的调整测试方法。
5. 叙述开关电源的特点和类型，分析开关电源的工作原理，学会开关电源的应用。

电子设备和自动控制装置都需要使用稳定的直流电源供电。直流电可以由直流发电机和干电池提供，但在一般情况下直流电是通过对交流电网提供的交流电进行整流、滤波、稳压后获得的。随着集成电路技术的发展，集成电路在直流稳压电源中得到广泛应用，如小功率直流稳压电源中的三端集成稳压器；大功率开关直流稳压电源中的调整模块等。本章着重介绍单相桥式整流电路、电容滤波电路、稳压二极管稳压电路、串联型稳压电路、三端集成稳压器、开关型稳压电路的工作原理和应用。

直流稳压电源一般由电源变压器、整流电路、滤波电路和稳压电路等组成，如图 7-1 所示。

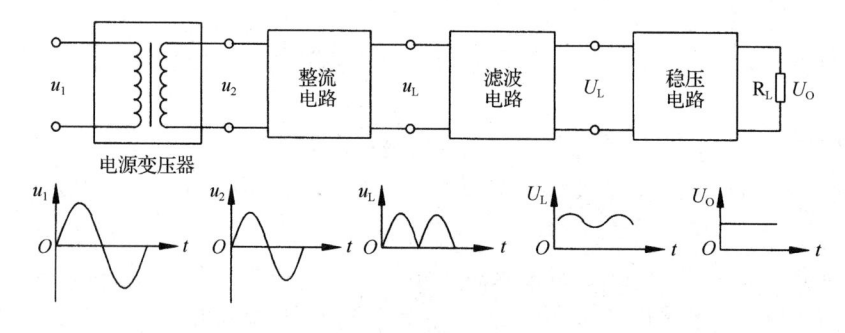

图 7-1 直流稳压电源的组成框图

7.1 整流电路

整流电路的任务是将交流电转换成直流电，完成这一任务主要利用的是二极管的单向导电特性，因此二极管是构成整流电路的关键器件。常见的小功率整流电路（1kW 以下）有单相半波整流电路、单相桥式整流电路。

以下在分析整流电路时，为简单起见，均认为二极管是理想的，即正向导通时相当于短路，反向截止时相当于开路。

7.1.1 单相半波整流电路

1．电路的组成及工作原理

纯电阻负载的单相半波整流电路如图 7-2（a）所示。当 u_2 为正半周期时，二极管 VD 导通，其两端电压 $u_{VD}=0$，输出电压 $u_L=u_2$，通过负载的电流 $i_L=i_{VD}=u_L/R_L$，其中，i_{VD} 为流过二极管 VD 的电流；当 u_2 为负半周期时，二极管 VD 截止，$u_L=0$、$u_{VD}=u_2$、$i_L=i_{VD}=0$。u_2、u_L、$i_L(i_{VD})$ 和 u_{VD} 的波形如图 7-2（b）所示。

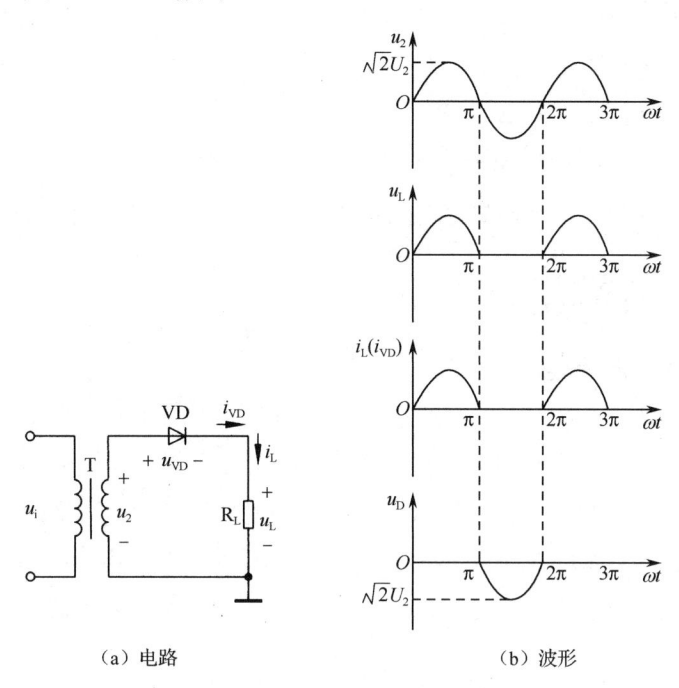

（a）电路 （b）波形

图 7-2 单相半波整流电路

2．负载上的直流电压和直流电流

经半波整流后，在负载上得到包含直流成分和交流成分的单相半波脉动直流电。通常用其平均值，即直流电压来描述这一脉动电压。单相半波整流电路负载上的直流电压的平均值为

$$U_L=0.45U_2 \tag{7-1}$$

式中，U_2 为变压器次级交流电压有效值。流过负载的直流电流为

$$I_L = \frac{U_L}{R_L} = \frac{0.45U_2}{R_L} \tag{7-2}$$

3．整流器件的选择

流过二极管 VD 的平均电流 I_{VD} 与流过负载的直流电流 I_L 相等，即

$$I_{VD} = I_L = \frac{0.45U_2}{R_L} \tag{7-3}$$

二极管 VD 在截止时承受的最大反向电压 U_{RM} 是 u_2 的最大值，即

$$U_{RM} = \sqrt{2}U_2 \tag{7-4}$$

为了使用安全，二极管 VD 应满足：$I_F>I_{VD}$，$U_{BR}>2U_{RM}$。由上面分析可知，单相半波整流电路结构简单，但输出电压的直流成分低，纹波成分高，应加以改进。

【例 7-1】 有一直流负载的阻值为 200Ω，要求流过负载的电流为 100mA。如果采用单相半波整流电路，试求变压器次级交流电压有效值 U_2，并选择合适的整流二极管。

解：因为：

$$U_L = R_L I_L = 200\Omega \times 100\text{mA} \times 10^{-3} = 20\text{V}$$

又因为：

$$U_L = 0.45 U_2$$

所以：

$$U_2 = \frac{U_L}{0.45} = \frac{20\text{V}}{0.45} \approx 44.4\text{V}$$

流过整流二极管的直流电流为

$$I_{VD} = I_L = 100\text{mA}$$

整流二极管承受的最大反向电压为

$$U_{RM} = \sqrt{2} U_2 \approx 1.41 \times 44.4\text{V} \approx 62.6\text{V}$$

查阅晶体管手册，整流二极管可选用 1N4001。

7.1.2 单相桥式整流电路

1. 电路的组成及工作原理

纯电阻负载的单相桥式整流电路如图 7-3（a）所示，由于它采用的是由 4 个二极管接成电桥的形式，故有单相桥式整流电路之称，其简化画法如图 7-3（b）所示。

当 u_2 为正半周期时，VD_1、VD_3 导通，而 VD_2、VD_4 截止，有电流 $i_{VD1,3}$ 流过负载，$u_L = u_2$；当 u_2 为负半周期时，VD_2、VD_4 导通，而 VD_1、VD_3 截止，有电流 $i_{VD2,4}$ 流过负载，$u_L = -u_2$。流过负载的电流 i_L 及负载上的电压、电流波形如图 7-4 所示。负载上得到的是全波脉动直流电压。

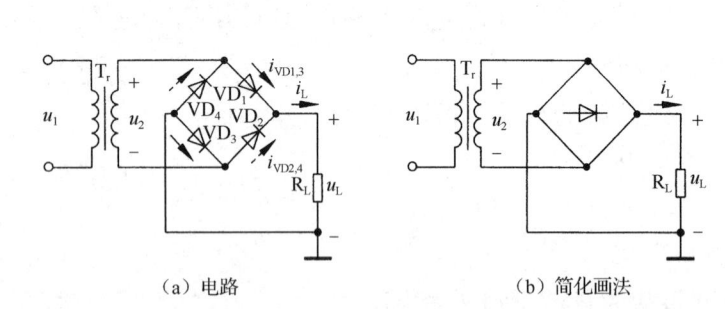

图 7-3 单相桥式整流电路

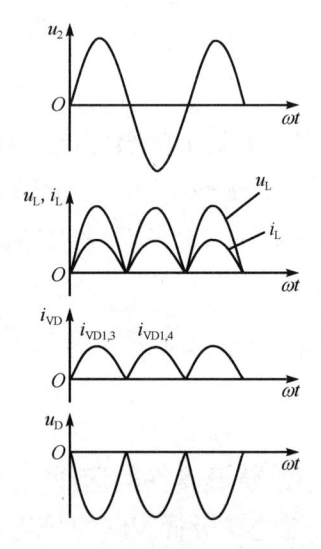

图 7-4 单相桥式整流电路波形

2. 负载上的直流电压和电流的计算

将图 7-4 与图 7-2（b）相比，可知单相桥式整流电路直流输出电压是单相半波整流电路直流输出电压的 2 倍。根据式（7-1）和式（7-2）可得负载上的直流电压为

$$U_L = 0.9 U_2 \tag{7-5}$$

直流电流为

$$I_L = \frac{0.9 U_2}{R_L} \tag{7-6}$$

3. 整流器件的选择

在单相桥式整流电路中，VD_1、VD_3 和 VD_2、VD_4 轮流导通，流过每个二极管的平均电流为

$$I_{VD} = \frac{1}{2}I_L = \frac{0.45U_2}{R_L} \quad (7-7)$$

整流器件所承受的反向电压为

$$U_{RM} = \sqrt{2}U_2 \quad (7-8)$$

单相桥式整流电路的优点是输出电压的直流成分高，纹波成分较低，二极管承受的最大反向电压较低，同时电源变压器在正半周期、负半周期内都有电流供给负载，电源变压器得到了充分利用，效率较高。因此，这种电路在半导体整流电路中得到广泛应用。单相桥式整流电路的缺点是使用的二极管较多，但目前可以用整流桥替代，如 QL51A～QL51G、QL62A～QL62L 等。

【例 7-2】 有一直流负载，需要直流电压 $U_L=60V$，直流电流 $I_L=16A$，采用单相桥式整流电路，求变压器次级交流电压有效值 U_2 并选择整流二极管。

解： 因为

$$U_L = 0.9U_2$$

所以

$$U_2 = \frac{U_L}{0.9} = \frac{60V}{0.9} \approx 66.7V$$

流过整流二极管的平均电流为

$$I_{VD} = \frac{1}{2}I_L = \frac{16A}{2} = 8A$$

整流二极管承受的最大反向电压为

$$U_{RM} = \sqrt{2}\ U_2 \approx 1.41 \times 66.7V \approx 94V$$

查阅晶体管手册，4 个整流二极管可选用整流电流为 10A，额定反向工作电压为 100V 的 2CZ58A。

7.2 滤波电路

二极管整流电路得到的是脉动直流电压，这种脉动电压一般不能满足电子电路对电源的要求。因此，需要采用滤波电路使脉动成分降到实际应用允许的程度。这种能将直流电路中的脉动成分过滤掉的电路称为滤波器。常见的滤波器有电容滤波器（见图 7-5）、电感滤波器和复式滤波器等。

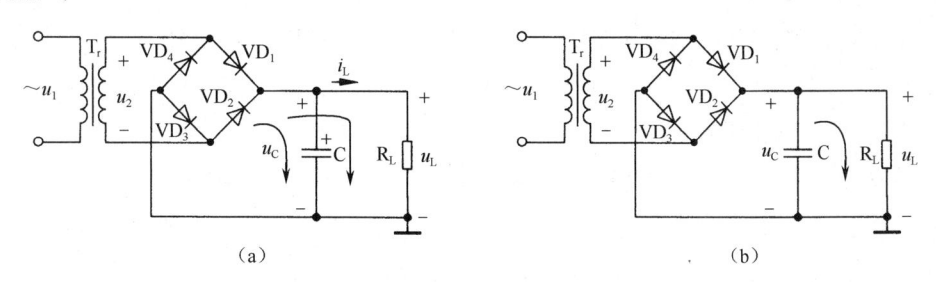

图 7-5 桥式整流电容滤波电路

7.2.1 电容滤波电路

单相桥式整流电路在不接电容 C 时，其输出波形如图 7-6（a）所示；接上电容 C 后，在输入电压 u_2 的正半周期，VD_1、VD_3 在正向电压作用下导通，VD_2、VD_4 反向截止，如图 7-5（a）所示。整流电流分为两路，一路向负载 R_L 供电，另一路向电容 C 充电。因二极管导通时内阻很小，充电时间常数很小，电容 C 迅速充电，如图 7-6（b）中的 Oa 段所示。到 t_1 时刻，电容 C 上的电压达到最大值 $u_C \approx \sqrt{2}U_2$，极性为上正下负，经过 t_1 时刻后，u_2 按正弦规律下降，此时因为 $u_2 < u_C$，4 个二极管均因承受反向电压而截止。电容 C 经 R_L 放电，放电回路如图 7-5（b）所示，因放电时间常数 $\tau = R_L C$ 较大，u_C 下降缓慢，如图 7-6（b）中的 ab 段所示，直到 t_2 时刻，$|u_2|$ 上升到 $|u_2| > u_C$，VD_2、VD_4 才导通，同时电容 C 再度被充电至 $u_C \approx \sqrt{2}U_2$，如图 7-6（b）中的 bc 段所示。此后电容 C 如此反复充放电，R_L 上得到比较平滑的直流电。

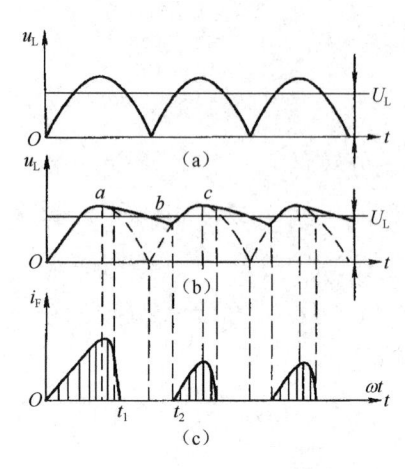

图 7-6 电容滤波电路输出波形

由图 7-6 可见，整流电路加上滤波电容后不仅输出电压平滑了，而且输出电压的平均值提高了，且 $R_L C$ 越大，电容放电速度越慢，负载电压的纹波成分越低，负载平均电压越高。相反，若负载 R_L 的阻值减小，负载电流增加，则负载 R_L 两端的直流电压 U_L 减小，电压纹波成分增高。

根据以上分析，电容滤波电路的输出直流电压可由式（7-9）计算：

$$U_L \approx 1.2 U_2 \quad (7\text{-}9)$$

滤波电容的电容量通常取 $R_L C \gg C \geq (3\sim5)T/2$，即

$$C \geq (3\sim5)\frac{T}{2R_L} \quad (7\text{-}10)$$

式中，T 为电网交流电压的周期。

滤波电容的额定工作电压（又称耐压）应大于 $u_2(t)$ 的最大值，通常取

$$U_C \geq (1.5\sim2)U_2 \quad (7\text{-}11)$$

总之，电容滤波电路的优点是结构简单、负载直流电压 U_L 较高、电压的纹波成分较低，缺点是输出特性较差，故适用于负载电压较高，负载变动不大的场合。

7.2.2 电感滤波电路

在单相桥式整流电路和负载 R_L 之间串入一个电感，即可构成电感滤波电路，如图 7-7 所示。利用电感的储能作用可以减少输出电压中的纹波成分，从而得到比较平滑的直流电压。显然，L 越大，滤波效果越好。

电感滤波电路适用于负载电流较大并且经常变化的场合，但 L 较大的电感线圈的体积和质量都较大，且易引起电磁干扰。因此，电感滤波电路常用在功率较大的整流电路中。

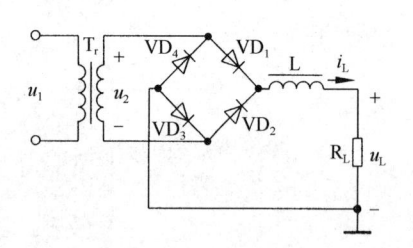

图 7-7 电感滤波电路

除电容滤波电路、电感滤波电路外，还有复式滤波电路，限于篇幅，这里不再介绍。

思考题

7.2.1 直流稳压电路的作用是什么？

7.2.2 电容滤波电路如图 7-5 所示，图中变压器次级交流电压有效值 U_2=20V，R_L=50Ω，电容 C=2000μF。现用直流电压表测量负载 R_L 两端的电压 U_L，试分析下列情况中哪些属于正常工作时的输出电压，哪些属于故障情况并指出故障所在。

① U_L=28V；② U_L=18V；③ U_L=24V；④ U_L=9V。

7.3 直流稳压电源电路

整流滤波电路可以将交流电变换成直流电，然而这种直流电并不是恒定不变的，它受输入电压或负载的影响。在要求直流电源有较高稳定度的场合，必须经过稳压电路来获得稳定的直流电压。根据稳压电路中的电压调整器件与负载是并联还是串联，直流稳压电源电路可以分为并联型稳压电源电路和串联型稳压电源电路。

7.3.1 稳压二极管稳压电路

最简单的稳压电路是稳压二极管稳压电路，如图 7-8 所示。由稳压二极管特性可知，电路中的稳压二极管若始终工作在 $I_{Zmin}<I_Z<I_{Zmax}$ 区域内，则稳压二极管上的电压 U_Z 基本上是稳定的，而且 $U_O=U_Z$。稳压二极管稳压电路中的 R 为限流电阻，$I_R=I_Z+I_O$，$U_R=I_RR$，起限流与调节输出电压的作用。

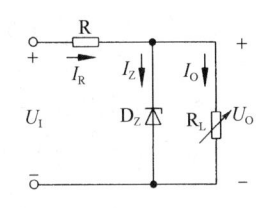

图 7-8 稳压二极管稳压电路

当负载 R_L 的阻值不变而电网电压升高使 U_I 增大时，U_O 也会增大，于是 I_Z 增大，I_R 也增大，则限流电阻 R 两端的电压 I_RR 增大，以此来抵消 U_I 的增大，使 $U_O=U_I-I_RR$ 基本不变。上述过程可表示为

$$U_I\uparrow \to U_O\uparrow \to I_Z\uparrow \to I_R\uparrow \to I_RR\uparrow \to U_O\downarrow$$

当电网电压不变（U_I 不变）而 R_L 减小使 U_O 减小时，下述过程使 U_O 基本不变：

$$R_L\downarrow \to U_O\downarrow \to I_Z\downarrow \to I_R\downarrow \to I_RR\downarrow \to U_O\uparrow$$

为了使稳压二极管稳压电路稳定且安全地工作，限流电阻 R 和稳压二极管的选择必须满足一定要求，读者可参阅有关资料。

7.3.2 串联型稳压电路

稳压二极管稳压电路虽然简单，但输出电压不能调节，输出电流的变化范围小，稳压精度不高，只能用于电流较小和负载基本不变的场合。在有较高要求的场合，可采用串联型稳压电路。

串联型稳压电路结构框图如图 7-9 所示。其中取样电路的作用是将输出电压的变化取出，并反馈到比较放大器。比较放大器将取样回来的电压与基准电压比较并放大后去控制调整管，调整管调节输出电压，从而得到一个稳定的输出电压。

图 7-10 所示为简单的串联型稳压电路，工作原理如下。

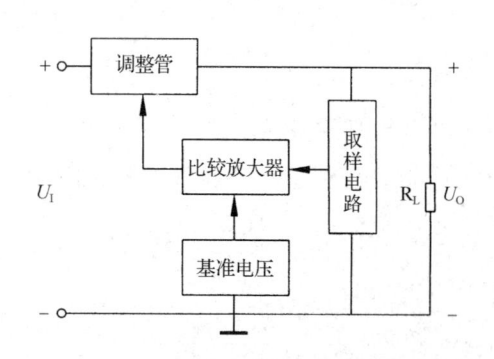

图 7-9　串联型稳压电路结构框图

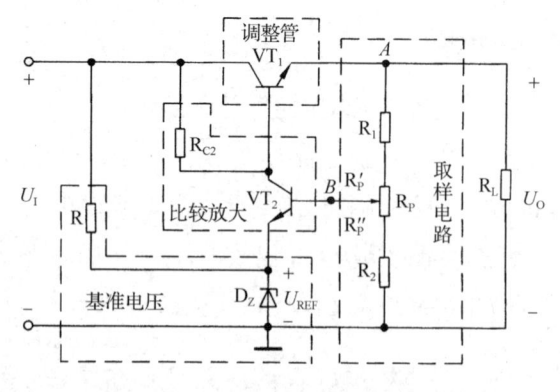

图 7-10　简单的串联型稳压电路

若电网电压上升或负载电流下降导致 U_O 增大，则 A 点电位升高，经 R_1、R_P、R_2 分压后，B 点电位随之升高，相应的 VT_2 基极电压 U_{B2} 升高，而 U_{E2} 基本不变，则 U_{BE2} 增大，引起 $U_{C2}=U_{B1}$ 下降，从而引起 U_{CE1} 上升，使输出电压 U_O 基本不变。对该自动调节过程可进行如下描述：

$$U_O\uparrow \to U_{B2}\uparrow \to U_{BE2}\uparrow \to U_{C2}\downarrow \to U_{B1}\downarrow \to U_{CE1}\uparrow \to U_O\downarrow$$

由于该电路中起电压调节作用的调整管与负载串联，故称该电路为串联型稳压电路。

7.3.3　三端集成稳压器

随着半导体集成工艺的提高，直流稳压电路不断向集成化方向发展。三端集成稳压器因具有性能好、体积小、可靠性高、使用方便、成本低等优点而被广泛应用。

三端集成稳压器内部组成框图如图 7-11 所示，它由启动电路、基准电压、调整管、比较放大器、保护电路、取样电路六部分组成。由此可以看出，它实际上是串联型稳压电路集成化的结果。为了保证三端集成稳压器输入端接入电压后，顺利地建立稳定的输出电压，三端集成稳压器内部设有启动电路，以便启动内部电路迅速工作。为了使调整管处于安全工作状态，三端集成稳压器内部设有保护电路。

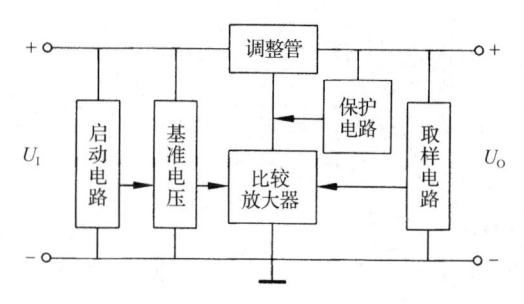

图 7-11　三端集成稳压器内部组成框图

1. 固定式三端集成稳压器

7800 系列三端集成稳压器和 7900 系列三端集成稳压器是目前使用最广泛的三端线性集成稳压器，其特点是输出电压为固定值（如 7805 三端集成稳压器的输出电压是 5V）。7800 系列三端集成稳压器和 7900 系列三端集成稳压器只有输入、输出、公共地三个端子，在使用时不需要外加任何控制电路和器件。这两个系列三端集成稳压器的内部有稳压输出电路、过流保护、芯片过热保护及调整管安全工作区保护等电路，因此工作安全可靠。

7800 系列三端集成稳压器的输出电压为正电压，输出电流可达 1.5A。除此之外，还有 78L00 和 78M00 等系列，其输出电流分别可达 0.1A 和 0.5A，输出电压有 5V、6V、9V、12V、15V、18V、24V 七挡。7900 系列三端集成稳压器的输出电压为负电压，如 79M12 的输出电压为-12V，输出电流可达 0.5A。7800 系列三端集成稳压器的封装如图 7-12 所示。

借助三端集成稳压器可十分方便地设计线性直流稳压电源，7800 系列三端集成稳压器、7900 系列三端集成稳压器的典型应用线路如图 7-13 所示。

(a) 金属封装　　　　(a) 塑料壳封装

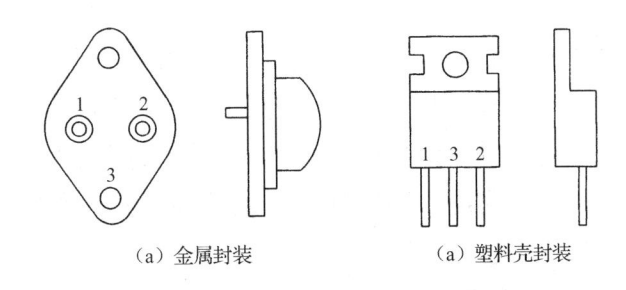

图 7-12　7800 系列三端集成稳压器的封装

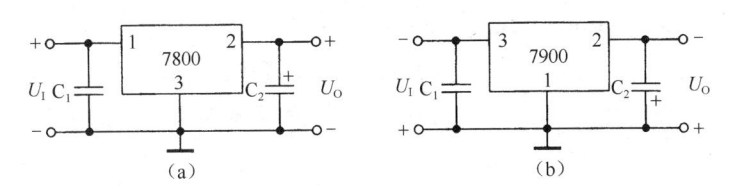

图 7-13　7800 系列三端集成器、7900 系列三端集成稳压器的典型应用线路

图 7-13 中 U_I 是整流滤波电路的输出电压，U_O 是三端集成稳压器输出电压。值得注意的是，只有当输入端和输出端之间的电压差大于要求值（一般为 3V）时，这两种三端集成稳压器才能正常工作。例如，7815 三端集成稳压器的输入电压必须大于 18V，才能输出 15V 的稳定电压。如果输入端与输出端之间的电压差低于要求值，那么输出电压将随输入电压的波动而波动。电路中的 C_1、C_2 用来实现频率补偿，以防三端集成稳压器产生高频自激振荡，并抑制电路引入的高频干扰。

2．可调式三端集成稳压器

可调式三端集成稳压器的外形和引脚的编号与固定式三端集成稳压器的相同，如图 7-12 所示，但二者的引脚功能有区别。例如，LM317 为可调式三端正输出电压稳压器，其 1 脚为输入端，2 脚为调整端，3 脚为输出端；LM337 为可调式三端负输出电压稳压器，其 1 脚为调整端，2 脚为输入端，3 脚为输出端。

图 7-14 所示为用 LM317 和 LM337 设计的直流稳压电源应用线路。

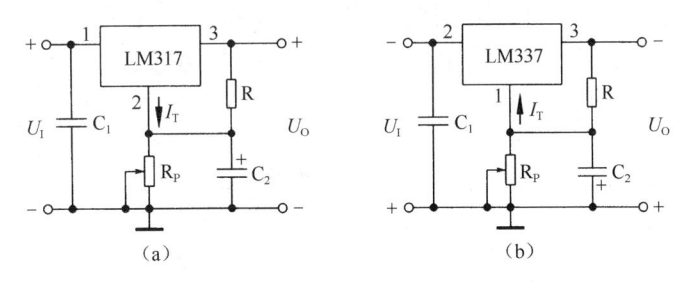

图 7-14　用 LM317 和 LM337 设计的直流稳压电源应用线路

由于 LM317 和 LM337 的最小工作电流为 5mA，基准电源为 1.205V，因此电路中 R 的阻值不得大于 240Ω，否则当负载开路时将不能保证稳压器正常工作。

7.4　开关型稳压电路

7.4.1　开关型稳压电路的特点和类型

串联型稳压电路虽具有输出稳定度高、电路简单、工作可靠等优点，但调整管必须工作在放大状态，当负载电流较大时，调整管会产生很大的功耗，这不仅降低了电路的转换效率，也不利于节约能源,除此之外还要解决散热问题。为了降低调整管的管耗,可以使调整管工作在开关状态。调整管在工作在开关状态时,只有在由饱和导通转换到截止或由截止转换到饱和导通的瞬间才进入放大区,进而消耗一定的能量。这种调整管工作在开关状态的稳压电路称为开关型稳压电路。开关型稳压电路的优点是效率高,缺点是输出电压波动较大,控制调整管不断通、断的高频开关信号会对电子设备造成一定的干扰,控制电路复杂,对元器件要求较高,因此价格较串联型稳压电路高。

开关型稳压电路种类繁多,主要类型如下。

按开关信号产生的方式划分,开关型稳压电路有自激式稳压电路和他激式稳压电路,自激式稳压电路由开关内部的电路来启动调整管,他激式稳压电路由来自开关型稳压电路之外的激励信号来启动调整管。

按开关电路与负载的连接方式划分,开关型稳压电路有串联型稳压电路和并联型稳压电路。

按控制方式划分,开关型稳压电路有脉宽调制(PWM)稳压电路和脉频调制(PFM)稳压电路。脉宽调制稳压电路通过控制加到调整管的脉冲宽度,来控制调整管的导通时间,从而达到稳定输出的目的。脉频调制稳压电路通过控制调整管通断(又称振荡)周期,达到稳定输出的目的。

开关电源产品被广泛应用于工业自动化控制、LED照明、工控设备、通信设备、电力设备、仪器仪表、医疗设备、计算机电源等领域。

7.4.2 开关型稳压电路的工作原理

脉宽调制式串联型开关稳压电路的基本电路如图 7-15 所示。在图 7-15 中,U_I 为开关稳压电路的输入电压,是电网电压经整流滤波后的输出电压;R_1、R_2 组成取样单元,对反馈电压 U_F 进行取样;A_1 为比较放大器,同相输入端接基准电压 U_R,反相输入端接反馈电压 U_F,它对两者的差值进行放大;A_2 为脉宽调制式电压比较器,同相端接 A_1 的输出电压 u_{o1},反相端接三角波发生器输出电压 u_T,A_2 输出的矩形波电压 u_{o2} 就是驱动调整管通、断的信号;VT_1 是调整管;L、C 组成 LC 滤波器;VD_2 为续流二极管;R_L 为负载;U_O 为稳压电路输出电压。

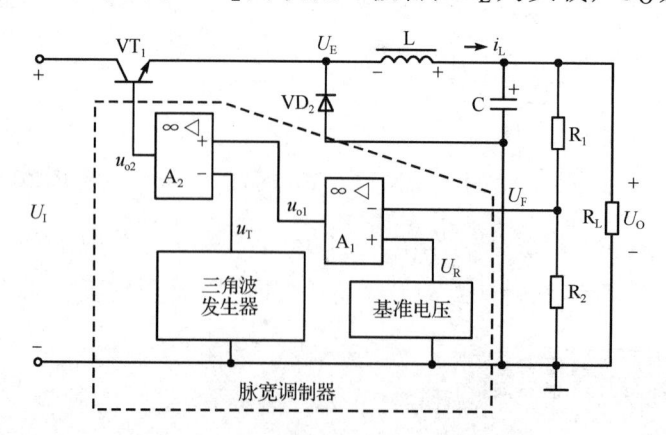

图 7-15 脉宽调制式串联型开关稳压电路的基本电路

1. 工作过程

由电压比较器的特点可知,当 $u_{o1} > u_T$ 时,$u_+ > u_-$,u_{o2} 为高电平;反之,u_{o2} 为低电平。

当 u_{o2} 为高电平时,VT_1 饱和导通,输入电压 U_I 经滤波电感 L 加在滤波电容 C 和负载 R_L

两端，在此期间，i_L 增长，L 和 C 储存能量，VD_2 因反向偏置而截止。当 u_{o2} 为低电平时，VT_1 由饱和导通转换为截止，由于电感电流 i_L 不能突变，i_L 经 R_L 和 VD_2 释放能量，此时 C 也向 R_L 放电，因而 R_L 两端仍能获得连续的输出电压。当调整管在 u_{o2} 的作用下再次饱和导通时，L、C 再次充电，VT_1 再次截止，L、C 再次放电，如此循环。

输出电压 U_O 与输入电压 U_I 的关系为

$$U_O = \frac{t_o}{T_H} U_I \tag{7-12}$$

式中，t_o 为调整管导通时间；T_H 为重复周期，由三角波发生器输出电压 u_T 的周期决定。

2．稳压原理

输入的交流电源电压波动或负载电流发生变化，引起输出电压 U_O 变化，由取样单元和比较电路组成的控制电路改变调整管的导通与截止时间，使输出电压得以稳定。调整管导通时间 t_o 增大，输出电压升高；反之，调整管导通时间 t_o 减小，输出电压降低。当输出电压因某种原因升高时，控制电路使 VT_1 提前截止，引起 t_o 减小，U_O 减小，使输出电压保持稳定。

开关型稳压电路功耗低、质量轻，其功率从几十瓦到几千瓦，目前被广泛应用。

7.5 应用与实验

7.5.1 稳压电源故障的检查

以图 7-10 为例，如果串联型稳压电路出现输出电压异常，且调节电位器 R_P 时输出电压不产生变化，就表明稳压电路工作异常，检查步骤如下。

（1）检查整流电路、滤波电路。分别测量整流电路、滤波电路的输出电压，并与正常值比较，若相差较大，则应先检查滤波电容，再检查整流二极管和变压器。在实际应用中，稳压电源的输入端通常接有熔断器。若整流电路和滤波电路输出为零，则应先检查是否安装了熔断器，熔断器是否已烧断。

（2）检查调整管。在整流电路的输出基本正常时，用万用表测量调整管集电极和发射极间的管压降 U_{CE}，如果 U_{CE} 很小，就说明调整管饱和导通或被击穿短路，造成输出电压 U_O 过高；若 U_{CE} 很大，就说明调整管截止或断路，造成输出电压 U_O 很低。在检查时应重点检查调整管。

（3）检查取样电路和基准电压。当稳压二极管的稳定电压太高时，应更换稳压二极管；如果基准电压偏低，其原因一般是稳压二极管接反或损坏。

（4）检查比较放大器。在取样电压、基准电压正常时，测量比较放大器的集电极电流和集电极电位是否符合要求；调节电位器 R_P，观察集电极电位变化是否正常，如果不正常，应对 VT_2 进行检查。

7.5.2 单相桥式整流电路和滤波电路实验

一、实验目的

（1）学会单相桥式整流电路的测试方法，分析总结电容滤波电路和 π 型 RC 滤波电路中元件参数对输出直流电压和纹波电压的影响。

（2）观察单相桥式整流电路和滤波电路中的电流和电压的波形。

二、实验原理

1．实验电路

实验电路如图 7-16 所示。

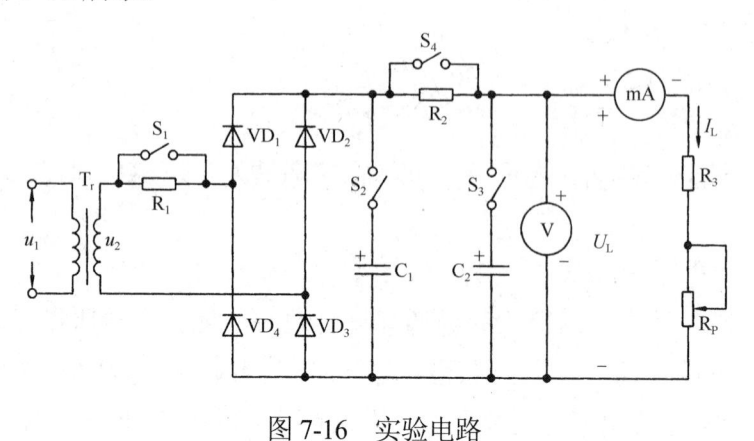

图 7-16　实验电路

元件参考数值：T_r——220V/12V，5VA；$R_1=10\Omega$；$R_2=R_3=51\Omega$；$R_{RP}=1.5k\Omega/1W$；$C_1=C_2=100\mu F/25V$；$VD_1 \sim VD_4$——2CP22×4。

2．基本原理

1）整流电路

$$U_L=0.9U_2$$

2）滤波电路

电容滤波电路：

$$U_L=1.2U_2$$

π 型 RC 滤波电路：

$$U_L=U_{L1}R_L/(R_2+R_L)$$

式中，U_{L1} 为滤波电容 C_1 上的直流电压。

三、实验仪器和器件

示波器（一台）、万用表（一只）、直流电流表（0～100mA，一只）。

四、实验内容与步骤

（1）测量单相桥式整流电路的输出电压，并观察输出波形。将电路按图 7-16 接成桥式整流电路，即闭合 S_1、S_4，断开 S_2、S_3。接上电源后，调节 R_P，测量不同负载电流 I_L 下的输出直流平均电压 U_L，并将数据记录在表 7-1 中，同时观察当 $I_L=50mA$ 时输出电压的波形，随后断开 S_1，观察 R_1 上的电压波形。

（2）测量 C_1 滤波电路、C_1、C_2 滤波电路和 π 型 RC 滤波电路的输出直流电压 U_L，观察输出电压波形与流过整流二极管的脉动电流波形。

根据不同的电路要求，将开关接到不同的位置（C_1 滤波电路为闭合 S_1、S_2、S_4，断开 S_3；C_1、C_2 滤波电路为闭合所有开关；π 型 RC 滤波电路为闭合 S_1、S_2、S_3，断开 S_4）。重复步骤（1）。

表 7-1 整流及滤波电路实验参数记录

I_L/mA	0	10	20	30	40	50	理论估算	I_L=50mA	
测试电路	输出电压 U_L/V							输出纹波电压波形	整流二极管电流波形
单相桥式整流电路									
C_1 滤波电路									
C_1、C_2 滤波电路									
π 型 RC 滤波电路									

五、实验分析和总结

（1）整理实验数据，画出单相桥式整流电路与各滤波电路的外特性曲线 $U_L=f(I_L)$。

（2）分析实验数据和纹波电压，确定哪种电路滤波效果较好？为什么？

（3）纹波电压的大小与哪些因素有关？

7.5.3 三端集成稳压器实验

一、实验目的

（1）了解三端集成稳压器的工作原理。

（2）熟悉常用三端集成稳压器，掌握其典型应用方法。

（3）掌握测试三端集成稳压器特性的方法。

二、实验原理

固定式三端集成稳压器实验电路如图 7-17 所示。

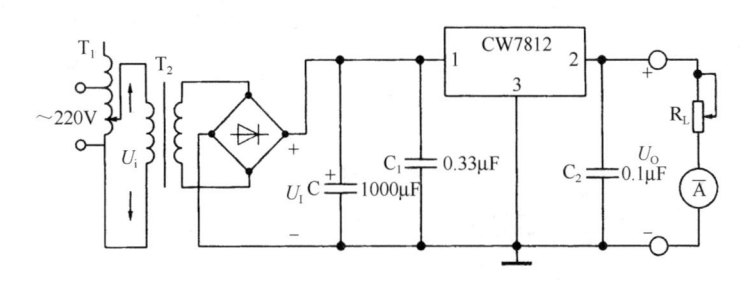

图 7-17 固定式三端集成稳压器实验电路

固定式三端集成稳压器的输入电压的选取原则是

$$U_O+(U_I-U_O)_{min}<U_I<U_{Imax}$$

式中，U_O 为固定式三端集成稳压器的固定输出电压值；U_{Imax} 为固定式三端集成稳压器的最大允许输入电压值；$(U_I-U_O)_{min}$ 为固定式三端集成稳压器允许的最小电压差，一般为 2V。

三、实验仪器和器材

调压变压器（一台）、降压变压器（一台）、万用表（一只）、可测 2A 直流电流的电流表（一只）、示波器（一台）、交流毫伏表（一台）、CW7812 等器件（若干）。

四、实验内容与步骤

（1）按如图 7-17 所示电路连接线路，检查无误后，接通电源。

（2）测量空载时的直流电压 U_I 和 U_O 的值，并将数据填到表 7-2 中。

（3）测量负载电流 I_L 变化时，输出电压 U_O 的稳定情况。调节调压变压器 T_1，使降压变

压器 T_2 的输入电压 U_i=220V，若线路正常，输出电压应为 U_O=12V。调节负载 R_L 的阻值，使负载电流 I_L 按照表 7-3 中给出的数据变化，将相应的 U_O 记入表 7-3 中。

表 7-2　空载时的直流电压 U_i 和 U_O 的值

电网交流电压	负　　载	输入电压 U_i/V	输出电压 U_O/V
220V	开路		

表 7-3　I_L 变化引起 U_O 变化的情况

I_L/A	0	0.2	0.4	0.6	0.8	1.0	1.2
U_O/V							

五、实验分析和总结

（1）整理实验数据，将实验结果与理论值进行比较。
（2）总结实验中出现的问题及解决办法。
（3）对三端集成稳压器，一般要求输入端、输出端间的电压差最少为多少才能正常工作？

思考题

稳压二极管稳压电路中若不接电阻 R，对电路有何影响？分析原因。

本章小结

(1) 在电子系统中，经常需要将交流电网电压转换为稳定的直流电压，这需要通过整流、滤波和稳压等环节实现。

(2) 整流电路是利用二极管的单向导电性将交流电转换成脉动直流电的。常用的整流电路有单相半波整流电路、单相桥式整流电路等。

(3) 为了抑制输出电压中的纹波电压，需要在整流电路后接滤波电路，以获得平滑的直流电压。滤波电路主要有电容滤波电路和电感滤波电路两大类，前者适用于负载电压较高、负载变动不大的场合，后者适用于负载电流较大且经常变化的场合。

(4) 为了保证输出直流电压不受电网电压、负载和环境温度变化的影响，还应接入稳压电路。小功率供电系统多采用串联反馈式稳压电路，中大功率稳压电源一般采用的是开关型稳压电路。由于集成稳压器具有使用方便、稳定性好、可靠性高、价格低等特点，因此被广泛应用，常用的是三端集成稳压器。

(5) 串联型稳压电路中的调整管工作在线性放大区，该电路是利用控制调整管的管压降来调整输出电压的，它是一个闭环的自动调节系统。

习题 7

7.1　整流电路的作用是什么？常见的整流电路有哪几种？各有什么特点？

7.2　单相桥式整流电路如图 7-3 所示，若电路中某一个二极管接反，会出现什么现象？

7.3　画出单相桥式整流电路的电路图。设输出电压 U_L=9V，负载电流 I_L=1A。

试求：①变压器次级交流电压有效值 U_2；②整流二极管承受的最大反向电压 U_{RM}；③流过二极管的

平均电流 I_D。

7.4 滤波电路的作用是什么？常见的滤波电路有哪几种？各有什么特点？

7.5 画出一个带硅稳压二极管稳压电路的单相桥式整流电容滤波电路，并简述稳压原理。

7.6 电路如题图 7-1 所示，设稳压二极管 $U_Z=6V$，$I_{Zmin}=5mA$，$I_{Zmax}=38mA$，且 $U_2=10V$。若负载 $R_L=1k\Omega$，试分别求出 I_R、I_L、I_Z。

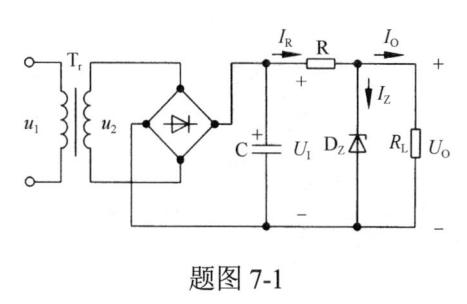

题图 7-1

7.7 串联型稳压电路由哪几部分组成？其稳压原理是什么？

7.8 题图 7-2 所示为串联型直流稳压电路。

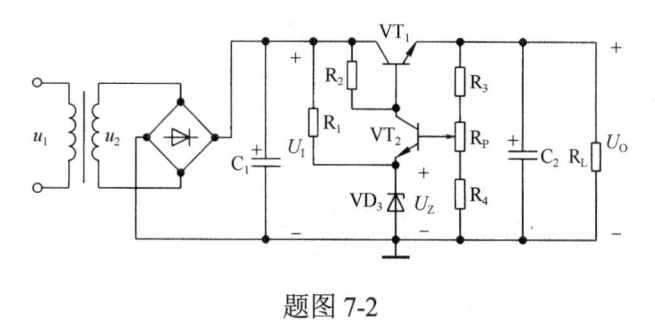

题图 7-2

（1）试分析输入电网电压下降时的输出电压的稳定过程。

（2）当 R_P 的滑动臂由上向下移动时，输出电压是增大还是减小？

7.9 画出 7800 系列三端集成稳压器的典型接线图，并说明外接元件的作用。

7.10 画出 LM317 可调式三端正输出集成稳压器的典型接线图，并说明外接元件的作用。

7.11 电路如题图 7-3 所示，合理连线，构成 5V 的直流电源。

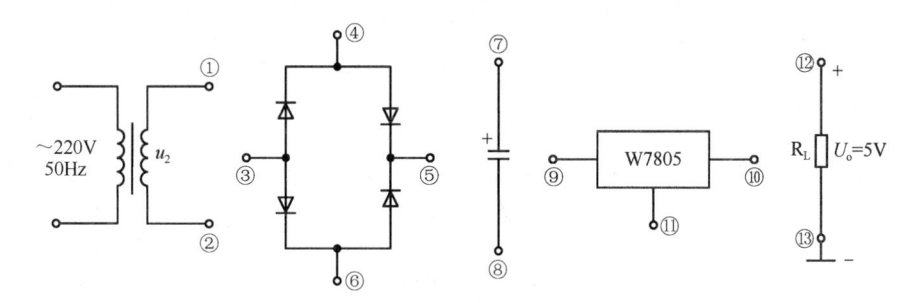

题图 7-3

7.12 开关型稳压电源中的调整管工作在何种状态？调整管是如何实现输出电压稳定的？如果输出电压偏低，经稳压电路调节后，调整管的导通时间应变长还是变短？它与调整管是 PNP 型还是 NPN 型是否有关系？

第8章 正弦波振荡电路

本章学习目标和要求
1. 了解振荡电路的功能、结构,以及产生振荡的条件。
2. 熟悉 LC 正弦波振荡电路的组成,理解电路的工作原理,会判别电路能否振荡。
3. 熟悉石英晶体振荡电路的基本形式,理解其基本工作原理。
4. 会用示波器观察振荡波形和幅度。

在本章之前讨论的各种类型的放大电路的作用是把输入信号的电压和功率放大。从能量的角度来看,它们是在输入信号的控制下,把直流电能转换成按信号规律变化的交流电能。正弦波振荡电路是一种不需要外加输入信号,通过正反馈条件下的自激振荡就能将直流电能转换为具有一定频率、一定幅度的正弦波的电路。它在电子工程、无线电技术、测量技术和工业生产中得到了广泛应用。

8.1 正弦波振荡电路的基本概念

8.1.1 产生正弦波振荡的条件

先观察一个现象:在放大电路的输入端加一个正弦波信号 x_i,在电路的输出端可以得到正弦波信号 x_o。如果通过反馈网络引入正反馈信号 x_f,使 x_f 的相位和幅度与 x_i 相同,即 $x_i=x_f$,这时,即使去掉输入信号 x_i,电路仍然能输出正弦波信号 x_o,这就是用 x_f 代替 x_i 构成振荡电路的原理。图 8-1(a)所示的放大电路在引入正反馈信号后就变成了如图 8-1(b)所示的振荡电路。

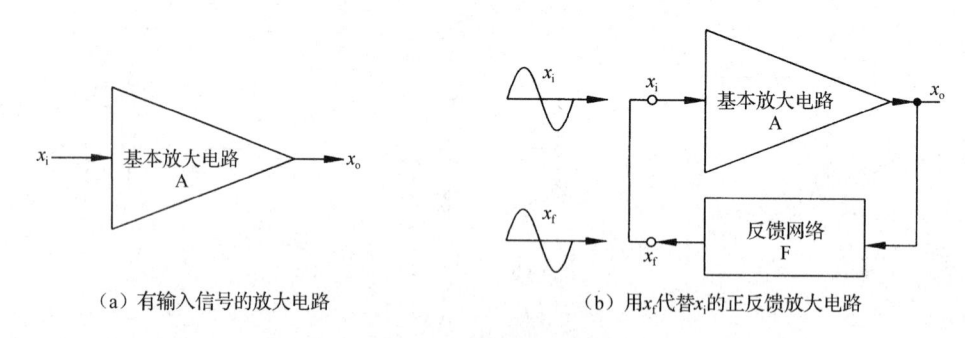

(a)有输入信号的放大电路 (b)用 x_f 代替 x_i 的正反馈放大电路

图 8-1 正弦波振荡电路方框图

如果基本放大电路 A 的放大倍数为 $|A|$,产生的相移为 φ_a;反馈网络 F 的反馈系数为 $|F|$,产生的相移为 φ_f;信号 x_i、x_o、x_f 的大小分别为 X_i、X_o、X_f,则得到

$$X_o = X_i|A|$$

$$X_f = X_o|F| = X_i|AF|$$

信号 x_i 与信号 x_f 的相位差为 $\varphi_a+\varphi_f$。

由此可得产生自激振荡的条件如下。

（1）幅度平衡条件：
$$|AF|=1 \tag{8-1}$$
这个条件要求反馈信号的幅度与输入信号的幅度相同。

（2）相位平衡条件：
$$\varphi_a+\varphi_f=2n\pi\ (n=0,\pm1,\pm2,\cdots) \tag{8-2}$$
这个条件要求反馈信号的相位与输入信号的相位相同，即电路必须满足正反馈。

8.1.2 正弦波振荡电路的组成

要产生正弦波振荡，电路结构就必须合理。一般正弦波振荡电路由以下四部分组成。

（1）放大电路。

放大电路是满足幅度平衡条件必不可少的一部分。因为在振荡过程中，必然会有能量损耗，从而导致振荡衰减。放大电路可以控制电源不断地向振荡系统提供能量，以维持等幅振荡。所以放大电路实质上是一个换能器，起补偿能量损耗的作用。

（2）正反馈网络。

正反馈网络是满足相位平衡条件必不可少的一部分，它将放大电路输出量的一部分或全部返送到输入端，完成自激任务。实质上，正反馈网络起的是能量控制作用。

（3）选频网络。

选频网络用于实现通过正反馈网络的反馈信号中只有选定的信号，使电路满足产生自激振荡的条件，而其他频率的信号因不满足自激振荡的条件而受到抑制，其目的在于使电路产生单一频率的正弦波信号。选频网络若由R、C元件组成，则称为RC正弦波振荡电路；若由L、C元件组成，则称为LC正弦波振荡电路；若由石英晶体组成，则称为石英晶体振荡电路。

（4）稳幅电路。

稳幅电路用于稳定振荡信号的振幅，可以采用热敏元器件或其他限幅电路来完成，也可以利用放大电路自身元器件的非线性来完成。为了更好地获得稳定的等幅振荡，有时还需要引入负反馈网络。

8.1.3 正弦波振荡电路的分析

通常可以采用下面的步骤来分析正弦波振荡电路的工作原理。

（1）检查电路是否具有放大电路、反馈网络、选频网络、稳幅电路。

（2）检查放大电路的静态工作点是否能保证放大电路正常工作。

（3）分析电路是否满足产生自激振荡的条件。先检查相位平衡条件，采用瞬时极性法进行判断，具体步骤如下。

在反馈网络与放大电路输入回路的连接处断开反馈，假设在放大电路输入端加入信号 x_i，根据放大电路和反馈网络的相频特性确定反馈信号的相位。如果在某一频率时，相位相同，即满足正反馈，则电路满足相位平衡条件。

幅度平衡条件一般比较容易满足，若不满足，在测试调整时可以通过改变放大电路的放

大倍数|A|或反馈系数|F|,使电路满足|AF|≥1 的幅度平衡条件,即在振荡开始时|AF|>1,在振荡稳定后|AF|=1。

实际上,只要正弦波振荡电路连接正确,接通电源后即可自行起振,并不需要加激励信号。在电源接通瞬间,电流的突变、电路上某些电量的波动,以及噪声等都会造成扰动信号的输出。这些扰动信号是由极其丰富的谐波成分组成的,其中符合产生振荡的相位条件的分量就是正弦波振荡电路的初始信号。这个初始信号虽然很微小,但是只要正弦波振荡电路满足振幅振荡条件,经过放大与正反馈的作用,它就可以迅速地由小到大建立振荡。随着信号的产生、反馈、放大,信号逐渐增强,正弦波振荡电路中的放大器件很快进入放大电路的非线性区,放大倍数下降,输出信号的继续增大受到限制,当|A|使|AF|由大于 1 变为等于 1 时,振幅趋于稳定。

思考题

8.1.1 试说明什么是振荡条件、振荡建立、振荡稳定。

8.1.2 正弦波振荡电路中为什么要有选频网络?没有它是否也能产生振荡?这时输出的是正弦波信号吗?

8.2 LC 正弦波振荡电路

LC 正弦波振荡电路采用 LC 并联谐振回路作为选频网络,它主要用来产生高频正弦波信号,振荡频率通常在 1MHz 以上。

8.2.1 LC 选频放大电路

1. LC 并联选频网络的选频特性

LC 并联选频网络如图 8-2 所示。在图 8-2 中,R 表示回路的等效损耗电阻,阻值通常较小。

LC 并联选频网络的阻抗和外加电压的频率有关,当外加电压的频率正好为 LC 并联选频网络的谐振频率 f_0 时,阻抗最大,且为纯阻性。当外加电压的频率偏离 f_0 时,LC 并联选频网络的阻抗快速下降,且呈感性或容性。LC 并联选频网络的频率特性如图 8-3 所示。

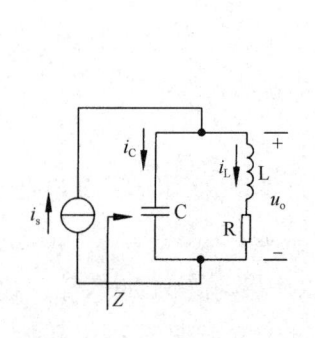

图 8-2 LC 并联选频网络

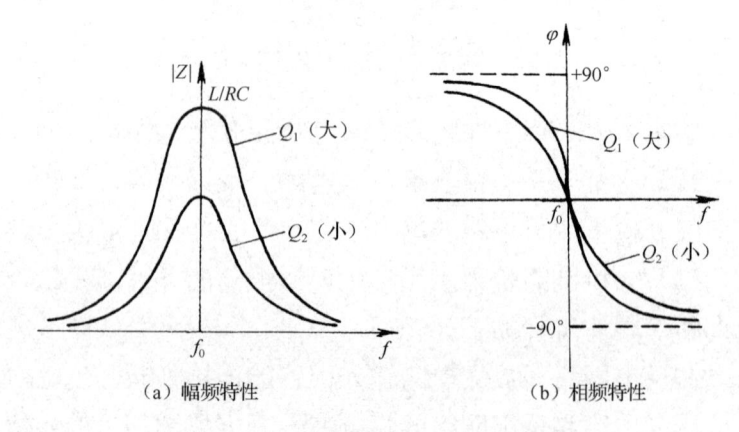

图 8-3 LC 并联选频网络的频率特性

LC 并联选频网络具有如下特点。

(1) LC 并联选频网络的谐振频率为

$$f_0 = \frac{1}{2\pi\sqrt{LC}} \tag{8-3}$$

(2) 谐振时,LC 并联选频网络的等效阻抗为纯阻性,最大值为

$$Z_0 = \frac{L}{RC} = Q\omega_0 L = \frac{Q}{\omega_0 C} \tag{8-4}$$

式中,$Q = \frac{\omega_0 L}{R} = \frac{1}{\omega_0 RC} = \frac{1}{R}\sqrt{\frac{L}{C}}$,称为电路的品质因数,是评价 LC 并联选频网络损耗的指标,Q 值越大,幅频特性曲线越尖锐,即选频特性越好,同时,谐振时的等效阻抗 Z_0 越大。

(3) 由相频特性曲线可知,当 $f > f_0$ 时,等效阻抗呈容性;当 $f < f_0$ 时,等效阻抗呈感性。

2. 选频放大电路工作原理

选频放大电路如图 8-4 所示。

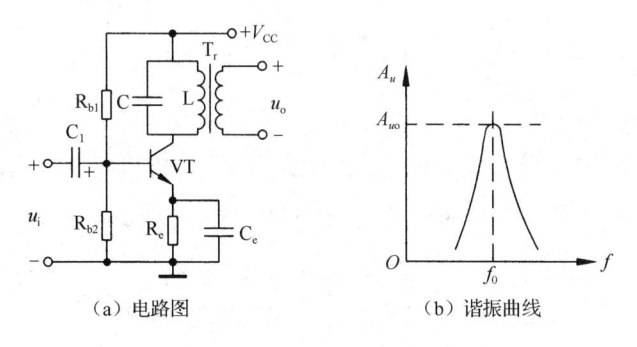

图 8-4 选频放大电路

由于 LC 并联谐振回路具有选频能力,因此在如图 8-4 所示的电路中,对于频率 $f = f_0$ 的输入信号,LC 并联谐振回路呈现最大阻抗,并联电路两端输出电压最大。对于偏离 f_0 的信号,LC 并联谐振回路呈现小阻抗,故并联电路两端输出电压很小。同时,只有在 $f = f_0$ 时,输出信号与输入信号的相移 φ_a 才为 180°。由于这种放大电路只对谐振频率为 f_0 的信号有放大作用,所以这种放大电路被称为选频放大电路。

LC 正弦波振荡电路就是在这种选频放大电路中引入正反馈的,目的是满足相位平衡条件和幅度平衡条件,以产生正弦波振荡。按引入正反馈的形式,LC 正弦波振荡电路一般可分为变压器反馈式、电感三点式和电容三点式三种基本形式的。这里只介绍电感三点式 LC 正弦波振荡电路和电容三点式 LC 正弦波振荡电路。

8.2.2 电感三点式 LC 正弦波振荡电路

1. 电路组成

电感三点式 LC 正弦波振荡电路如图 8-5 所示。由图 8-5 可知,这种电路的 LC 并联谐振回路中的电感有首端、中间抽头和尾端三个端点,其交流通路分别与放大电路的集电极、发射极(地)和基极相连,反馈信号取自电感 L_2 两端的电压,因此习惯上将这种电路称为电感三点式 LC 正弦波振荡电路或电感反馈式振荡电路。

2. 电路分析

现在分析如图 8-5 所示电路的相位平衡条件。设从反馈点 A 处断开,同时输入极性为正的 u_i 信号,由于 LC 并联谐振回路在谐振时呈纯阻性,共发射极放大电路具有倒相作用,所

以其集电极电位瞬时极性为负；又由于 2 端交流接地，所以 3 端的瞬时极性为正，即反馈信号 u_f 与输入信号 u_i 同相，满足相位平衡条件。

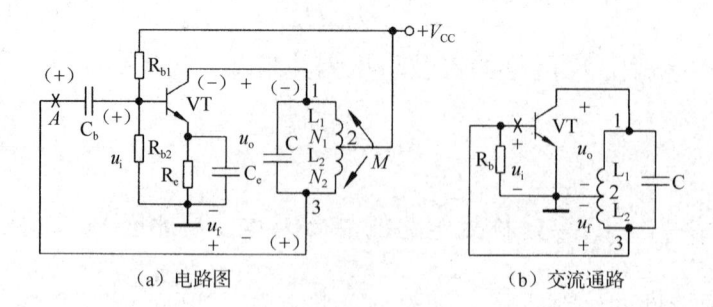

(a) 电路图　　(b) 交流通路

图 8-5　电感三点式 LC 正弦波振荡电路

对于振幅平衡条件，由于 A_u 较大，只要选取适当的 L_2/L_1 的值，就可以实现起振。加大 L_2（或减小 L_1）有利于起振。考虑到 L_1、L_2 间的互感作用，电路的振荡频率近似表示为

$$f_0 \approx \frac{1}{2\pi\sqrt{(L_1 + L_2 + 2M)C}} \tag{8-5}$$

式中，M 为 L_1 和 L_2 的互感系数。

电感三点式 LC 正弦波振荡电路的工作频率范围可从数百千赫到数十兆赫。

电感三点式 LC 正弦波振荡电路的优点是容易起振、输出电压幅度较大、改变电容可以使振荡频率在较大范围内连续可调；缺点是反馈信号 u_f 取自 L_2 两端的电压，L_2 对高次谐波（相对 f_0 而言）有大阻抗，从而会引起振荡回路输出谐波分量增大，输出波形不理想。因此电感三点式 LC 正弦波振荡电路常用于对波形要求不高的场合。

8.2.3　电容三点式 LC 正弦波振荡电路

1. 电路的组成

电容三点式 LC 正弦波振荡电路的电路图如图 8-6（a）所示，图中 L、C_1、C_2 组成 LC 并联谐振回路，反馈信号取自 C_2 两端的电压，C_b 和 C_e 为高频旁路电容。图 8-6（b）所示为电容三点式 LC 正弦波振荡电路的交流通路。由于三极管的三个电极分别与 C_1、C_2 的 3 个引出点相连，故称之为电容三点式 LC 正弦波振荡电路。

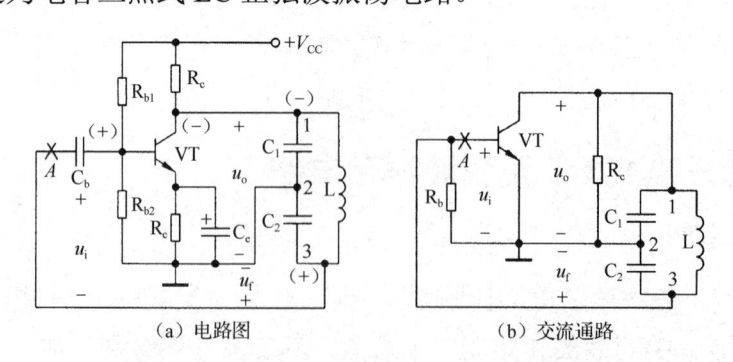

(a) 电路图　　(b) 交流通路

图 8-6　电容三点式 LC 正弦波振荡电路

2. 电路分析

电容三点式 LC 正弦波振荡电路和电感三点式 LC 正弦波振荡电路一样，都具有 LC 并联谐振电路，电容三点式 LC 正弦波振荡电路中的 C_1、C_2 中的三个端点的相位关系与电感三点式 LC 正弦波振荡电路中的相似。设从反馈点 A 处断开，同时输入极性为正的 u_i 信号，则三

极管集电极的 u_o 的极性为负,因为 2 端交流接地,所以 3 端与 1 端的电位极性相反,u_f 的极性为正,与 u_i 同相位,满足相位平衡条件。

对于振幅平衡条件,β 大的三极管和适当的 C_2/C_1 的值,有利于起振。一般 C_2/C_1 为 0.01~0.5。

电容三点式 LC 正弦波振荡电路的振荡频率可近似表示为

$$f_0 \approx \frac{1}{2\pi\sqrt{L\dfrac{C_1 C_2}{C_1 + C_2}}} \tag{8-6}$$

电容三点式 LC 正弦波振荡电路的优点是由于反馈信号取自 C_2 两端的电压,它对高次谐波有小阻抗,因此可滤除高次谐波,所以输出波形好;可以选择电容量很小的 C_1 和 C_2,因此振荡频率可以很高,一般可超过 100MHz;缺点是电容量的大小既与振荡频率有关,又与反馈量有关,也就是与起振条件有关。为了保持反馈系数 F 不变,满足起振条件,在调节频率时必须同时改变 C_1 和 C_2 的电容量,很不方便。

8.2.4 由集成运算放大器组成的 LC 正弦波振荡电路

图 8-7 所示为由集成运算放大器组成的 LC 正弦波振荡电路,图中的 LC 并联谐振回路是选频网络,R_1 和 R_2 是负反馈支路。

工作原理如下:当电源接通后,电路上某些电量的波动及噪声会使集成运算放大器输出信号,该信号经过选频网络再从集成运算放大器同相输入端输入,形成正反馈,迅速地建立振荡。R_1 和 R_2 组成负反馈支路,改变 R_2 与 R_1 的比值可以改变放大电路的放大倍数。调节 R_3 的阻值可以实现电路起振或停振,也可以改变输出信号的幅度。

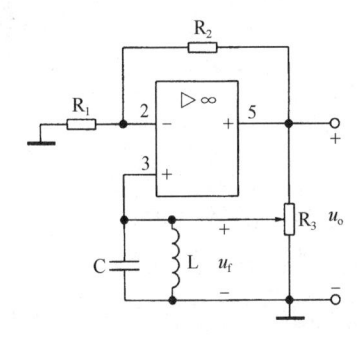

图 8-7 由集成运算放大器组成的 LC 正弦波振荡电路

8.3 石英晶体振荡电路

8.3.1 正弦波振荡电路的频率稳定问题

在工程应用中,如在实验用的产生低频信号及高频信号的电路中,往往要求正弦波振荡电路的振荡频率有一定稳定度。

振荡频率稳定度是指振荡电路在一定时间间隔(如 1 天、1 周、1 个月等)和温度下,振荡频率的相对变化量,可用下式表示:

$$S_f = \frac{\Delta f}{f_0} = \frac{|f - f_0|}{f_0} \tag{8-7}$$

式中,S_f 为振荡频率稳定度;f_0 为振荡电路标称频率;f 为经过一定时间间隔后振荡电路的实际振荡频率。S_f 越小,振荡电路的振荡频率稳定度越高。前面介绍的 LC 正弦波振荡电路的振荡频率稳定度的数量级一般小于-5。为了提高 LC 正弦波振荡电路的振荡频率稳定度,需要提高 LC 并联谐振回路的稳定性。LC 并联谐振回路的 Q 值对振荡频率稳定度有较大影响,

Q 值越大，振荡频率稳定度越高。一般 LC 正弦波振荡电路的 Q 值可达数百，在对振荡频率稳定度有很高要求的场合，往往采用由石英晶体构成的石英晶体振荡电路，它的振荡频率稳定度的数量级可达–9～–11。

8.3.2 石英晶体的基本特性与等效电路

1. 石英晶体的压电效应

石英晶体是一种各向异性的晶体。从一块石英晶体上按一定的方位切下的薄片称为晶片。在晶片的两个对应表面涂敷银并装上一对金属板，就构成了石英晶体产品。石英晶体结构如图 8-8 所示。石英晶体产品一般用金属壳封装，也有用玻璃壳封装的。

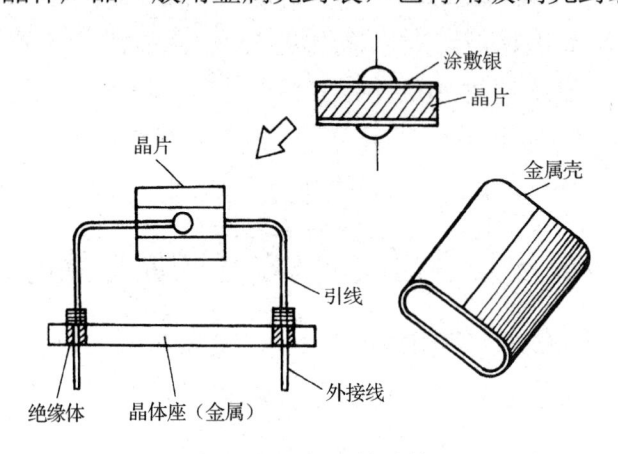

图 8-8 石英晶体结构

石英晶体之所以能作为振荡电路，是因为它具有压电效应。在晶片的两个极板间施加电场，晶体会产生机械变形；反之，在极板间施加机械力，相应的方向上会产生电场，这种现象称为压电效应。如果在极板间加的是交变电压，就会产生机械变形振动，同时机械变形振动又会产生交变电场。一般来说，这种机械变形振动的振幅是比较小的，其振动频率很稳定。但当外加交变电压的频率与晶片的固有频率（取决于晶片的尺寸）相等时，机械变形振动的幅度将急剧增加，这种现象称为压电谐振，因此石英晶体又称为石英晶体谐振器。

2. 石英晶体的符号和等效电路

石英晶体的符号和等效电路分别如图 8-9（a）和图 8-9（b）所示，其中 C_0 是以石英为介质的两个电极板间的电容，称为静态电容；L、C、R 等效它的串联特性。石英晶体的一个重要特点是具有很高的 Q 值，高达 10000～500000。例如，一个 14MHz 的石英晶体的典型参数为 L=100mH，C=0.015pF，C_0=5pF，R=100Ω，Q=25000。

由等效电路可知，石英晶体有两个谐振频率。

（1）当 R、L、C 支路发生串联谐振时，其振荡频率为

$$f_s = \frac{1}{2\pi\sqrt{LC}} \tag{8-8}$$

由于 C_0 很小，它的容抗比 R 大得多，因此串联谐振的等效阻抗近似为 R，呈纯阻性，且阻值很小。

（2）当频率高于 f_s 时，R、L、C 支路呈感性，当与 C_0 发生并联谐振时，其振荡频率为

$$f_p = \frac{1}{2\pi\sqrt{LC}}\sqrt{1+\frac{C}{C_0}} = f_s\sqrt{1+\frac{C}{C_0}} \qquad (8\text{-}9)$$

由于 $C \ll C_0$，因此 f_s 与 f_p 很接近。

图 8-9（c）所示为石英晶体的电抗—频率特性，在 f_p 与 f_s 之间呈感性，在其他区域呈容性。

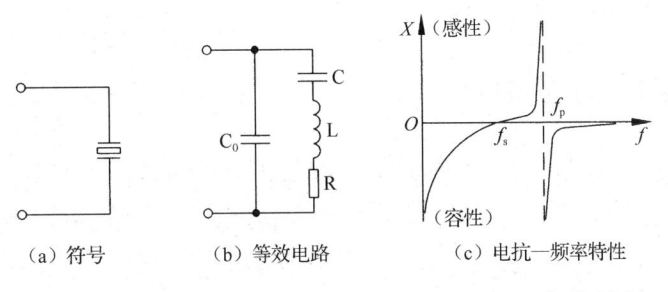

图 8-9　石英晶体的符号、等效电路与电抗—频率特性

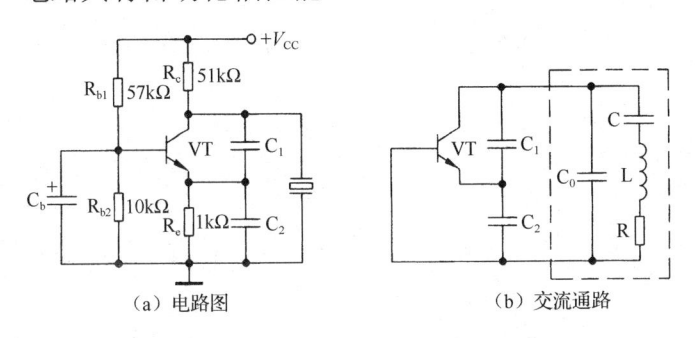

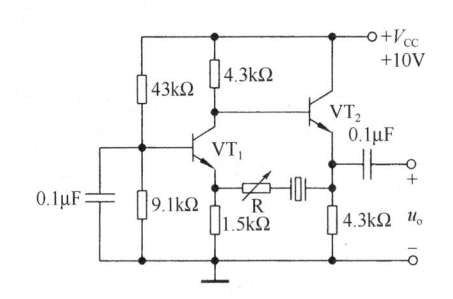

8.3.3　石英晶体振荡电路概述

石英晶体振荡电路可分为两类：一类称为并联型石英晶体振荡电路，当石英晶体工作在 f_s 和 f_p 之间时，把石英晶体作为一个电感来组成振荡电路；另一类称为串联型石英晶体振荡电路，利用石英晶体工作在 f_s 时阻抗最小的特性，把石英晶体作为反馈器件来组成振荡电路。

1. 并联型石英晶体振荡电路

图 8-10（a）所示为并联型石英晶体振荡电路的电路图。C_1、C_2 和石英晶体构成谐振回路，谐振回路的振荡频率处于 f_s 和 f_p 之间。石英晶体相当于一个电感，C_1、C_2 和石英晶体构成一个电容三点式 LC 正弦波振荡电路，它的交流通路如图 8-10（b）所示。

2. 串联型石英晶体振荡电路

图 8-11 所示为串联型石英晶体振荡电路。石英晶体接在 VT_1 和 VT_2 组成的正反馈放大电路中。当振荡频率等于 f_s 时，石英晶体的阻抗最小且为纯阻性，反馈最强，且相移为 0，电路满足自激振荡条件，振荡频率为 f_s。对于 f_s 以外的频率，石英晶体阻抗较大，且不为纯阻性，反馈较弱，相移也不为 0，不满足自激振荡条件，不产生振荡。调节 R 的阻值可改变反馈的强弱，获得良好的振荡输出。若 R 的阻值过大，则反馈量太小，电路不满足幅度平衡条件，不易产生振荡；若 R 的阻值太小，则反馈量太大，输出波形失真；若 R 为热敏电阻，则电路具有自动稳幅性能。

图 8-10　并联型石英晶体振荡电路

图 8-11　串联型石英晶体振荡电路

思考题

8.3.1 试叙述石英晶体的压电效应,并画出它的等效电路。

8.3.2 石英晶体振荡电路有何特点?适用于什么场合?

8.3.3 石英晶体在并联型石英晶体振荡电路、串联型石英晶体振荡电路中分别等效为什么元件?

8.4 应用与实验

8.4.1 振荡电路的检测与判断

(1) 振荡电路是否能正常工作,常用以下两种方法来检测。

一种方法是用示波器观察输出波形是否正常;另一种方法是用万用表的直流电压挡测量振荡三极管的 U_{BE}。如果 U_{BE} 出现反向偏置电压或小于正常放大时的数值,就用电容将正反馈信号交流接地。若 U_{BE} 回升,则可验证电路已经起振。

(2) 如果振荡电路不能正常振荡,常用以下方法进行检测。

用万用表测量放大电路的静态工作点,若静态工作点异常,则重点检查放大电路中的元器件有无损坏或连接线是否断开;若静态工作点正常,则检查是否加上正反馈,反馈信号的极性是否正确,反馈深度是否合适;若振荡电路的振荡频率出现偏差,则适当调整选频元器件的参数。

8.4.2 如何提高振荡电路的振荡频率稳定度

提高振荡电路的振荡频率稳定度,除在电路结构上采取措施(选用改进型电容三点式 LC 正弦波振荡电路或石英晶体振荡电路)外,还可以从以下几方面采取措施。

(1) 尽量降低温度的影响:将振荡放大电路与谐振元器件置于恒温环境中,采用恒温装置使其工作温度基本保持不变,采用温度系数很小的元器件。该方法一般用于要求较高的控制设备。

(2) 提高选频回路的 Q 值:选用低损耗元器件,在安装工艺上要注意消除分布电容和分布电感的影响。

(3) 减小负载对振荡电路的影响:一般采用的方法是在振荡回路与负载间加一个缓冲放大电路,这样就可以大大降低负载的变化对振荡回路的影响。

(4) 稳定电源电压:采用稳压电源供电。

(5) 密封和屏蔽谐振元器件,使之不受外界电磁场和温度变化的影响。

8.4.3 应用实例——接近开关

接近开关是一种当被测物(金属体)接近它到一定距离时,不需要接触,就能发出动作信号的电气设备。它具有反应速度快、定位精确、使用寿命长、没有机械碰撞等优点,已被广泛应用于定位控制、行程控制、自动计数、安全保护控制等方面。

图 8-12 所示为某种接近开关的电路,它由 LC 并联谐振回路、开关电路和输出电路 3 部分组成。

（1）电路组成。

LC 并联谐振回路是接近开关的主要组成部分，其中 L_2 和 C 组成选频电路，L_1 是反馈绕组，L_3 是输出绕组。L_1、L_2、L_3 绕在同一铁芯上，构成感应头（见图 8-13），固定在某物体上。反馈绕组 L_1 绕 2～3 匝，放在上层；回路绕组 L_2 绕 60～100 匝，放在下层；输出绕组 L_3 绕在 L_2 的外面，约 20 匝。电路中的 VT_2 工作在开关状态，即 VT_2 不是工作在饱和状态，就是工作在截止状态，所以组成的是一个开关电路。VT_3 组成的共集电极放大电路作为输出极，是为了提高接近开关的带负载能力。

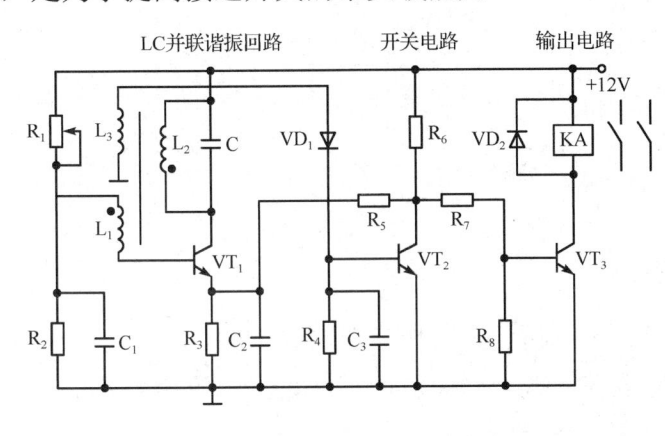

图 8-12　某种接近开关的电路

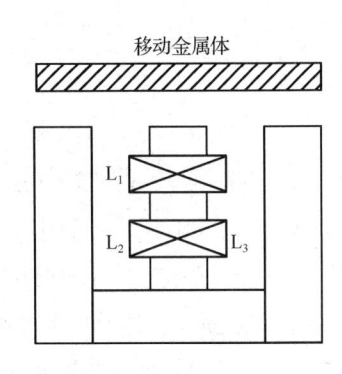

图 8-13　感应头

（2）工作原理。

当无金属体靠近开关的感应头时，LC 并联谐振回路维持振荡。L_3 输出的交流电压经 VD_1 整流和 C_3 滤波后加到 VT_2 的基极，VT_2 获得足够大的偏流，工作在饱和状态。此时，$U_{CE2} \approx 0$，VT_3 截止，接在输出端的继电器 KA 的绕组不通电。

当有金属体靠近开关的感应头时，金属体内感应产生涡流，涡流的去磁作用减弱了 L_1、L_2、L_3 间的磁耦合，L_1 上的反馈电压显著降低，振荡停止。停振后，L_3 上无交流电压输出，VT_2 截止。此时，$U_{CE2} \approx 12V$，VT_3 导通，继电器 KA 通电。通过继电器绕组的通电与否，可以控制继电器的触点接触与否，从而控制某个电路的通断。

（3）反馈电阻 R_5 的作用。

当电路停振时，VT_2 集电极电压的一部分通过 R_5 反馈到 VT_1 的发射极电阻 R_3 上，使 VT_1 的发射极电位升高，确保 LC 并联谐振回路迅速而可靠地停振。当电路起振时，$U_{CE2} \approx 0$，R_3 上无反馈电压，LC 并联谐振回路迅速恢复振荡。这样，可以加快开关的反应速度。

8.4.4　RC 正弦波振荡电路实验

一、实验目的

（1）进一步学习 RC 正弦波振荡电路的组成及振荡条件。
（2）学会测量、调试振荡电路。

二、实验原理

RC 串/并联选频网络振荡电路如图 8-14 所示。从结构上看，正弦波振荡电路是没有输入信号的、带选频网络的正反馈放大器。用 R、C 元件组成的选频网络称为 RC 正弦波振荡电路，该电路一般用来产生频率范围为 1Hz～1MHz 的信号。

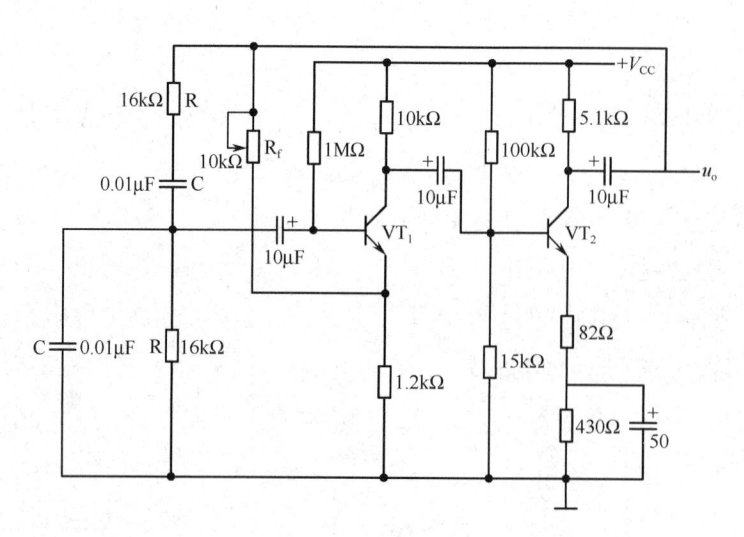

图 8-14　RC 串/并联选频网络振荡电路

三、实验内容与步骤

（1）按图 8-14 连接电路。

（2）断开 RC 串/并联选频网络，测量放大电路静态工作点及放大倍数。

（3）接通 RC 串/并联选频网络，并使电路起振，用示波器观察输出电压信号 u_o 的波形，调节 R_f 获得满意的正弦波信号，记录波形及其参数。

（4）测量振荡频率，并与计算值进行比较。

（5）改变 R 或 C，观察振荡频率变化情况。

（6）观察 RC 串/并联选频网络振荡电路的幅频特性。

将 RC 串/并联选频网络与放大电路断开，函数信号发生器产生的正弦波信号输入 RC 串/并联选频网络，保持输入电压信号的幅度不变（约为 3V），频率由低到高变化，RC 串/并联选频网络输出电压信号幅值将随之变化，当信号源达到某一频率时，RC 串/并联选频网络的输出将达到最大值（约为 1V），且输入/输出同相位，此时信号源频率为 $f_0 = \dfrac{1}{2\pi\sqrt{LC}}$。

四、实验报告

（1）由给定电路参数计算振荡频率，并与实测值比较，分析产生误差的原因。

（2）总结改变反馈深度对振荡电路起振的幅度平衡条件及输出波形的影响。

本章小结

（1）正弦波振荡电路是一种非线性电路。正弦波振荡电路由放大电路、正反馈网络、选频网络和稳幅电路组成。要得到一个较稳定的正弦波信号，振荡电路在直流偏置合理的前提下，必须满足产生振荡的振幅平衡条件和相位平衡条件。

（2）LC 正弦波振荡电路可产生频率很高的正弦波，它有变压器反馈式、电感三点式和电容三点式三种基本形式。在回路 Q 值很高时，LC 正弦波振荡电路的振荡频率 $f_0 \approx 1/(2\pi\sqrt{LC})$。

（3）石英晶体振荡电路利用石英晶体的压电效应来选频，和 LC 正弦波振荡电路相比，其 Q 值要高得多，主要用于对振荡频率稳定度要求很高的场合。石英晶体振荡电路有串联型和并联型两类。

习题 8

8.1 振荡电路和放大电路有什么区别？

8.2 产生振荡的两个条件是什么？为什么不能只满足其中一个条件？

8.3 正弦波振荡电路由哪些部分组成？各有什么作用？

8.4 根据振荡电路的平衡条件判断如题图 8-1 所示的电路能否起振。

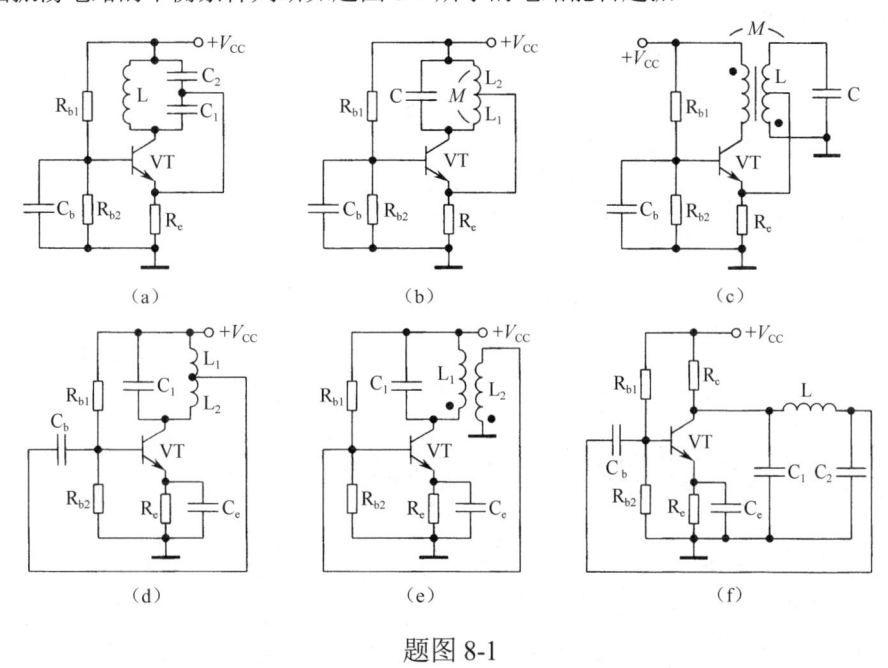

题图 8-1

8.5 试分别比较电感三点式 LC 正弦波振荡电路和电容三点式 LC 正弦波振荡电路的结构和性能特点。

8.6 在如题图 8-2 所示的振荡电路中，$C_1=C_2=500pF$，$L=2mH$，试求：

（1）该电路的振荡周期。

（2）该电路的名称。

8.7 正弦波振荡电路如题图 8-3 所示，设 $L=10mH$，$C=0.01\mu F$，$R_1=5k\Omega$，$R_2=100k\Omega$，$R_3=10k\Omega$。求：

（1）振荡频率 f_0。

（2）能够产生振荡的 R 的最小值（R_{min}）。

8.8 石英晶体的特点是什么？画出石英晶体的等效电路和电抗—频率特性。

8.9 电路如题图 8-4 所示，试问：

（1）用相位平衡条件判断能否产生正弦波振荡。

（2）该电路是串联型石英晶体振荡电路，还是并联型石英晶体振荡电路？

（3）分析电容 C 的作用。

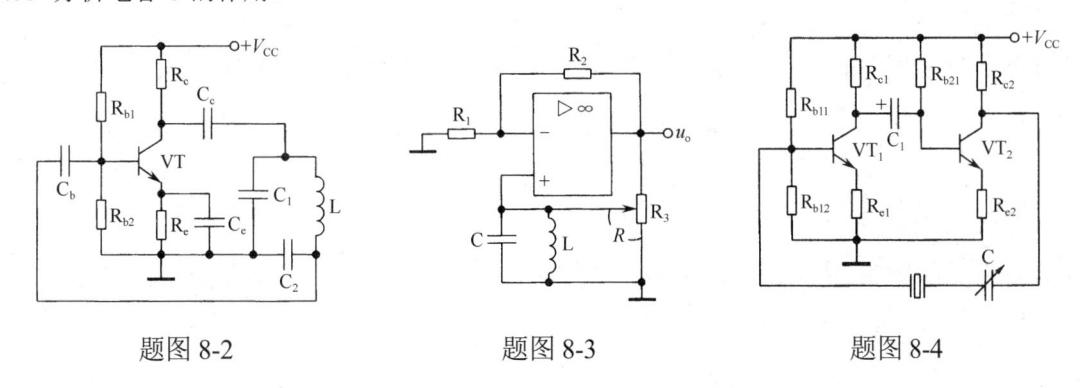

题图 8-2　　题图 8-3　　题图 8-4

第 9 章　高频小信号调谐放大器

本章学习目标和要求
1. 解释无线电信号传输的基本原理。
2. 叙述小信号调谐放大器的组成及工作原理。
3. 分析集成中频放大器的应用实例。
4. 学会使用有关仪器测试宽带放大器、调谐放大器的参数。

本章对无线通信系统组成和无线电波段的划分进行了概述，重点概括了发射机和接收机的组成及各组成部分的作用，目的是让大家在开始学习模拟电子线路高频部分时对其主要内容及相互之间的关系有所了解，为后面内容的学习打下基础。

9.1　无线电信号传输的基本原理

无线电通信的任务是利用电磁波将各种电信号由发送端传送到接收端，以达到传递信息的目的。例如，无线电广播（无线电广播包括声音广播和电视广播）是将载有声音或图像的电信号，利用电磁波从电台传送给远方的听众或观众。这里我们将遇到两个问题：一是什么叫电信号，人们怎样把声音或图像转变成能够代表它们的电信号？二是人们如何利用电磁波将电信号传向远方？下面，我们先讨论电信号。

9.1.1　电信号的传送

人耳能听到的声音的频率为 20Hz～20kHz，通常称之为音频。这样的声音在空气中的传播速度约为 340m/s，而且衰减很快。一个人无论怎样用力叫喊，他的声音都不会传得很远。为了把声音传送到远方，常用的方法是先将声音转变为电信号，再设法把电信号传送出去。将声音转变为电信号的装置一般为话筒。当人对着话筒讲话时，话筒就会输出与声音对应的电压或电流。

与声音的传输类似，要把一幅图像传送到远方，应先将它转变为电信号，再设法传送出去。将图像转变为电信号的任务一般由摄像机承担，摄像机在对准活动的图像时可以输出与图像对应的电压或电流。

要将电信号传送到远方，一般有两种方法：一种方法是架设电线或电缆，这种方法的成本较高；另一种方法是利用电磁波来传送信号，实现无线传送。

9.1.2　电磁波

麦克斯韦的电磁波理论证明，电磁波的传播具有方向性，任何形式的电磁波在真空中的传播速度都是 $c=3\times10^8$m/s。

电磁波在一个振荡周期内传播的距离叫作波长，用λ表示，波长与速度的关系为

$$\lambda = c \cdot T \text{ 或 } \lambda = \frac{c}{f} \tag{9-1}$$

式中，T 为振荡周期，单位为 s；f 为振荡频率，单位为 Hz。

电磁波的另一个重要性质是具有能量。电磁波所具有的能量在传播过程中会逐渐衰减，不过它在空气中衰减得很慢，因此能传播到很远的地方。

为了有效地将电磁波传播出去，必须使用天线。对电磁波发射的进一步研究表明，只有当天线尺寸和电磁波波长的数量级相同时，电磁波才能被有效地传播出去。例如，20kHz 的声音的波长为 $\lambda = \frac{c}{f} = \frac{3 \times 10^8}{20 \times 10^3} = 1.5 \times 10^4 \text{m}$，即 15km，要制造出与该尺寸数量级相同的天线是不可能的。即使将该声音传播出去，但因为各个电台传播出的信号在同一频率范围内，它们在空中混在一起，所以接收者无法选择接收。为了传送电信号，需要采用一种新的方法——调制。

9.1.3 调制

要想让电磁波有效地传播，需要利用频率更高（波长更短）的电磁振荡，先设法将需要传送的信号"装载"到这种高频信号上，然后利用天线将这种信号辐射出去。这样天线尺寸就可以比较小，不同的广播电台采用不同的高频载波频率，即可实现各辐射信号互不干扰。将待传送信号"装载"在高频信号上的过程，或者说用传送信号控制等幅高频信号的过程称为调制。

调制可以分为几类。若被调制的是高频信号的振幅，则称之为幅度调制，简称调幅；若被调制的是高频信号的频率或相位，则称之为频率调制或相位调制，简称调频或调相。经过调制的高频载波信号称为已调波，由于它的频率很高，因此可以用尺寸较小的天线辐射到空间中。由此可见，等幅高频载波信号实际上起着运载被传送信号的作用，无线电技术中常称之为载波。被传送的信号起着调制载波的作用，称为调制信号。

通过上面讨论可知，要传送某一信号（以声音为例），就要将此信号通过声—电转换设备转换成电信号，电信号在经过调制后由天线发送出去。

9.1.4 广播/电视发送系统

图 9-1 所示为广播发送系统的组成框图，它包括四部分：一是声音的转换与放大部分，此部分工作频率较低，称为"低频部分"；二是高频载波信号的产生、放大与调制部分，称为"高频部分"；三是传输线与发射天线；四是电源部分（图中未标出）。

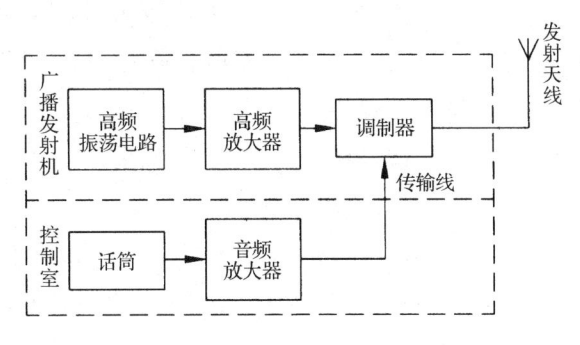

图 9-1 广播发送系统的组成框图

图 9-2 所示为电视发送系统的组成框图，它与广播发送系统的组成框图基本相同，二者的差别在于，电视发射系统除了要发射已调的声音信号，还要发射已调的图像信号。

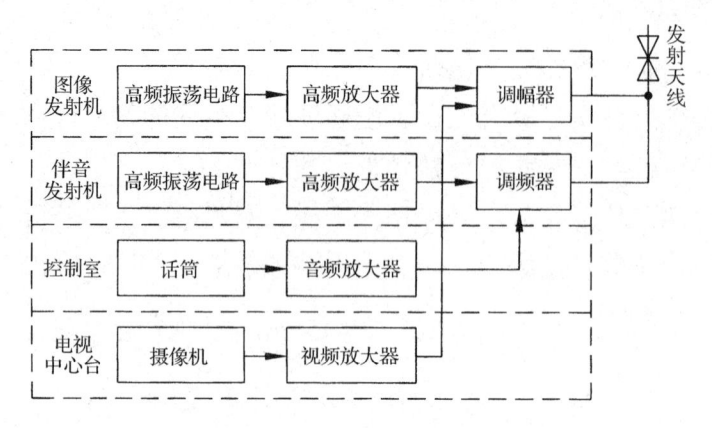

图 9-2 电视发送系统的组成框图

9.1.5 接收无线电广播的主要过程

接收是发送的逆过程，它的基本任务是接收空间中传送的高频已调信号，并将其还原成调制信号。这种还原过程称为解调，完成这一功能的部件称为解调器。

收集空间中传送来的电磁波的任务是由接收天线完成的。接收天线接收到的信号中包含空间中混合在一起的若干个不同的电磁波信号，而我们需要的只是这若干个信号中的某一个。这就需要在接收天线后面接一个选择性电路，把要接收的无线电信号挑选出来，并滤除不需要的信号，以免产生干扰。选择性电路通常是由电感和电容构成的具有选择性的谐振回路组成的。但是，接收天线接收到的无线电信号非常微弱，一般只有几十微伏到几毫伏，这样的信号不适合直接送到解调器解调。因此通常在选择性电路后面接一个高频放大器，对已调的高频信号进行放大，以使信号强度满足解调器的要求。经解调器解调的调制信号的功率通常较低，若想让该信号推动功率较大的扬声器工作，需要在解调器后面接一个音频放大器。带有高频放大器的收音机简称高放式收音机，其组成框图如图 9-3 所示。

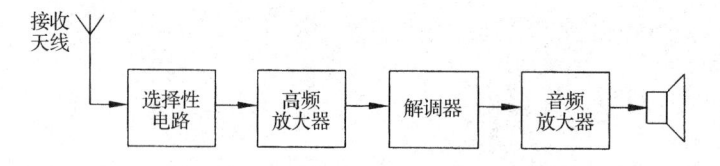

图 9-3 高放式收音机的组成框图

高放式收音机的缺点是选择性不好、调谐复杂，这是因为高频放大器要把接收天线接收的只有几十微伏到几毫伏的信号放大到几百毫伏，需要放大几百至几万倍，这需要通过多级放大才能实现。而每一级放大都需要有一个 LC 并联谐振回路。当改变接收的信号时，收音机中的所有 LC 并联谐振回路都要重新调谐，很不方便，也很难保证每次调谐后选择性和通频带的一致性。为了克服这一缺点，现在的收音机几乎都采用超外差式线路，其组成框图如图 9-4 所示。

超外差式线路的主要特点是把接收到的已调高频信号的载波频率先变为较低的固定的中间频率（简称中频），然后利用中频放大器放大，再进行解调。把高频已调信号的载波频率降为中频的任务是由混频器完成的。

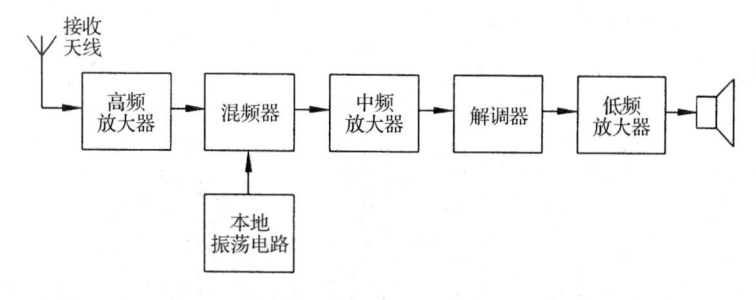

图 9-4　超外差式收音机的组成框图

从图 9-4 中可以看出，为了产生混频作用需要外加一个信号，这个信号通常叫作外差信号，产生外差信号的部件叫作外差振荡电路或本地振荡电路，简称本振。设本振信号频率为 f_l，高频调制的载波频率为 f_c，则中频信号载波频率为 $f_g=f_l-f_c$。f_g 比 f_c 低，但比解调后的信号频率高，所以被称为中频。中频信号经中频放大器放大后，再进行解调。超外差式收音机的优点是变频后的中频载波信号的频率是固定的，中频放大器的调谐回路在选台时不需要进行调整，通频带容易做得宽，中频放大倍数可以做得相对较高，有利于提高整机放大倍数。

9.2　小信号调谐放大器

高频小信号调谐放大器被广泛用于广播、电视、通信、雷达等接收设备中，其主要功能是从接收的众多电信号中选出有用信号并进行放大，同时对其他无用信号、干扰、噪声等进行抑制，以提高信号的质量和电路的抗干扰能力。

采用具有谐振性质的元器件（如 LC 并联谐振回路）作为负载的放大器称为谐振放大器，又称调谐放大器，在无线接收系统中常用作中频放大器。小信号调谐放大器不仅具有放大作用，还具有选频作用，其作为负载具有谐振特性，因此应用非常广泛。

小信号调谐放大器有分散选频和集中选频两大类。分散选频的小信号调谐放大器的每级放大器都接入谐振负载，为分立器件电路；而集中选频的小信号调谐放大器都为集成宽带放大器，且谐振负载多为集中滤波器。

分散选频的小信号调谐放大器根据负载选频网络的不同特点，可分为单调谐放大器和双调谐放大器。

9.2.1　单调谐放大器

单调谐放大器回路如图 9-5（a）所示，其交流等效电路如图 9-5（b）所示。R_{b1}、R_{b2}、R_e 组成了分压偏置放大器；C_b、C_e 为高频旁路电容；L 和 C 组成了 LC 并联谐振回路，其谐振频率应为输入信号频率（理想状态下）；Z_L 为负载阻抗。单调谐放大器的工作过程是这样的：输入信号经变压器 T_1 加在三极管的基极和发射极之间，使三极管产生电流 i_b，由于三极管本身具有电流放大作用，所以会产生较大的集电极电流 i_c，当谐振回路调谐在输入信号频率时，回路两端出现最高的谐振电压，这个电压经变压器 T_2 耦合到负载阻抗 Z_L 上，从而使负载得到较大的功率或电压。

调谐放大器的技术指标除了放大倍数，还有通频带和选择性。单调谐放大器的通频带和选择性与理想谐振曲线的通频带和选择性相差很大,所以单调谐放大器只能用于对通频带和选择性要求不高的场合。

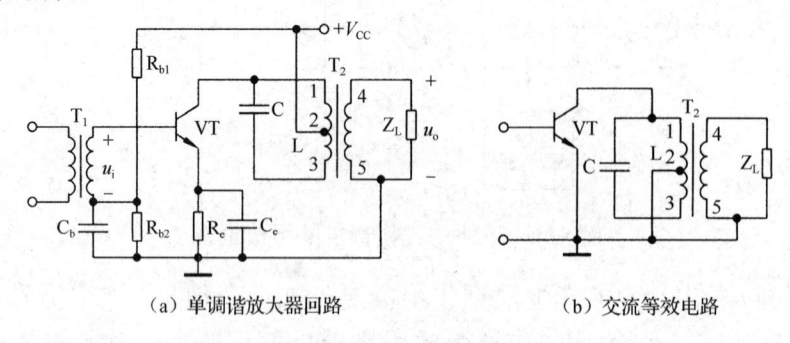

(a) 单调谐放大器回路

(b) 交流等效电路

图 9-5 单调谐放大器

9.2.2 双调谐放大器

双调谐放大器一般有互感耦合和电容耦合两种形式,如图 9-6 所示。图 9-6(a)所示为互感耦合双调谐放大器,它与单调谐放大器的不同之处在于,用由 L_2、C_2 组成的 L_2C_2 并联谐振回路来代替单调谐放大器的次级线圈。初级线圈和次级线圈之间采用互感耦合,改变 L_1 与 L_2 之间的距离或磁芯位置,就可以改变它们的耦合程度。图 9-6(b)所示为电容耦合双调谐放大器,它通过外接电容 C_k 来改变两个调谐回路之间的耦合程度。

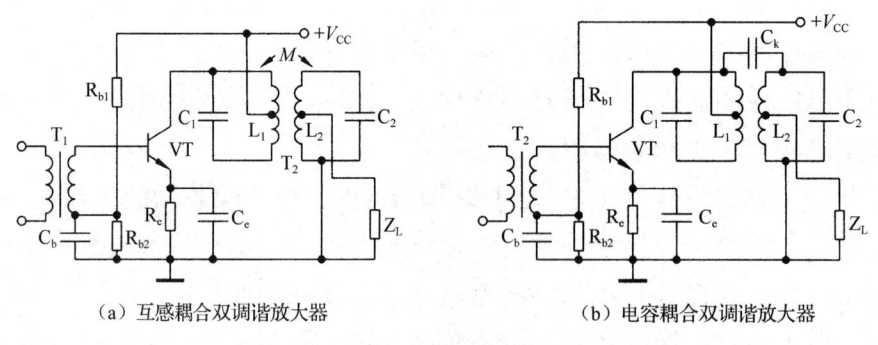

(a) 互感耦合双调谐放大器

(b) 电容耦合双调谐放大器

图 9-6 双调谐放大器

下面以互感耦合双调谐放大器为例来说明双调谐放大器的工作原理。设 L_1 和 C_1 组成的调谐回路与 L_2 和 C_2 组成的 L_2C_2 并联谐振回路都调谐在输入信号频率上。当输入信号经变压器 T_1 加在三极管的基极和发射极之间时,三极管产生电流 i_b,由于三极管本身具有电流放大作用,所以会产生较大的集电极电流 i_c,i_c 经过 L_1C_1 并联谐振回路,产生并联谐振。此时,由于互感耦合的作用,L_1 中的电流在 L_2 上感应出了一个电动势。同时,由于 L_2C_2 并联谐振回路与输入信号的频率相匹配,产生了谐振效应,从而使得次级回路能够输出最大的电压,并将这一电压加在负载 Z_L 上。

适当地选择回路之间的耦合程度,可以使双调谐放大器的谐振曲线较为理想。双调谐放大器的谐振曲线如图 9-7 所示。通过理论分析可知,当耦合较松时,谐振曲线为单峰,如图 9-7(a)所示。当耦合较紧时,谐振曲线为对称于中心频率 f_0 的双峰,如图 9-7(c)所示,双峰之间的频率间隔及下凹的深度与耦合程度有关,耦合愈紧,双峰之间的频率间隔和下凹深度愈大。当双调谐放大器工作在临界耦合状态时,谐振曲线为单峰,如图 9-7(b)所示,这时有较宽的通频带和较好的选择性(与理想情况比较接近)。双调谐放大器通常工作在临界耦合状态。

(a) 松耦合　　　　　　　(b) 临界耦合　　　　　　(c) 紧耦合

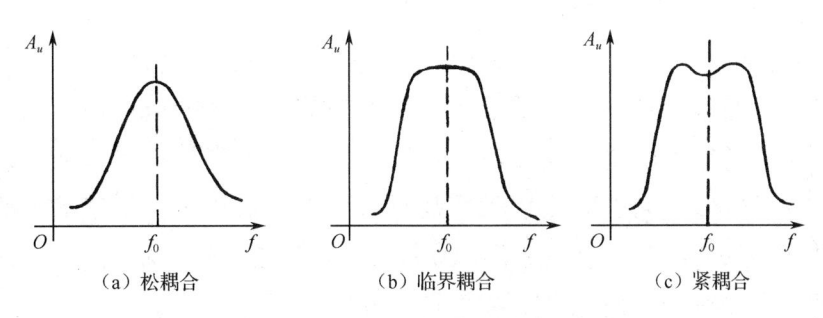

图 9-7　双调谐放大器的谐振曲线

9.3　集成中频放大器

分散选频的小信号调谐放大器在组成多级放大器时，线路比较复杂，调试不方便，稳定性不高，可靠性较差，尤其是不能满足某些特殊频率特性的要求。随着电子技术的不断发展，出现了集中滤波和集中放大相结合的小信号调谐放大器，即集中选频放大器，这种放大器多用于放大中频信号，故常称为集成中频放大器。

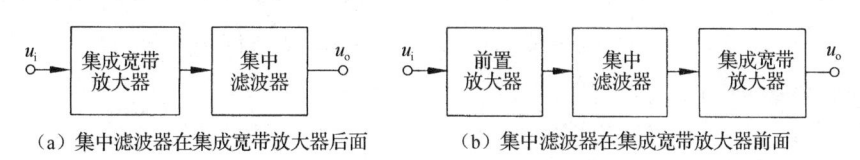

9.3.1　集成中频放大器的组成

集成中频放大器是由集成宽带放大器和集中滤波器组成的，其组成框图如图 9-8 所示。集成中频放大器有两种形式——集中滤波器在集成宽带放大器后面和集中滤波器在集成宽带放大器前面。无论哪种类型的集成中频放大器，其集成宽带放大器的频带都应比被放大信号的频带和集中滤波器的频带宽。

(a) 集中滤波器在集成宽带放大器后面　　　(b) 集中滤波器在集成宽带放大器前面

图 9-8　集成中频放大器的组成框图

9.3.2　集成宽带放大器

1. 集成宽带放大器的主要特点

集成宽带放大器的被放大的信号频率很高、频带很宽，与低频放大器和调谐放大器相比有如下不同之处。

（1）三极管应采用 f_T（特征频率）很高的高频管，在分析电路时必须考虑三极管的高频特性。

（2）对电路的技术指标要求高。集成宽带放大器要满足一定的放大倍数要求，但放大倍数和带宽的要求往往是矛盾的。

（3）负载为非谐振的。由于谐振回路带宽较窄，所以集成宽带放大器不能选择谐振回路作为负载，也就是它的负载只能是非谐振的。

2. 扩展放大器通频带的方法

要得到频带较宽的放大器，必须采用 f_T 足够高的三极管，在这样的条件下，就要采用不同的方法来提高放大器的上限截止频率。常用的方法有组合电路法、负反馈法等。

(1) 组合电路法。

各种不同组态的电路具有不同的特点。共发射极放大电路的电压放大倍数最高，而上限截止频率最低；共基极放大电路的电流放大倍数最低，而上限截止频率较高；共集电极放大电路的电压放大倍数最低，而上限截止频率最高。如果我们将不同组态的电路合理地混合连接（组合），就可以提高放大器的上限截止频率，扩展其通频带，这种方法称为组合电路法。常用的组合电路有共发射—共基组合和共集电—共发射组合。

(2) 负反馈法。

引入负反馈可扩展放大器的通频带，而且反馈越深，通频带扩展得越宽。利用负反馈法来扩展放大器的通频带被广泛应用。常用的负反馈法有引入单级负反馈和引入级间负反馈。注意在多级放大器中，每一级放大器在引入负反馈时，要适当安排前级、后级的负反馈。

3．集成宽带放大器概述

随着电子技术的发展，宽带放大器已实现集成化。集成宽带放大器具有性能优良、使用方便的特点，已得到广泛应用。对于集成宽带放大器的具体应用因篇幅有限这里不再赘述，读者可参阅有关资料进行了解。

9.3.3　陶瓷滤波器

陶瓷滤波器是采用具有压电效应的陶瓷材料制成的一种谐振器件，它具有选频特性，在使有用的频率信号通过的同时能抑制（或大为衰减）无用的频率信号，在各种电子电路中广泛用于处理信号、传送数据、抑制干扰等。

陶瓷滤波器具有体积小、造价低、无须调试、插入损耗小、通频带宽、选择性好、幅频特性和相频特性好、性能稳定可靠等优点。生活中常用的收音机、电视机、录像机、手机等电子产品都有陶瓷滤波器的"身影"。

1．外形和种类

陶瓷滤波器大都采用的是塑壳封装，少数产品采用的是金属壳封装，其外形如图 9-9 所示。陶瓷滤波器符号如图 9-10 所示。

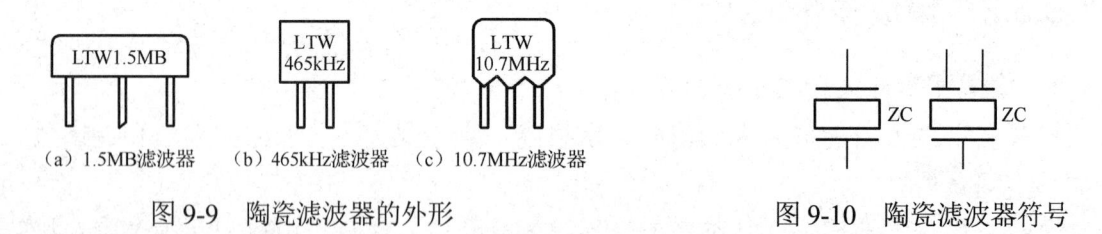

(a) 1.5MB滤波器　(b) 465kHz滤波器　(c) 10.7MHz滤波器

图 9-9　陶瓷滤波器的外形　　　　　图 9-10　陶瓷滤波器符号

陶瓷滤波器按幅频特性分为带阻滤波器（又称陷波器）、带通滤波器（又称滤波器），主要用在选频网络、中频调谐、鉴频和滤波等电路中，用于实现分隔不同频率电流的目的，具有 Q 值高，幅频、相频特性好，体积小，信噪比高等特点。目前，陶瓷滤波器的结构有二端型和三端型两大类。

电视常用的带通滤波器型号有 LT5.5M、LT6.5M、LT6.5MA、LT6.5MB，常用的带阻滤波器型号有 XT4.43M、XT5.5MA、XT5.5MB、XT6.0MA、XT6.0MB、XT6.5MA、XT6.5MB 等；调频立体声收录机常用的 10.7MHz 带通滤波器有 LT10.7MA、LT10.7MB、LT10.7MC 等；调幅收音机常用的中频滤波器有 LT455、LT465 等。

2．主要参数

反映陶瓷滤波器产品性能的主要参数有标称频率、通带带宽、插入损耗、陷波深度、失真度、谐振阻抗、匹配阻抗等。需要指出的是，对不同功能的陶瓷滤波器来讲，标称频率的称呼有所不同，如对于带通滤波器，称为中心频率或标称中心频率；对于带阻滤波器，称为陷波频率。

3．简单检测

可用万用表来检测陶瓷滤波器的质量，具体方法如下。

（1）将万用表置于 R×10k 挡。

（2）用红表笔、黑表笔分别测二端陶瓷滤波器或三端陶瓷滤波器任意两个引脚之间的正向电阻和反向电阻，均应为∞。若测得阻值较小或为 0Ω，则可判定该陶瓷滤波器已损坏。需要说明的是，测得正向电阻和反向电阻均为∞并不能完全确定该陶瓷滤波器完好，在条件允许的情况下可用代换法进行验证。

9.3.4 声表面波滤波器

声表面波滤波器具有工作频率高、通频带宽、选频特性好、体积小等优点，并且制造工艺简单（可以采用与集成电路相同的生产工艺制造）、成本低、频率特性的一致性较好，被广泛应用于各种电子设备中。

声表面波滤波器的结构示意图和符号如图 9-11 所示。声表面波滤波器以石英、钽酸锂或铌酸锂等压电晶体为压电基片，在将压电基片表面抛光后蒸发一层金属膜，通过光刻工艺制成两组具有能量转换功能的叉指型的金属电极，分别称为输入叉指换能器和输出叉指换能器。当输入叉指换能器接交流电压信号时，压电基片表面会产生振动，并激发出与外加信号频率相同的声波，此声波主要沿着压电基片的表面在与叉指换能器垂直的方向传播，称为声表面波。其中一个方向的声波被吸声材料吸收，另一个方向的声波传送到输出叉指换能器，在被转换成电信号后输出。

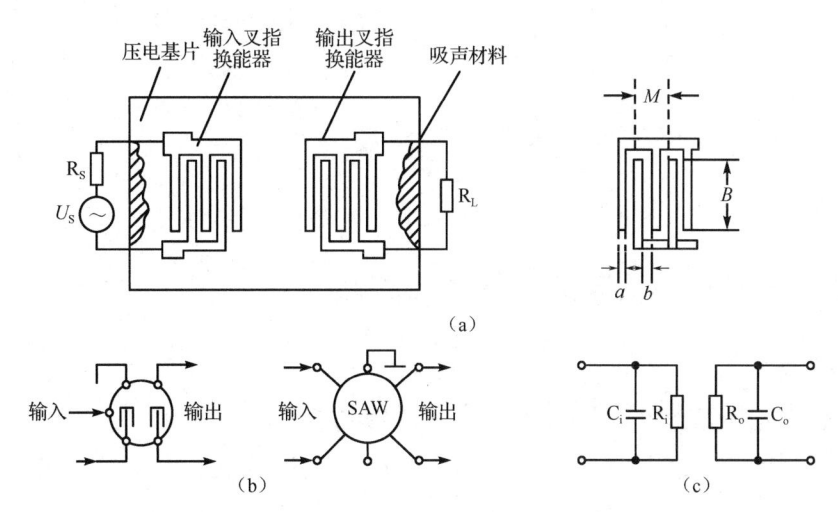

图 9-11 声表面波滤波器的结构示意图和符号

在声表面波滤波器中，信号经过电—声—电两次转换。基于压电基片的压电效应，叉指换能器具有选频特性。两个叉指换能器的共同作用使得声表面波滤波器具有较理想的选频特性。声表面波滤波器的中心频率、通频带等性能与压电基片的材料及叉指换能器的指条数目、疏密、宽度、长度等有关。

为了满足对信号的选择性要求,声表面波滤波器在接入实际电路时必须实现良好的匹配。图 9-12 所示为一个接有声表面波滤波器的预中放电路,声表面波滤波器输出端与一个宽带放大器相接。

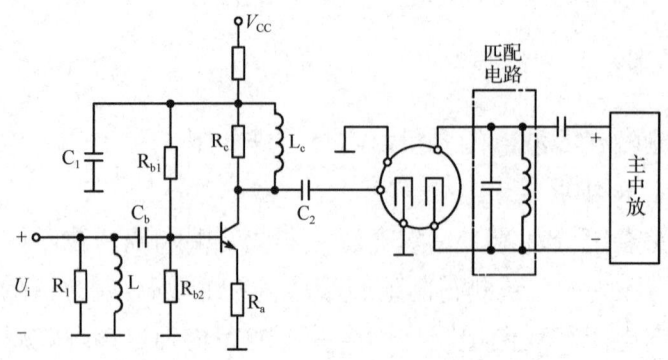

图 9-12　一个接有声表面波滤波器的预中放电路

9.4　应用与仿真实验

9.4.1　集成中频放大器的实例

图 9-13 所示为由 L1590 组成的集成中频放大器,其中 C_4 和 C_5 对高频交流电而言相当于短路;L_1C_1 并联谐振回路为输入端的单调谐回路,L_2C_2 并联谐振回路和 L_3C_3 并联谐振回路组成输出端的互感耦合双调谐回路,它们均调谐在信号中心频率上,起选择中频的作用;L_4、C_6 和 C_7 为 π 型滤波器,对 +12V 电源进行滤波;R 可降低 L_1C_1 并联谐振回路的 Q 值,展宽其频带。

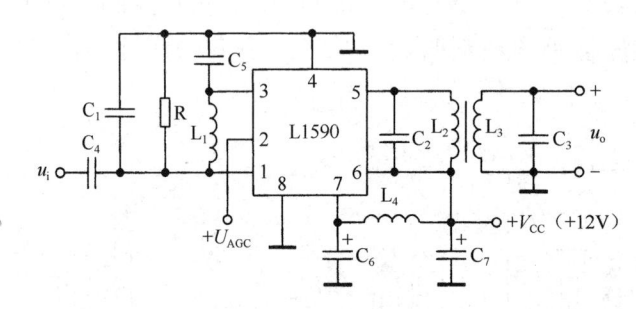

图 9-13　由 L1590 组成的集成中频放大器

9.4.2　高频小信号调谐放大器仿真实验

一、实验目的

(1) 熟练使用电路仿真软件对高频电路进行仿真。
(2) 通过实验辨认高频小信号调谐放大器的电路结构并检验其工作原理。
(3) 探究谐振器件的参数对高频小信号调谐放大器放大倍数的影响。
(4) 观察并分析高频小信号调谐放大器的幅频特性曲线。

二、实验步骤

(1) 在 Multisim 软件环境中绘制如图 9-14 所示电路图,注意元器件标号和各个元器件参数的设置。

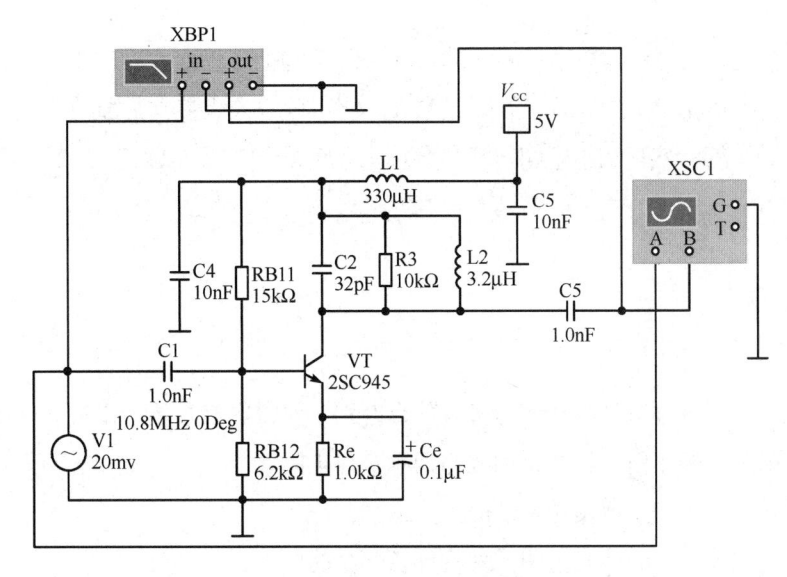

图 9-14 高频小信号调谐放大器

（2）双击图 9-14 中的示波器 XSC1，对示波器进行参数设置。

（3）双击图 9-14 中的波特图仪 XBP1，对波特图仪进行参数设置。

（4）打开仿真开关，观察各种待测波形。

（5）改变 C2 或 L2 的参数值，重新仿真，比较波形的异同。

三、说明

（1）图 9-14 中的 RB11、RB12 是高频小信号调谐放大器的偏置电阻，Re 是直流负反馈电阻，Ce 是旁路电容，它们起稳定高频小信号调谐放大器静态工作点的作用；L2、R3、C2 组成并联谐振回路，与 VT 共同起选频放大作用，R3 的作用是降低高频小信号调谐放大器输出端调谐回路的 Q 值，以扩展高频小信号调谐放大器的通频带。

（2）如果改变图 9-14 中的 C2 或 L2 的参数值，那么并联谐振回路的谐振频率会偏离高频小信号调谐放大器的工作频率，高频小信号调谐放大器的放大倍数会降低，输出波形的幅值会明显减小。

四、实验要求

（1）按照以上步骤绘制电路图，并正确设置元器件和仪器仪表的参数。

（2）仿真出正确的波形，明白波形的含义。

（3）在熟悉电路工作原理的基础上，改变部分元器件的值，并设计表格，将结果填入其中，比较仿真结果的异同。

（4）保存仿真结果，并完成实验报告。

本章小结

（1）本章先简明扼要地介绍了无线电信号传输的基本原理，目的是让读者对无线电信号的发送与接收有所了解，为后面内容的学习打下基础。

（2）小信号调谐放大器是一种典型的窄带放大器，它是由放大电路和谐振负载组成的，具有选频功能。谐振负载有选频回路、陶瓷滤波器、声表面波滤波器等。

（3）小信号调谐放大器有分散选频和集中选频两大类。分散选频的小信号调谐放大器可分为单调谐放大器或双调谐放大器，后者性能较好，但调试麻烦。集中选频的小信号调谐放大器由集成宽带放大器和集中滤波器组成，应用非常广泛。其中集成宽带放大器具有放大倍数大、通频带宽的性能。一般提高放大器的上限截止频率的方法有组合电路法和负反馈法。随着集成技术的不断发展，集成中频放大器得到越来越广泛的应用。

习题 9

9.1 什么叫电信号？音频信号与视频信号有什么区别？要将电信号传送出去，一般有几种方法？

9.2 什么叫调制？它的作用是什么？调幅与调频有何不同？

9.3 画出广播发送系统和电视发送系统的组成框图。

9.4 画出超外差式收音机的组成框图，并解释各部分的作用。

9.5 什么叫调谐放大器？它由哪几部分组成？

9.6 画出单调谐放大器的电路图，并简述其工作原理。

9.7 双调谐放大器一般有几种形式？

9.8 画出互感耦合双调谐放大器的电路图，并简述其工作原理。

9.9 双调谐放大器的耦合分为松耦合、临界耦合、紧耦合三种，分别画出它们的谐振曲线。

9.10 集成中频放大器是由哪几部分组成的？画出其组成框图。

9.11 扩展放大器通频带的方法有哪几种？

9.12 试说明陶瓷滤波器的工作原理。

9.13 试说明声表面波滤波器的工作原理。

*第 10 章　高频功率放大器

扫码查阅

*第 11 章　调幅与检波

扫码查阅

*第 12 章　混频与倍频

扫码查阅

*第 13 章　调频与鉴频

扫码查阅

第 14 章 脉冲的基础知识和反相器

本章学习目标和要求
1. 画出常见的脉冲波形，复述矩形波的主要参数。
2. 概述 RC 微分电路、RC 积分电路的工作原理。
3. 概括二极管、三极管的开关特性及其应用。
4. 分析反相器的工作原理并举例说明其应用。

14.1 脉冲的基础知识

14.1.1 脉冲的概念及其波形

脉冲通常是指电子技术中经常运用的一种像脉搏似的短暂起伏的电冲击（电压或电流）。相对于连续信号，脉冲是在整个信号周期内短时间发生、大部分时间没有的信号。

脉冲技术在现代技术中有着广泛应用，主要应用于计算机、自动控制、遥控遥测、电视、雷达和广播通信等领域。

图 14-1 所示为几种常见的脉冲波形。

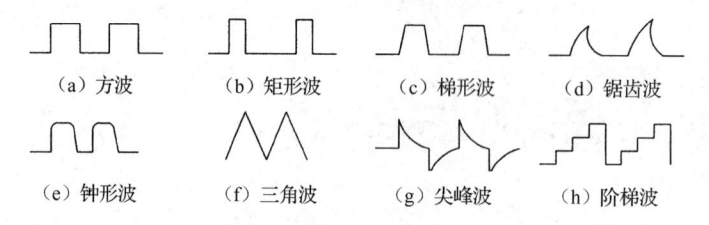

（a）方波　（b）矩形波　（c）梯形波　（d）锯齿波
（e）钟形波　（f）三角波　（g）尖峰波　（h）阶梯波

图 14-1　几种常见的脉冲波形

14.1.2 矩形波

脉冲技术中最常用的是矩形波。图 14-2 所示为理想的矩形波，它的突变是瞬时的，不占用时间。

实际上，矩形波脉冲电压从零跃升到最大值，或者从最大值降到零，要经历一定时间，如图 14-3 所示，主要参数如下。

(1) 脉冲幅度 U_m：脉冲电压变化的最大值。

(2) 脉冲上升沿时间 t_r：脉冲从 $0.1U_m$ 上升到 $0.9U_m$ 经历的时间。

(3) 脉冲下降沿时间 t_f：脉冲从 $0.9U_m$ 下降至 $0.1U_m$ 经历的时间。

(4) 脉冲宽度 t_w：脉冲的持续时间。通常取脉冲上升沿和脉冲下降沿上 $0.5U_m$ 处的时间间隔。

(5) 脉冲周期 T：一个周期性的脉冲序列，两相邻脉冲重复出现的时间间隔叫作脉冲周期，其倒数为脉冲频率 f，即 $f=1/T$。

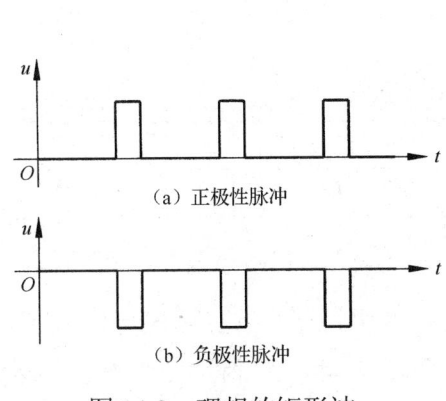

图 14-2 理想的矩形波

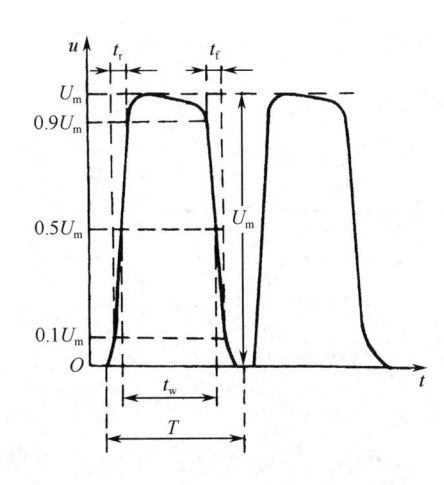

图 14-3 矩形波脉冲电压参数

（6）占空比 D：脉冲宽度与脉冲周期之比称为占空比，即 $D=t_w/T$。$D=1/2$ 的矩形波就是方波。

脉冲电路的分析重点不在于电路的放大倍数、频率响应，以及非线性失真等，而是输入波形和输出波形的形状、幅度及周期。

14.1.3 RC 微分电路和 RC 积分电路

电阻 R 和电容 C 构成的简单电路称为 RC 电路，其在脉冲电路中有着广泛应用。下面主要讨论 RC 电路的充、放电过程，以及常用于脉冲波形变换的微分电路和积分电路的工作原理。

1. RC 电路的过渡过程

电容是可以储存电能的元件，它的充、放电就是电能的积累与释放。由于电容电能的积累与释放不能瞬间完成，因此 RC 电路存在过渡过程，也就是说，电容两端电压不能突变。

（1）RC 电路的充电过程。

图 14-4 所示为电容的充、放电电路。设电容在充电前两端电压 $u_C=0$，把图 14-4 中的开关 S 由 2 拨动到 1，电源 V 接入电路，对电容进行充电，因为电容两端电压不能突变，在充电开始瞬间，$u_C=0$，这时充电电流最大，$i_C=V/R$。随着充电的进行，u_C 上升，i_C 下降。当充电到 $u_C=V$ 时，充电过程结束，电路进入稳定状态。由电工原理可知，电容在充电过程中电压、电流是按指数规律变化的，其波形如图 14-5 所示。

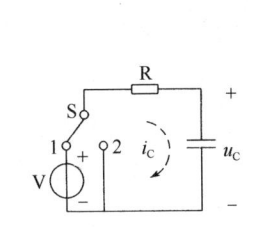

图 14-4 电容的充、放电电路

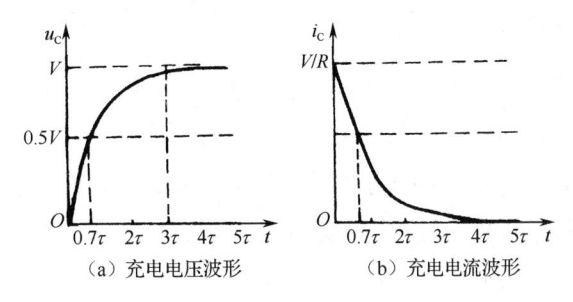

图 14-5 电容充电波形

电容的充电速度与 R 和 C 的大小有关。C 越大，充至相同电压所需要的电荷量越大，u_C 上升越慢；R 越大，充电电流越小，电荷量积累越慢，u_C 上升越慢。R 与 C 的乘积称为 RC 电路的时间常数 τ。$\tau=RC$，若 R 的单位为 Ω，C 的单位为 F，则 τ 的单位为 s。电容充电快慢

可由时间常数 τ 来衡量，τ 大则电容充电慢，τ 小则电容充电快。表 14-1 所示为电容充电时间表。由表 14-1 可知，当 $t=(3\sim 5)\tau$ 时，可以认为充电过程基本结束。

表 14-1　电容充电时间表

t	0	0.7τ	1τ	2τ	3τ	5τ
u_C	0	$0.5V$	$0.63V$	$0.87V$	$0.95V$	$0.993V$

（2）电容的放电过程。

在电容充电完毕后，把图 14-4 中的开关 S 由 1 拨动到 2，电容通过电阻 R 放电。随着放电过程的进行，放电电流 i_C 与电容两端电压 u_C 逐渐下降，直到衰减为 0，电路进入稳定状态。在放电过程中 u_C 及 i_C 随时间按指数规律变化，其波形如图 14-6 所示。放电过程的快慢也取决于时间常数 τ，τ 越大，放电速度越慢。经过 $t=(3\sim 5)\tau$ 的时间，可以认为放电过程基本结束。

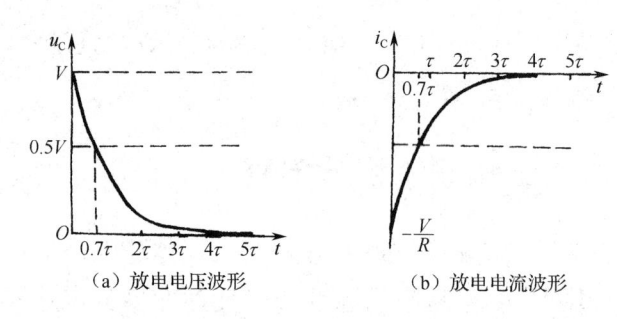

（a）放电电压波形　　（b）放电电流波形

图 14-6　电容放电波形

基于 RC 电路上述过渡过程的规律，下面我们来讨论 RC 微分电路和 RC 积分电路。

2．RC 微分电路

RC 微分电路可以把矩形波变换为尖峰波，此电路的输出波形只反映输入波形的突变部分，即只在输入波形发生突变的瞬间才有输出，在输入波形恒定时没有输出。RC 微分电路主要应用在脉冲电路、模拟计算机、测量仪器中。

如图 14-7（a）所示，RC 微分电路由 RC 串联电路构成，输入矩形波 u_I，输出电压 u_O 取自电阻 R 两端。为了实现将矩形波变换成正、负尖峰波，电路应满足时间常数 τ 远小于输入矩形波脉冲宽度 t_w 的条件，即 $\tau=RC\ll t_w$。

1）电路工作原理

图 14-7（b）所示为 RC 微分电路的输入、输出波形。

在 $t<t_1$ 时，$u_I=0$，$u_O=u_R=0$。

在 $t=t_1$ 瞬间，u_I 由 0 跳变到 U_m。电容 C 两端的电压不能突变，$u_C=0$，相当于短路，u_I 全部加在电阻 R 上，即 u_O 随 u_I 跳变到 U_m。

在 $t_1<t<t_2$ 期间，$u_I=U_m$ 不变，在 u_I 的作用下，电容 C 充电，随着充电的进行，u_C 呈指数增加，u_O 呈指数下降。经过 $(3\sim 5)\tau$ 的时间，电容 C 充电基本结束，$u_C=U_m$，u_O 下降为 0。因为 $\tau\ll t_w$，所以上述过程相对于 t_w 是很短的，远在 t_2 时刻之前过渡过程就已经结束，u_O 的波形变成了一个正的尖峰波。

(a) RC微分电路　　(b) RC微分电路的输入、输出波形

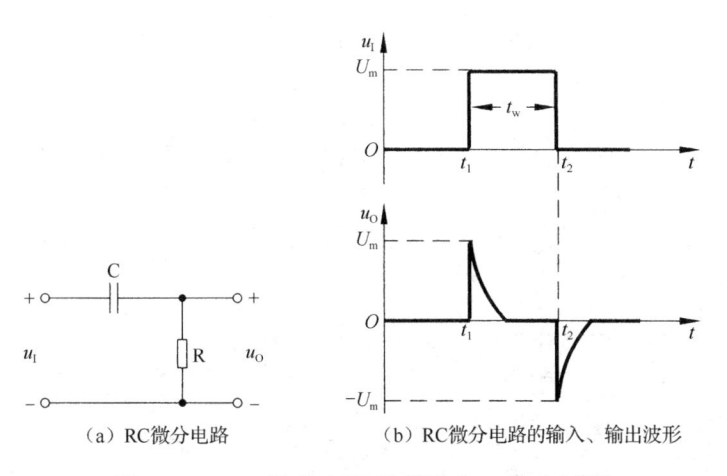

图 14-7　RC 微分电路及其输入、输出波形

在 $t = t_2$ 瞬间，u_I 由 U_m 跳变到 0，相当于输入端短路。电容 C 两端的电压不能突变，所以 u_O 也要减小 U_m，即由 0 跳变到 $-U_m$，即 $u_O = -U_m$。

在 $t > t_2$ 后，随着电容放电，u_C 迅速下降到 0，u_O 从 $-U_m$ 迅速变化到 0，形成负的尖峰波。

可见，当一个矩形波脉冲输入 RC 微分电路时，在输出端将得到一对正、负尖峰波。

2) τ 的取值

RC 微分电路是利用电容的快速充、放电将矩形波脉冲转变为正、负尖峰波的，因此必须满足 $\tau \ll t_w$ 的条件。但 τ 的取值不能过小，分析表明 τ 的取值一般为

$$\frac{t_w}{10} \leqslant \tau \leqslant \frac{t_w}{3} \qquad (14-1)$$

值得指出的是，在如图 14-7（a）所示的电路中，当 $\tau \gg t_w$ 时，该电路就是我们在模拟电路中介绍的阻容耦合电路，在这种电路中电容起着隔直流的作用，它只允许输入信号中的交流分量传送到输出端。

3. RC 积分电路

RC 积分电路是使输出信号与输入信号的时间积分值成比例的电路。RC 积分电路是一种常用的波形变换电路，它可以把矩形波变换成三角波。

1) 电路的组成

如图 14-8（a）所示，RC 积分电路是由 RC 串联电路组成的，输入端加入矩形波 u_I，输出电压 u_O 取自电容 C 两端。RC 积分电路的组成条件是电路的时间常数 τ 远大于输入脉冲宽度 t_w，即 $\tau = RC \gg t_w$。

2) 电路的工作原理

图 14-8（b）所示为 RC 积分电路的输入、输出波形。

在 t_1 时刻，u_I 从 0 跳变到 U_m。由于电容 C 两端的电压不能突变，所以 $u_O = u_C = 0$。

在 $t_1 < t < t_2$ 期间，$u_I = U_m$，电容 C 充电，其两端电压呈指数增长。由于时间常数 $\tau \gg t_w$，相对于 t_w，由于电容 C 充电缓慢，所以 u_O 在该期间近似呈线性上升。到 t_2 时刻 u_O 离稳定值 U_m 还很远。

在 t_2 时刻，u_I 跳变为 0，输入端相当于短路，电容 C 通过电阻 R 缓慢放电，经过 $(3\sim5)\tau$ 的时间，放电过程结束，u_O 回到 0。

(a) RC积分电路

(b) RC积分电路的输入、输出波形

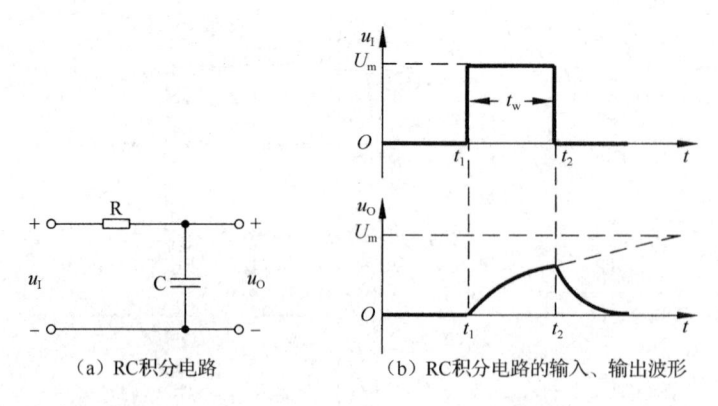

图 14-8 RC 积分电路及其输入、输出波形

可见，RC 积分电路具有将矩形波变换为三角波的功能，只是三角波幅度远小于矩形波幅度 U_m。

思考题

14.1.1 RC 微分电路的功能是什么？RC 微分电路为什么要满足 $\tau \ll t_w$ 条件？

14.1.2 RC 积分电路的功能是什么？若不满足 $\tau \gg t_w$ 条件，对输出波形有何影响？

14.2 晶体管的开关特性

脉冲电路常利用开关的通、断改变电路的工作状态，以产生、变换、传递脉冲信号。

构成开关电路最常用的开关器件是二极管和三极管。理想开关的特点是，在接通时，电阻为 0，开关两端没有压降；在断开时，电阻为无穷大，流过开关的电流为 0。二极管和三极管具有接近理想开关的特点。下面讨论二极管、三极管的开关特性。

14.2.1 二极管的开关特性

二极管具有单向导电性。二极管在加正向电压时导通，正向电阻小，相当于开关处于闭合状态，如图 14-9 所示。二极管在加反向电压时截止，反向电阻很大，相当于开关处于断开状态，如图 14-10 所示。

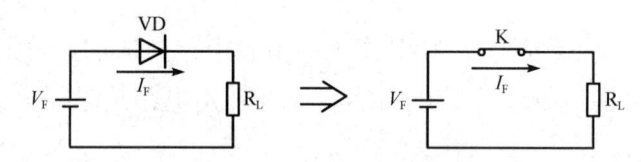

图 14-9 二极管加正向电压

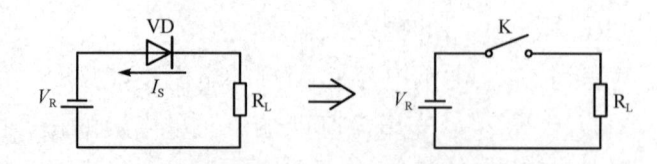

图 14-10 二极管加反向电压

二极管在用作开关时，其工作状态在导通与截止两种状态之间交替转换。二极管在转换状态时需要花费一段时间，这段时间就是开关时间。二极管的开关时间主要决定于二极管从导通到截止的时间，即反向恢复时间。测试表明，二极管的反向恢复时间为纳秒（ns）级

（1ns=10⁻⁹s）。例如，2CK 系列硅开关二极管的开关时间为 5ns，2AK 系列锗开关二极管的开关时间为 150ns。

14.2.2 三极管的开关特性

图 14-11（a）所示为一个典型的硅共发射极三极管开关电路。当输入信号 u_I 为低电平时，三极管截止，集电极电流 $i_C=0$，而集电极电压 $u_O=V_{CC}$，相当于开关断开，如图 14-12（a）所示。当输入信号 u_I 为高电平时，三极管工作在图 14-11（b）中的 C 点，i_C 接近于最大值 V_{CC}/R_c，三极管进入饱和区，$u_O=U_{CES}≈0.3V$，相当于开关闭合，如图 14-12（b）所示。这就是理想开关的静态特性。

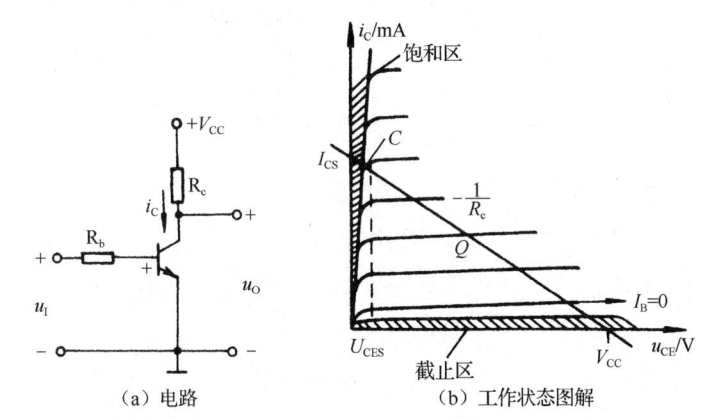

(a) 电路　　　　　　　　(b) 工作状态图解

图 14-11　三极管开关特性

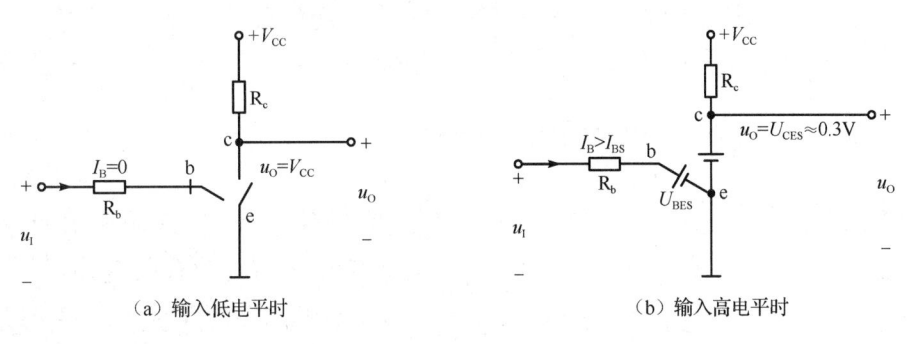

(a) 输入低电平时　　　　　　　　(b) 输入高电平时

图 14-12　三极管开关电路的等效电路

三极管在由外界信号触发后，由截止状态过渡到饱和状态，或者由饱和状态过渡到截止状态，这就是三极管的动态特性。当输入信号 u_I 跳变时，三极管无论是从截止状态过渡到饱和状态，还是从饱和状态过渡到截止状态都不能瞬间完成。图 14-13 所示为三极管开关时间的示意图。三极管的开关时间定义如下。

（1）开通时间 t_{on}：是指 i_C 从三极管输入开启信号的瞬间开始至上升到 $0.9I_{CS}$ 所需的时间。

（2）关闭时间 t_{off}：是指 i_C 从三极管输入关闭信号的瞬间开始至降到 $0.1I_{CS}$ 所需的时间。

三极管开关时间的大小主要取决于三极管的内部构造。对于开关三极管 3DK2C，$t_{on}=15ns$，$t_{off}=30ns$。

开关时间的存在限制了三极管的开关速度。

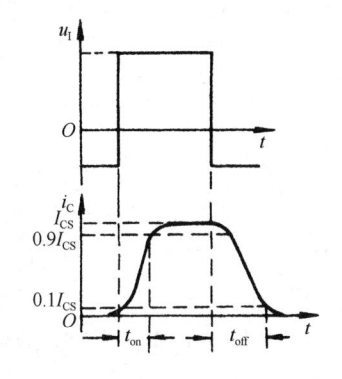

图 14-13　三极管开关时间的示意图

14.2.3 反相器

反相器是脉冲电路中基本且常用的电路,是组成其他脉冲电路的基础。

图 14-14(a)所示为反相器电路,其输入、输出波形如图 14-14(b)所示。

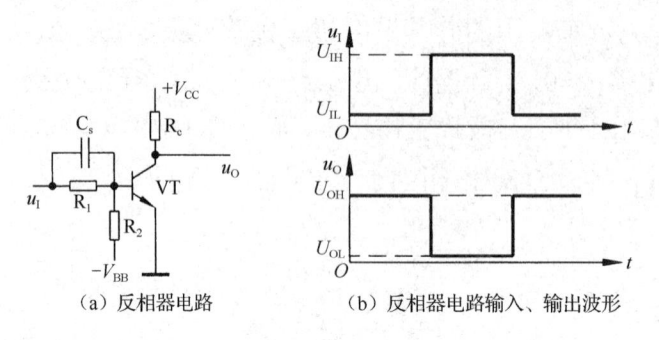

(a)反相器电路　　(b)反相器电路输入、输出波形

图 14-14　反相器电路及其输入、输出波形

当输入信号为低电平 U_{IL} 时,由于负电源的作用,三极管基极电位 $u_B<0$,三极管可靠截止。此时 $i_C=0$,R_c 上的压降接近于 0,输出高电平 $U_{OH}≈V_{CC}$。

当输入信号为高电平 U_{IH} 时,输入电压克服负电源的作用,产生基极电流 i_B,并满足 $i_B>I_{BS}$,三极管饱和,输出低电平 $U_{OL}=U_{CES}$。

由此可见,反相器的功能是低电平输入,高电平输出;高电平输入,低电平输出,输出波形和输入波形的相位相反。需要指出的是,反相器中的三极管工作在截止状态和饱和状态。与工作在放大状态的共发射极放大电路不同,反相器电路中的 C_s 是加速电容。除普通晶体管反相器外,在实际应用中经常使用的还有 MOS 反相器。

14.2.4　MOS 管的开关特性

MOS 管作为开关器件工作在截止或导通两种状态。MOS 管是电压控制器件,其工作状态主要由栅源电压 u_{GS} 决定。图 14-15(a)所示为由 NMOS 管构成的开关电路。

当 u_{GS} 小于开启电压 $U_{GS(th)}$ 时,NMOS 管工作在截止区,漏源电流 i_{DS} 基本为 0,输出电压 $u_{DS}≈V_{DD}$,NMOS 管处于截止状态,其等效电路如图 14-15(b)所示。

当 u_{GS} 大于开启电压 $U_{GS(th)}$ 时,NMOS 管工作在导通区,漏源电流 $i_{DS}=V_{DD}/(R_D+r_{DS})$。其中,$r_{DS}$ 为 NMOS 管导通时的漏源电阻。输出电压 $U_{DS}=V_{DD}·r_{DS}/(R_D+r_{DS})$,如果 $r_{DS}\ll R_D$,则 $u_{DS}≈0$,NMOS 管处于导通状态,其等效电路如图 14-15(c)所示。

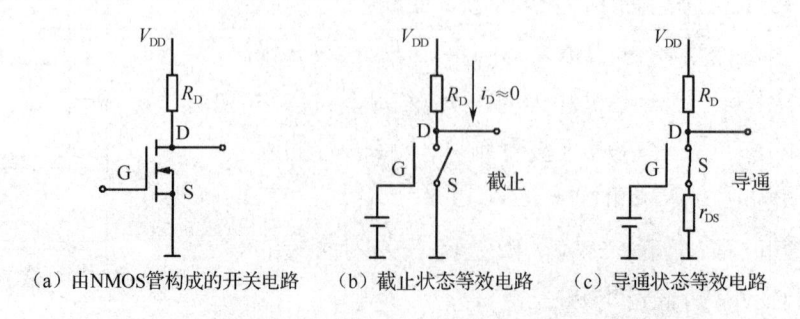

(a)由NMOS管构成的开关电路　(b)截止状态等效电路　(c)导通状态等效电路

图 14-15　由 NMOS 管构成的开关电路及其等效电路

思考题

14.2.1 从工作信号和晶体管的工作状态来说明模拟电路和数字电路的区别。

14.2.2 影响晶体管开关速度的因素有哪些？怎样提高三极管的开关速度？

14.3 应用与实验

14.3.1 二极管限幅器

利用二极管的开关作用可构成二极管限幅器。图 14-16（a）所示为二极管串联限幅电路，其因电路中的二极管与输出端是串联的而得名。

如果如图 14-16（a）所示的电路输入正、负相间的尖峰波，那么当正尖峰波作用时，二极管为正向偏置，二极管导通，在理想情况下，输出电压等于输入电压；当负尖峰波作用时，二极管截止，输出为 0，可以得到如图 14-16（b）所示波形。

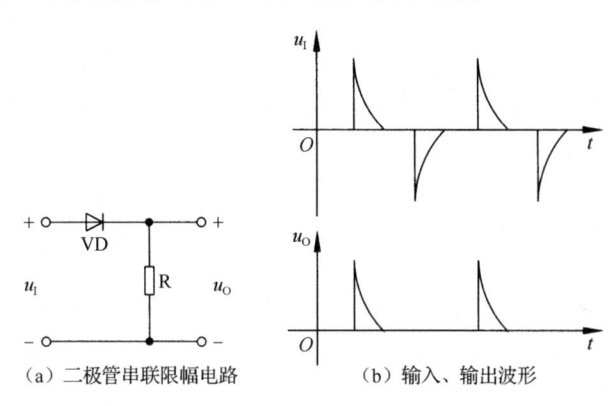

图 14-16 二极管串联限幅器

14.3.2 利用加速电容提高三极管的开关速度

若想提高三极管的开关速度，应设法缩短开关时间，除选用开关时间短的三极管外，还可以在电路上采取措施。

如图 14-17 所示，在三极管开关电路中的电阻 R_b 上并联一个电容 C_s，该电容因起到提高开关速度的作用而被称为加速电容，其工作原理如下。

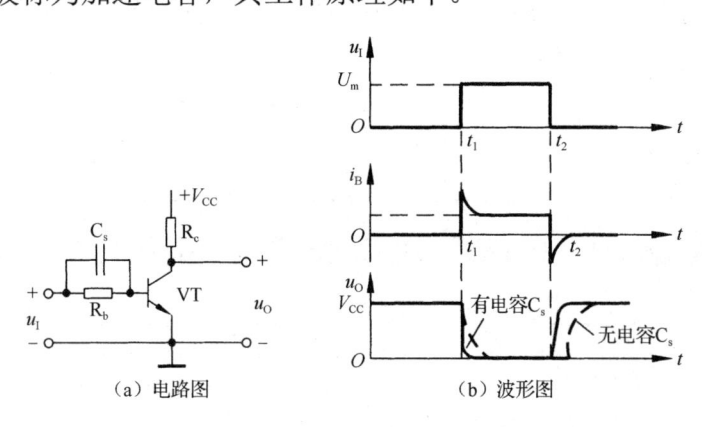

图 14-17 加速电容的作用

当 $0 \leqslant t < t_1$ 时，$u_I = 0$，电容 C_s 两端的电压 $u_C = 0$，$i_B = 0$，三极管截止，$u_O = V_{CC}$。

当 $t=t_1$ 时，u_I 由 0 跳变到 U_m，由于电容 C_s 两端的电压不能突变，电容 C_s 相当于短路，于是 u_I 全部加在发射结上，瞬时形成较大的基极电流 i_B，加速三极管由截止状态变为饱和状态，使 t_{on} 减小。

当 $t_1<t<t_2$ 时，电容 C_s 充电。当充电结束后，电容 C_s 相当于开路，基极电流由 u_I 及 R_b 决定。

当 $t=t_2$ 时，u_I 由 U_m 跳变到 0，电容 C_s 两端的电压 u_C 以反向偏置电压的形式加到发射结两端，产生很大的基极反向电流，促使三极管很快截止，t_{off} 减小。

总之，电容 C_s 既能加快三极管饱和导通，又能加快三极管截止，缩短开关时间，提高开关速度。加速电容的大小要合理选择，一般为几十皮法至几百皮法，具体数值可以通过实验确定。

14.3.3 二极管和三极管的开关特性测试实验

一、实验目的

（1）观察二极管和三极管的开关特性，探究外电路参数变化对晶体管开关特性的影响。
（2）通过实验验证限幅器的基本工作原理。

二、实验原理

见相关理论。

三、实验器材

稳压电源（一台）、双踪示波器（一台）、万用表（一只）、元器件（若干）。

四、实验内容和步骤

1．二极管开关特性测试

（1）按图 14-18（a）接线，输入端接逻辑开关 K，输出端接 LED，电阻一端接二极管 VD 的负极、另一端接实验系统地。

（2）接通实验系统电源（5V），拨动逻辑开关 K，使之输入逻辑 1（电压大于 3V）或逻辑 0（电压为 0V），用万用表测量 u_O 和 u_D，将结果填入表 14-2。

表 14-2 二极管特性记录表

二极管的状态	u_I	u_D	u_O

（3）改变 VD 的方向，按图 14-18（b）接线，重复步骤（2）。

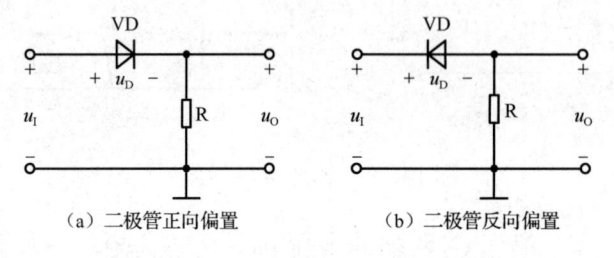

(a) 二极管正向偏置　　　(b) 二极管反向偏置

图 14-18　二极管开关特性测试电路

2．三极管开关特性测试

（1）按图 14-19 在实验系统上接好线，其中 R_c 的阻值为 3kΩ，R_b 的阻值为 2kΩ，V_{CC} = 5V，VT 为 3DG6（或 9011）。输入端接逻辑开关 K（若自选参数，则要求输入为高电平或低电平时，VT 分别能可靠地饱和或截止）。

（2）接通实验系统电源，拨动逻辑开关 K，在输入端分别加入高电平（逻辑 1）、低电平（逻辑 0），测量电压、电流，并将结果记录到表 14-3 中。在测量电流时，断开电路，将万用表串入电路。

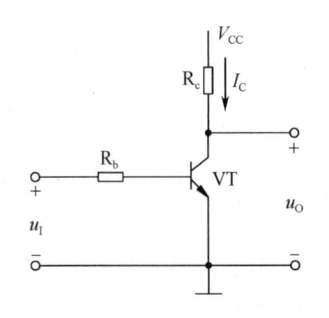

图 14-19　三极管开关特性测试实验电路

表 14-3　三极管开关特性记录表

u_I/V	I_B/mA	I_C/mA	U_B/V	u_O/V	VT 的状态

（3）将输出端接实验箱上的 LED，拨动逻辑开关 K，观察输入与输出的逻辑关系。

（4）用双踪示波器观察输入信号、输出信号的相位关系。

按图 14-19 把输入端改接到连续脉冲输出端（频率调至 1kHz 左右），同时接双踪示波器 Y_A 端；电路输出端接双踪示波器 Y_B 端，将双踪示波器显示方式置于交替处，适当调节"电平"旋钮和"扫描速度"旋钮，观察输入信号、输出信号的相位关系。

五、实验分析和总结

（1）按要求填写各实验表。

（2）说明二极管、三极管导通、饱和与截止的条件与特性。

本章小结

（1）瞬间发生变化且作用时间极短的电压或电流称为脉冲信号，简称脉冲。脉冲有多种波形，最常见的是矩形波。它的主要参数有脉冲幅度、脉冲上升沿时间、脉冲下降沿时间、脉冲宽度、脉冲周期和占空比。

（2）RC 电路是脉冲电路的基础，利用 RC 电路过渡过程的规律可以改变脉冲的波形。RC 微分电路（$\tau \ll t_w$，u_O 取自电阻 R 两端）在输入矩形脉冲时，输出为正、负尖峰波；RC 积分电路（$\tau \gg t_w$，u_O 取自电容 C 两端）在输入矩形波时，输出近似为三角波。

（3）二极管在作为开关器件时，其开关时间主要取决于反向恢复时间。

（4）三极管作为开关器件有开通时间（由截止状态转为饱和状态的时间）和关闭时间（由饱和状态转为截止状态的时间），它们限制了三极管的开关速度。为了提高三极管的开关速度，可以采用连接加速电容的办法。

（5）反相器是组成其他脉冲电路的基础，常用的有普通晶体管反相器和 MOS 反相器。

习题 14

14.1 什么是脉冲信号？常见的脉冲波形有哪些？简述矩形波的主要参数。

14.2 造成 RC 电路过渡过程的主要原因是什么？什么是时间常数 τ，它与哪些因素有关？

14.3 某电源电压 $V_{CC}=12V$，用它对一个电容进行充电，从开始充电的瞬间算起到 0.7τ 时刻，电容两端的电压是多少？当充电时间 $t=5\tau$ 时，电容两端的电压是多少（设电容原来两端电压是 0）？

14.4 试分析如题图 14-1 所示电路及 u_I 波形，画出 u_O 的波形，并标出脉冲的幅度（设 $t=0$ 时电容两端的电压为 0）。

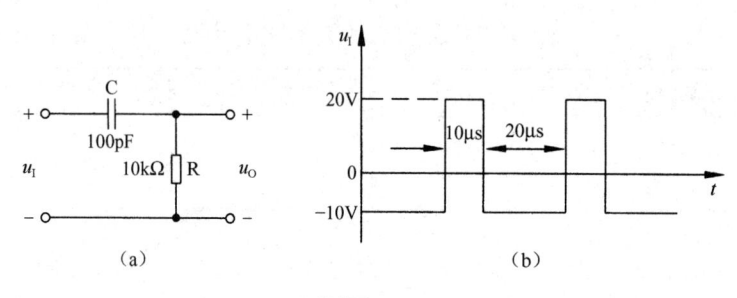

题图 14-1

14.5 若输入信号是占空比 $D=1/3$，周期为 $30\mu s$ 的矩形波，如题图 14-2 所示的电路各是什么电路？

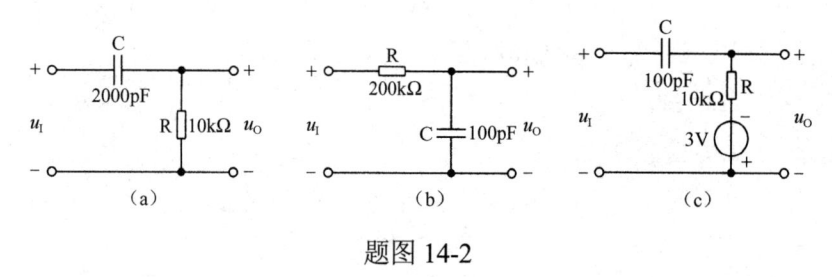

题图 14-2

14.6 题图 14-3 所示为分压电路，试分别画出 C_1 为 50pF、100pF、150pF 时的 u_O 波形。

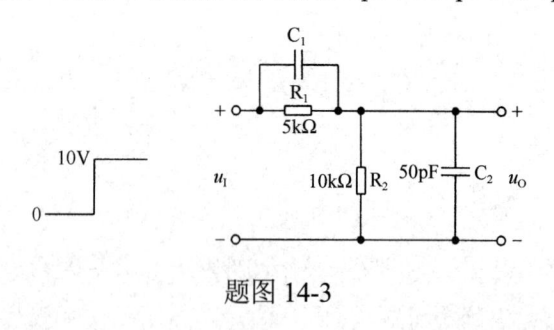

题图 14-3

14.7 什么是二极管的开关特性？影响二极管开关速度的主要因素是什么？

14.8 什么是三极管的开关特性？什么是三极管的开通时间和关闭时间？

14.9 试简要说明加速电容的工作原理。

第 15 章 数制与逻辑代数

本章学习目标和要求
1. 叙述十进制数、二进制数的表示方法，学会它们之间的转换方法；概述 BCD 码。
2. 归纳基本逻辑运算及逻辑函数的表示方法并能进行实例表述。
3. 应用公式化简法和卡诺图化简法对逻辑函数进行化简。

本章先扼要地介绍逻辑代数的基本概念、基本公式和定律，然后讲述逻辑函数的表示方法，最后着重讨论逻辑函数的化简方法。

15.1 数制与码制

15.1.1 数制

数制也称计数制，是用一组固定的符号和统一的规则来表示数值的方法。任何数制都包含两个基本要素——基数和位权。数制包含二进制、八进制、十进制、十六进制。日常生活中常用的是十进制数，但在数字系统中使用二进制数、八进制数和十六进制数更方便。下面重点介绍十进制数和二进制数。

1. 十进制数

在日常生活中，人们通常用十进制数记录事件的多少。在十进制数中，每一位有 0～9 十个数，所以计数的基数是 10。超过 9 的数必须用多位数表示，其中低位和相邻高位之间的关系是"逢十进一"，故称为十进制数。例如：

$$505.64 = 5\times10^2+0\times10^1+5\times10^0+6\times10^{-1}+4\times10^{-2}$$

式中，每一个数分别乘一个基数的整数次幂的值，如 10^2、10^1、10^0、10^{-1}、10^{-2}，这个值叫作位权或权。

任意一个十进制数可表示为

$$(N)_{10} = a_{n-1}\times10^{n-1}+a_{n-2}\times10^{n-2}+\cdots+a_1\times10^1+a_0\times10^0+ \\ a_{-1}\times10^{-1}+a_{-2}\times10^{-2}+\cdots+a_{-m}\times10^{-m} \quad (15\text{-}1)$$

式中，$a_{n-1}, a_{n-2}, \cdots, a_1, a_0, a_{-1}, \cdots, a_{-m}$ 为十进制数 N 中各位的数；$10^{n-1}, 10^{n-2}, \cdots, 10^1, 10^0, 10^{-1}, \cdots, 10^{-m}$ 为各位的权；10 为基数；n 和 m 为正整数。

2. 二进制数

目前在数字电路中应用最广泛的是二进制数。在二进制数中，每一位仅有 0 和 1 两个数，所以基数为 2。低位和相邻高位间的关系是"逢二进一"，故称为二进制数。任何一个二进制数均可展开为

$$(N)_2 = a_{n-1}\times2^{n-1}+a_{n-2}\times2^{n-2}+\cdots+a_1\times2^1+a_0\times2^0+ \\ a_{-1}\times2^{-1}+a_{-2}\times2^{-2}+\cdots+a_{-m}\times2^{-m} \quad (15\text{-}2)$$

式中，$a_{n-1}, a_{n-2}, \cdots, a_1, a_0, a_{-1}, \cdots, a_{-m}$ 为二进制数 N 中各位的数；$2^{n-1}, 2^{n-2}, \cdots, 2^1, 2^0, 2^{-1}, \cdots, 2^{-m}$ 为各位的权；2 为基数。

根据式（15-2）可以算出表示的二进制数对应的十进制数，如：

$$(101.11)_2 = 1\times 2^2 + 0\times 2^1 + 1\times 2^0 + 1\times 2^{-1} + 1\times 2^{-2}$$
$$= (5.75)_{10}$$

上式分别使用下角标 2 和 10 表示括号里的数是二进制数还是十进制数。

3．二进制数与十进制数的转换

1）二进制数转换为十进制数

二进制数转换为十进制数的方法是将二进制数按权展开。例如：

$$(1011.01)_2 = 1\times 2^3 + 0\times 2^2 + 1\times 2^1 + 1\times 2^0 + 0\times 2^{-1} + 1\times 2^{-2}$$
$$= (11.25)_{10}$$

2）十进制数转换为二进制数

（1）整数部分：可采用除 2 取余法，即用 2 不断地去除十进制数，直到最后的商等于 0。将所得到的余数以最后一个余数为最高位依次排列，便可得到相应的二进制数。

（2）小数部分：可以用乘 2 取整法，即先用 2 乘要转换的十进制小数，得到一个新的小数，然后用 2 乘这个小数，直到小数为 0 或达到转换要求的精度。首次乘 2 所得积的整数位为二进制小数的最高位，末次乘 2 所得积的整数位为二进制小数的最低位。

【例 15-1】 将 $(23.125)_{10}$ 转换成二进制数。

解：

整数部分：

```
2 |23 ·············· 1   ↑
2 |11 ·············· 1   │
2 | 5 ·············· 1   │ 自下而上读取
2 | 2 ·············· 0   │
2 | 1 ·············· 1   │
    0
```

小数部分：

```
    0.125
  ×   2
  ───────
    0.25 ·············· 0   │
  ×   2                     │
  ───────                   │ 自上而下读取
    0.5  ·············· 0   │
  ×   2                     ↓
  ───────
    1.0  ·············· 1
```

所以 $(23.125)_{10} = (10111.001)_2$。

15.1.2 码制

在数字系统中，各种数据均要转换成二进制数后才能进行处理，然而数字系统的输入、输出仍采用十进制数，从而产生了用四位二进制数表示一位十进制数的计数方法。这种用于表示十进制数的二进制代码称为二—十进制代码，简称 BCD 码。它既具有满足数字系统要求的二进制数形式，又具有十进制数的特点（只有 10 种数码状态有效）。常见的 BCD 码有以下两种表示。

1. 8421 码

8421 码是一种最自然、最简单、使用最多的 BCD 码。8、4、2、1 表示二进制码从左到右各位的权。8421 码的权和普通二进制码的权是一样的。不过在 8421 码中，不允许出现 1010～1111 六种组合的二进制码。8421 码与十进制数间的对应关系是直接按码组对应的，即一个 n 位十进制数，需要用 n 个 BCD 码来表示；n 个 BCD 码表示 n 位十进制数。

【例 15-2】 $(563.97)_{10} = (010101100011.10010111)_{8421BCD}$

$(01101001.01011000)_{8421BCD} = (69.58)_{10}$

2. 格雷码

格雷码又称反射码、循环码。格雷码是一种无权码。格雷码的特点是任意相邻的数之间只有一位数不同。表 15-1 给出了四位格雷码的编码规则。

表 15-1 四位格雷码的编码规则

十进制数	二进制数	格雷码	十进制数	二进制数	格雷码
0	0000	0000	8	1000	1100
1	0001	0001	9	1001	1101
2	0010	0011	10	1010	1111
3	0011	0010	11	1011	1110
4	0100	0110	12	1100	1010
5	0101	0111	13	1101	1011
6	0110	0101	14	1110	1001
7	0111	0100	15	1111	1000

思考题

15.1.1 将下列二进制数转换成十进制数。

（1）$(101011)_2$ （2）$(11000)_2$

（3）$(1011.1011)_2$ （4）$(011011)_2$

15.1.2 将下列十进制数转换成二进制数。

（1）$(86)_{10}$ （2）$(138)_{10}$ （3）$(276)_{10}$

15.1.3 将下列十进制数用 8421 码表示。

（1）$(49)_{10}$ （2）$(362)_{10}$ （3）$(859)_{10}$

15.1.4 将下列 8421 码用十进制数表示。

（1）$(01101000)_{8421BCD}$ （2）$(100100010101)_{8421BCD}$

（3）$(001001111000)_{8421BCD}$

15.2 逻辑代数的基本运算及其规则

15.2.1 逻辑代数的基本运算

逻辑代数是 1847 年由英国数学家乔治·布尔创立的，所以常常又称为布尔代数。逻辑代数与普通代数的概念不同。逻辑代数表示的不是数量间的大小关系，而是事物间的逻辑关系，仅有两种状态——0 和 1，是分析和设计数字系统的数学基础。

逻辑代数的基本运算有与、或、非三种。

1. 与逻辑关系及其运算

与运算又叫逻辑乘，可以通过一个开关电路来说明。

如图 15-1（a）所示，开关 A 与开关 B 是串联关系。从电路图上很容易看出，灯亮的条件是开关 A 和开关 B 全都闭合，只要有一个开关不闭合，灯就不会亮。这里开关 A、开关 B 的闭合与灯亮的关系就是与逻辑关系，其逻辑函数可写为

$$Y = A \cdot B \tag{15-3}$$

式中，"·"表示与。在一般情况下，式（15-3）可以简写为 $Y=AB$。

将电路开关闭合定义为"1"，电路开关断开定义为"0"；将灯亮定义为"1"，灯灭定义为"0"，那么电路中因变量 Y 与自变量 A、B 的逻辑关系有以下四种情况：

$$Y = A \cdot B = AB \rightarrow \begin{cases} 0 = 0 \cdot 0 \\ 0 = 0 \cdot 1 \\ 0 = 1 \cdot 0 \\ 1 = 1 \cdot 1 \end{cases}$$

上式描述了与运算的运算规则，即"全 1 出 1，有 0 出 0"。可以将上式中的四种情况用表格的形式表示，如图 15-1（b）所示，这种表通常称为真值表。

实现与运算的电路称为与门电路，与门电路的逻辑符号如图 15-1（c）所示。

A	B	Y
0	0	0
0	1	0
1	0	0
1	1	1

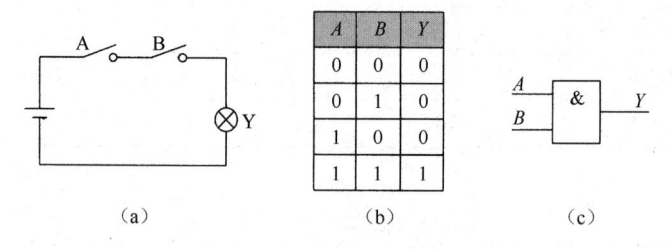

（a）　　　　（b）　　　　（c）

图 15-1　与运算逻辑关系的表示

2. 或逻辑关系及其运算

或运算又叫逻辑加，同样可以通过一个开关电路来说明。

如图 15-2（a）所示，开关 A 与开关 B 是并联关系。从电路图上很容易看出，灯亮的条件是开关 A 和开关 B 至少有一个闭合，只有当开关 A 和开关 B 同时断开时，灯才不亮。这里开关 A 和开关 B 的闭合与灯亮的关系就是或逻辑关系，其逻辑函数可写为

$$Y=A+B \tag{15-4}$$

式中，"+"表示或。

将电路开关闭合定义为"1"，电路开关断开定义为"0"；将灯亮定义为"1"，灯灭定义

为"0",那么电路中因变量 Y 与自变量 A、B 的逻辑关系有以下四种情况:

$$Y = A + B \to \begin{cases} 0 = 0+0 \\ 1 = 0+1 \\ 1 = 1+0 \\ 1 = 1+1 \end{cases}$$

上式描述了或运算规则,即"有 1 出 1,全 0 出 0"。图 15-2(b)所示为或运算的真值表。

实现或运算的电路叫或门电路,或门电路的逻辑符号如图 15-2(c)所示。

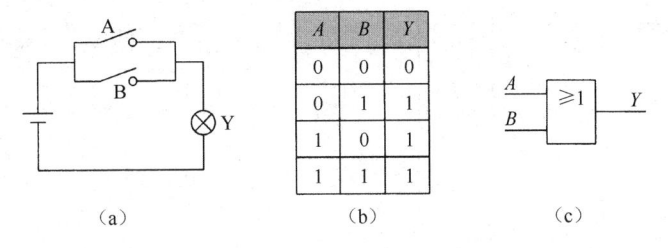

图 15-2 或运算逻辑关系的表示

3. 非逻辑关系及运算

非运算即反相运算。图 15-3(a)所示电路可以说明非逻辑关系。电路中开关 A 闭合,灯就灭;开关 A 断开,灯就亮。这里开关的通断与灯的灭亮的关系为非逻辑关系。非运算的逻辑函数可写为

$$Y = \overline{A} \tag{15-5}$$

非逻辑运算规则为当 $A=0$ 时,$Y=1$;当 $A=1$ 时,$Y=0$。实现非逻辑的电路叫作非门电路。图 15-3(b)和图 15-3(c)分别所示为非运算的真值表及非门电路的逻辑符号。

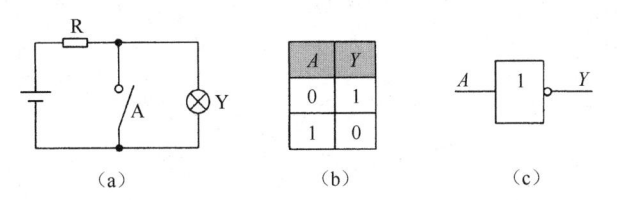

图 15-3 非运算逻辑关系的表示

4. 复合逻辑运算

实际的逻辑问题往往比与逻辑关系、或逻辑关系、非逻辑关系复杂得多,不过它们都可以用与门、或门、非门的组合来实现。最常见的复合逻辑运算有与非、或非、与或非、异或、同或等。表 15-2~表 15-6 给出了这些复合逻辑运算的真值表,图 15-4 所示为它们的逻辑符号和逻辑函数。

表 15-2 与非逻辑运算的真值表

A	B	Y
0	0	1
0	1	1
1	0	1
1	1	0

表 15-3 或非逻辑运算的真值表

A	B	Y
0	0	1
0	1	0
1	0	0
1	1	0

表15-4 与或非逻辑运算的真值表

A	B	C	D	Y
0	0	0	0	1
0	0	0	1	1
0	0	1	0	1
0	0	1	1	0
0	1	0	0	1
0	1	0	1	1
0	1	1	0	1
0	1	1	1	0
1	0	0	0	1
1	0	0	1	1
1	0	1	0	1
1	0	1	1	0
1	1	0	0	0
1	1	0	1	0
1	1	1	0	0
1	1	1	1	0

表15-5 异或逻辑运算的真值表

A	B	Y
0	0	0
0	1	1
1	0	1
1	1	0

表15-6 同或逻辑运算的真值表

A	B	Y
0	0	1
0	1	0
1	0	0
1	1	1

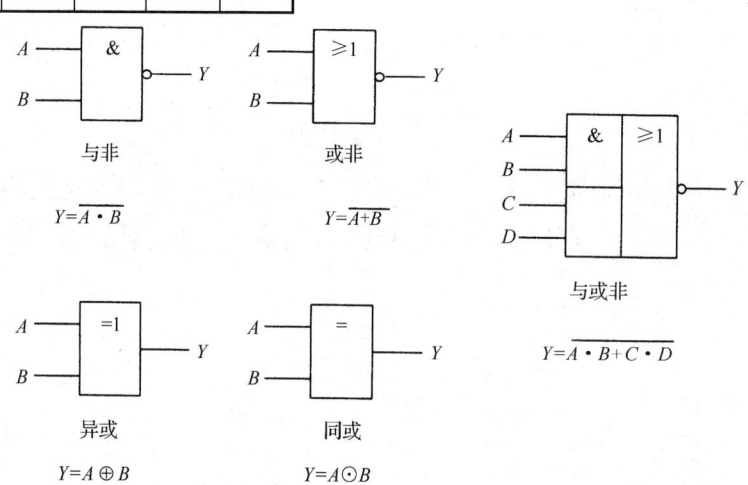

图15-4 复合逻辑运算的逻辑符号和逻辑函数

由表15-2可知，与非运算可以看作与运算和非运算的组合。

在与或非逻辑中，A、B之间及C、D之间都是与关系，只要A、B或C、D任何一组同时为1，输出变量Y就是0；只有当每一组输入变量不全是1时，输出变量Y才是1。

异或是这样一种逻辑关系：当A、B不同时，输出变量Y为1；当A、B相同时，输出变量Y为0。异或可以写成与、或、非的组合形式：

$$A \oplus B = A \cdot \bar{B} + \bar{A} \cdot B \tag{15-6}$$

同或和异或相反，当A、B相同时，输出变量Y为1；当A、B不同时，输出变量Y为0。同或也可以写成与、或、非的组合形式：

$$A \odot B = A \cdot B + \bar{A} \cdot \bar{B} \tag{15-7}$$

由表15-5和表15-6可知，异或和同或互为反运算，即

$$A \oplus B = \overline{A \odot B}; \quad A \odot B = \overline{A \oplus B}$$

15.2.2 逻辑代数的基本定律及规则

逻辑代数有自己的运算规则，下面介绍逻辑代数的基本公式和基本定律。

1. 逻辑代数的基本公式

$$A+0=A \qquad A \cdot 1 = A$$
$$A+1=1 \qquad A \cdot 0 = 0$$
$$A+A=A \qquad A \cdot A = A$$
$$A+\overline{A}=1 \qquad A \cdot \overline{A} = 0$$
$$\overline{\overline{A}} = A$$

2. 逻辑代数的基本定律

交换律：
$$A+B = B+A \qquad A \cdot B = B \cdot A$$

结合律：
$$(A+B)+C = A+(B+C) \qquad (A \cdot B) \cdot C = A \cdot (B \cdot C)$$

分配律：
$$A+B \cdot C = (A+B) \cdot (A+C) \qquad A \cdot (B+C) = A \cdot B + A \cdot C$$

反演律（又称摩根定律）：
$$\overline{A+B} = \overline{A} \cdot \overline{B} \qquad \overline{A \cdot B} = \overline{A} + \overline{B}$$

吸收律：
$$A+A \cdot B = A \qquad A + \overline{A} \cdot B = A+B$$

冗余律：
$$A \cdot B + \overline{A} \cdot C + B \cdot C = A \cdot B + \overline{A} \cdot C$$

要证明上述公式，只需要列出公式两边表达式的真值表即可。

⁇ 思考题

15.2.1 逻辑代数与普通代数有什么区别？

15.2.2 与逻辑、或逻辑、非逻辑分别是什么？

15.2.3 什么叫作真值表？某一逻辑的真值表是否唯一？

15.3 逻辑函数及其表示方法

15.3.1 逻辑函数

在逻辑电路中，如果在输入变量 A、B、C……的值确定之后，输出变量 Y 的值也被唯一地确定了，那么我们就称 Y 是 A、B、C……的逻辑函数。逻辑函数的一般表达式可以写作
$$Y = f(A, B, C, \cdots)$$

根据逻辑函数的定义可知，$Y=A \cdot B$，$Y=A+B$，$Y=\overline{A}$ 这三个表达式反映的是三个基本逻辑函数，分别表示 Y 是 A、B 的与函数、或函数、非函数。

在逻辑代数中，逻辑变量只有 0、1 两种取值，因此输出变量也只能是 0 或 1，不可能有其他取值。

15.3.2 逻辑函数的表示方法

常用的逻辑函数的表示方法有逻辑真值表（简称真值表）、逻辑函数式、逻辑图、卡诺图四种。它们各有特点，而且可以相互转换。

1. 逻辑真值表

将输入变量的所有取值组合起来，并把对应的输出变量找出来，列成表格，即可得到真值表。

前面介绍的复合逻辑运算就是根据其逻辑关系写出真值表的具体例子。

2. 逻辑函数式

把输出变量与输入变量之间的逻辑关系写成与、或、非等逻辑运算的组合形式，即可得到需要的逻辑函数式。

根据已知的真值表，把 $Y=1$ 的项挑出来。每项中的输入变量取值为 0 的用反变量，输入变量取值为 1 的用原变量，组成与项。最后将这些与项相加，即可写出逻辑函数。

【例 15-3】 图 15-5 所示为裁判电路。比赛规则规定，在一名主裁判和两名副裁判中，必须有两人以上（而且必须包括主裁判）认定运动员的动作合格，试举才算成功。比赛时主裁判控制开关 A，两名副裁判分别控制开关 B 和开关 C。当运动员举起杠铃时，如果裁判认为动作合格，就使开关闭合，否则不使开关闭合。若用 1 表示开关闭合，用 0 表示开关断开；用 1 表示灯亮，用 0 表示灯暗，则指示灯 Y 与开关 A、开关 B、开关 C 之间的函数关系可用真值表表示，如表 15-7 所示。

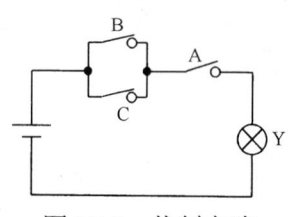

图 15-5 裁判电路

表 15-7 电路的真值表

输入			输出
A	B	C	Y
0	0	0	0
0	0	1	0
0	1	0	0
0	1	1	0
1	0	0	0
1	0	1	1
1	1	0	1
1	1	1	1

根据真值表得到的逻辑函数为

$$Y = A\bar{B}C + AB\bar{C} + ABC$$

3. 逻辑图

将逻辑函数中各变量间的逻辑关系用与、或、非等逻辑符号表示出来，就可以画出表示函数关系的逻辑图。

【例 15-4】 试画出逻辑函数 $Y = \bar{A}B + A\bar{B}$ 的逻辑图。

解： A 与 B 之间都是与运算，可以用与门电路实现，其中反变量 $\bar{A}$、$\bar{B}$ 可以用非门电路取得；$\overline{A}B$ 和 $A\overline{B}$ 之间是或运算，可以用或门电路实现。因此，可以画出如图 15-6 所示的逻辑图。

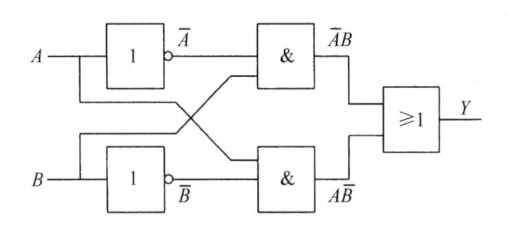

图 15-6　$Y = \overline{A}B + A\overline{B}$ 的逻辑图

4．卡诺图

卡诺图实际上是真值表的一种特定的图形，有关内容将在 15.4 节中进行介绍。

15.4 逻辑函数的化简

逻辑函数越简单，实现这个逻辑函数需要的逻辑电路就越少。因此，经常需要通过化简找出逻辑函数的最简形式。我们规定，若函数中包含的乘积项已经最少，而且每个乘积项中的因子不能再减少，则称此函数为最简函数。常见的逻辑函数化简法有公式化简法与卡诺图化简法。

15.4.1 公式化简法

公式化简法的原理是反复使用逻辑代数的基本公式和基本定律消去逻辑函数式中多余的乘积项和多余的因子，以求得逻辑函数的最简形式。公式化简法常用的方法如下。

1．并项法

利用公式 $AB + A\overline{B} = A$ 可将两项合并为一项，消去 B 和 $\overline{B}$ 这一对因子。

【例 15-5】　试用并项法化简下列逻辑函数。

$$Y_1 = A\overline{\overline{B}CD} + A\overline{B}CD$$
$$Y_2 = A\overline{B} + ACD + \overline{A}\overline{B} + \overline{A}CD$$

解：$Y_1 = A(\overline{\overline{B}CD} + \overline{B}CD) = A$

$Y_2 = A(\overline{B} + CD) + \overline{A}(\overline{B} + CD) = \overline{B} + CD$

2．吸收法

利用公式 $A + AB = A$ 可将 AB 项消去。

【例 15-6】　试用吸收法化简下列逻辑函数。

$$Y_1 = AB + ABC + ABD$$
$$Y_2 = AB + AB\overline{C} + ABD + AB(\overline{C} + \overline{D})$$

解：$Y_1 = AB$

$Y_2 = AB + AB[\overline{C} + D(\overline{C} + \overline{D})] = AB$

3．消项法

根据公式 $AB + \overline{A}C + BC = AB + \overline{A}C$ 可将 BC 项消去。A 和 B 可以代表任何复杂的逻辑函数。

【例 15-7】 试用消项法化简下列逻辑函数。
$$Y_1 = AC + A\bar{B} + \overline{B+C}$$
$$Y_2 = \overline{AB}C + ABC + \overline{AB}\bar{D} + AB\bar{D} + \overline{ABC}D + BCDE$$

解：$Y_1 = AC + A\bar{B} + \bar{B}\bar{C} = AC + \bar{B}\bar{C}$

$Y_2 = (\overline{AB} + AB)C + (\overline{AB} + AB)\bar{D} + BC\bar{D}(\bar{A} + \bar{E})$
$= (\overline{A \oplus B})C + (A \oplus B)\bar{D} + C\bar{D}[B(\bar{A} + \bar{E})]$
$= (\overline{A \oplus B})C + (A \oplus B)\bar{D}$

4．消因子法

利用公式 $A + \bar{A}B = A + B$ 可将 $\bar{A}B$ 中的 $\bar{A}$ 消去。A、B 可以代表任意复杂的逻辑函数。

【例 15-8】 试用消因子法化简下列逻辑函数。
$$Y_1 = \bar{B} + ABC$$
$$Y_2 = A\bar{B} + B + A\bar{B}$$
$$Y_3 = AC + \bar{A}D + \bar{C}D$$

解：$Y_1 = \bar{B} + ABC = \bar{B} + AC$

$Y_2 = A\bar{B} + B + \overline{A}B = A + B + \overline{A}B = A + B$

$Y_3 = AC + \bar{A}D + \bar{C}D = AC + (\bar{A} + \bar{C})D = AC + \overline{AC}D = AC + D$

5．配项法

利用公式 $A+A=A$ 可在逻辑函数中重复写入某一项，以获得更简化的逻辑函数。

【例 15-9】 试用配项法化简逻辑函数 $Y = \bar{A}B\bar{C} + \bar{A}BC + ABC$。

解：若在式中重复写入 $\bar{A}BC$，则可得到
$$Y = (\bar{A}B\bar{C} + \bar{A}BC) + (\bar{A}BC + ABC)$$
$$= \bar{A}B(\bar{C} + C) + BC(\bar{A} + A)$$
$$= \bar{A}B + BC$$

此外，还可以利用公式 $A + \bar{A} = 1$ 将式中的某一项先乘以 $A + \bar{A}$，然后拆成两项分别与其他项合并，以求得更简化的逻辑函数。

从上面的例子中可以发现，用公式化简法需要记住许多公式，且要掌握一定技巧。下面介绍一种非常直观的化简方法——卡诺图化简法。

15.4.2 卡诺图化简法

在介绍卡诺图化简法之前，先介绍最小项的概念。

1．最小项

在逻辑函数中，如果一个乘积项包含所有变量，而且每个变量都以原变量或反变量的形式作为一个因子出现一次，那么就称该乘积项为这些变量的最小项。

例如，A、B、C 三个变量的最小项有 $\bar{A}\bar{B}\bar{C}$、$\bar{A}\bar{B}C$、$\bar{A}B\bar{C}$、$\bar{A}BC$、$A\bar{B}\bar{C}$、$A\bar{B}C$、$AB\bar{C}$、ABC，共 8 个（2^3）。包含 n 个变量的逻辑函数有 2^n 个最小项。

从最小项的定义出发可以证明最小项具有如下重要性质。

（1）在输入变量的任何取值下必有一个最小项，而且仅有一个最小项的值为 1。

（2）全体最小项的和为 1。

(3) 任意两个最小项的乘积为 0。

为了叙述和书写方便，通常对最小项进行编号。编号的方法是先把值为 1 的最小项组的变量的取值当成二进制数，然后将该二进制数转换成相应的十进制数，并作为该最小项的编号，m_i 表示第 i 个最小项，如表 15-8 所示。

表 15-8 三变量最小项的编号表

最小项			使最小项为 1 的变量取值			对应的十进制数	编号
			A	B	C		
$\bar{A}$	$\bar{B}$	$\bar{C}$	0	0	0	0	m_0
$\bar{A}$	$\bar{B}$	C	0	0	1	1	m_1
$\bar{A}$	B	$\bar{C}$	0	1	0	2	m_2
$\bar{A}$	B	C	0	1	1	3	m_3
A	$\bar{B}$	$\bar{C}$	1	0	0	4	m_4
A	$\bar{B}$	C	1	0	1	5	m_5
A	B	$\bar{C}$	1	1	0	6	m_6
A	B	C	1	1	1	7	m_7

任何一个逻辑函数都可以表示成若干个最小项之和，通常称为最小项表达式。为求得逻辑函数的最小项表达式，应先将逻辑函数展开成与或表达式，然后将缺少输入变量的与项配项，直到每一个与项都成为包含所有变量的与项为止。

【例 15-10】 将逻辑函数 $Y=AB+B\bar{C}+\bar{A}\,\bar{B}\,C$ 表示成最小项表达式。

解：这是一个包含 A、B、C 三个变量的逻辑函数，AB 项中缺少变量 C，因此用 $C+\bar{C}$ 乘 AB；$B\bar{C}$ 项中缺少变量 A，因此用 $A+\bar{A}$ 乘 $B\bar{C}$。利用分配律公式 $A(B+C)=AB+AC$，即可得到最小项表达式

$$\begin{aligned} Y &= AB+B\bar{C}+\bar{A}\,\bar{B}\,C \\ &= AB(C+\bar{C})+B\bar{C}(A+\bar{A})+\bar{A}\,\bar{B}\,C \\ &= ABC+AB\bar{C}+AB\bar{C}+\bar{A}B\bar{C}+\bar{A}\,\bar{B}\,C \\ &= ABC+AB\bar{C}+\bar{A}B\bar{C}+\bar{A}\,\bar{B}\,C \\ &= m_7+m_6+m_2+m_0 \\ &= \sum m(0,2,6,7) \end{aligned}$$

2. 卡诺图

将 n 变量的所有最小项各用一个小方格表示，并将具有逻辑相邻性的最小项在几何位置上也相邻地排列起来，得到的图形叫作 n 变量最小项的卡诺图。所谓逻辑相邻性，是指两个小方格表示的最小项中只有一个因子互为反变量，其余变量均相同。

图 15-7 所示为二变量到四变量最小项的卡诺图。

用卡诺图表示一个逻辑函数的方法是先把逻辑函数化为最小项之和的形式，然后在卡诺图与这些最小项对应的位置填入 1，在其余位置填入 0，就得到了表示该逻辑函数的卡诺图。也就是说，任何一个逻辑函数都等于其卡诺图中填入 1 的最小项的和。

（a）二变量（A、B）最小项的卡诺图

（b）三变量（A、B、C）最小项的卡诺图

（c）四变量（A、B、C、D）最小项的卡诺图

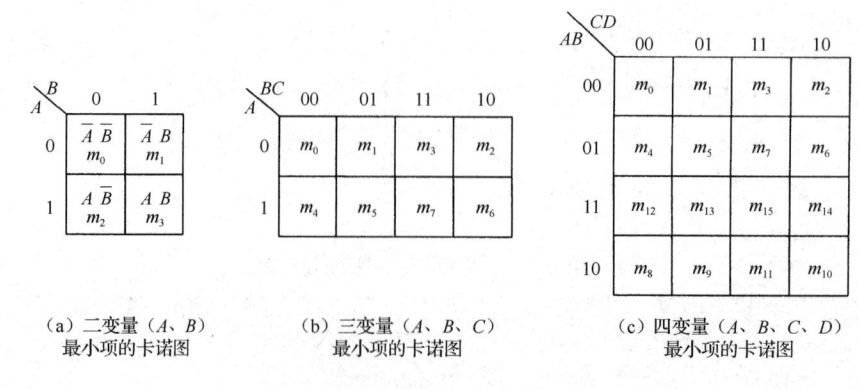

图 15-7　二变量到四变量最小项的卡诺图

【例 15-11】 用卡诺图表示逻辑函数 $Y = \overline{A}\,\overline{B}\,\overline{C}D + \overline{A}B\overline{D} + ACD + A\overline{B}$。

解：先将 Y 化为最小项之和的形式：

$$Y = \overline{A}\,\overline{B}\,\overline{C}D + \overline{A}B(C+\overline{C})\overline{D} + A(B+\overline{B})CD + A\overline{B}(C+\overline{C})(D+\overline{D})$$

$$= \overline{A}\,\overline{B}\,\overline{C}D + \overline{A}BC\overline{D} + \overline{A}B\overline{C}\,\overline{D} + ABCD + A\overline{B}CD + A\overline{B}\,\overline{C}\,\overline{D} + A\overline{B}CD + A\overline{B}\,\overline{C}D$$

$$= m_1 + m_4 + m_6 + m_8 + m_9 + m_{10} + m_{11} + m_{15}$$

画出四变量最小项的卡诺图，在各最小项对应位置填 1，在其余位置填 0，得到如图 15-8 所示的卡诺图。

图 15-8　例 15-11 的卡诺图

3．用卡诺图化简逻辑函数

利用卡诺图化简逻辑函数的方法称为卡诺图化简法或图形化简法。化简时依据的基本原理就是具有相邻性的最小项可以合并。由于卡诺图上的几何位置相邻与逻辑上的相邻是一致的，因此从卡诺图上能直观地找出那些具有相邻性的最小项，从而将其合并。

1）合并最小项的规则

（1）若两个最小项相邻，则可合并为一项并消去一个互补的变量，如图 15-9（a）和图 15-9（b）所示。

（2）四个相邻的小方格可以合并成一项，同时消去两个互补变量。这四个相邻的小方格或者组成一个大方格，或者组成一行、一列，或者位于行（列）的两端，或者位于四角，如图 15-9（c）和图 15-9（d）所示。

（3）八个相邻的小方格或者组成两行、两列，或者组成两边的两列、上下的两行，可以合并成一项，同时消去三个互补变量，如图 15-9（e）所示。

2）用卡诺图化简逻辑函数的步骤

（1）画出逻辑函数的卡诺图。

（2）按照上述合并最小项的规律，将相邻的标有 1 的方格圈起来，直到所有标有 1 的方格圈完为止。

（3）将每个圈表示的与项相加，得到逻辑函数的最简与或式。

为获得最简与或式，圈 1 时应注意以下几点。

（1）圈的个数应尽量少。圈数最少，简化后得到的乘积项就最少。但所有最小项均应圈过，不得遗漏。

（2）每个圈应尽可能大，以使得每个乘积项中包含的变量数量最少，每个圈包含的相邻最小项数只能是 1，2，4，8，…，2^n。

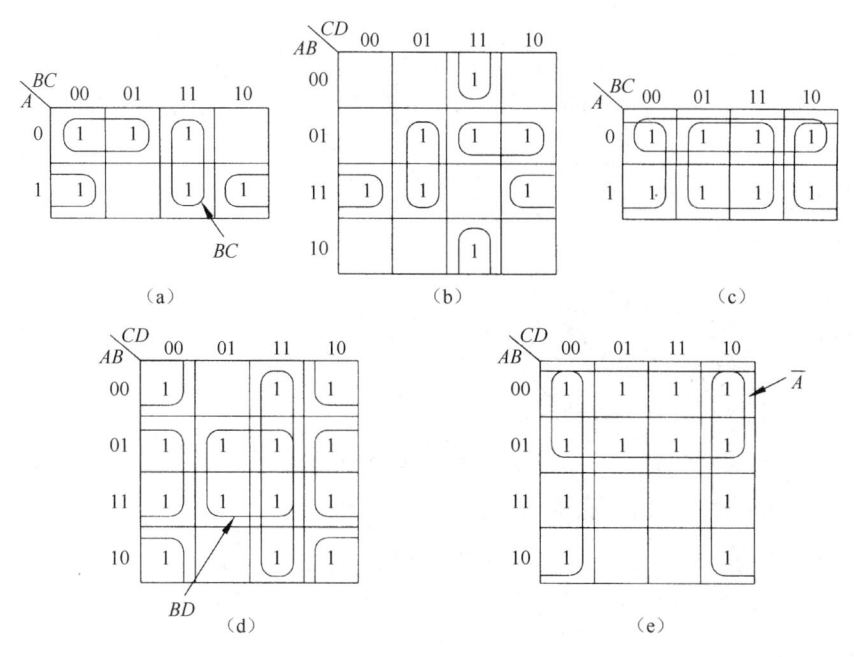

图 15-9 最小项相邻的几种情况

（3）最小项的方格可以重复使用，但每一个圈中至少要有一个最小项只被圈过 1 次，以免出现多余项。

（4）由于圈格的方法不止一种，因此化简的结果不止一种，这些结果之间是可以互相转换的。

【例 15-12】 化简 $F(A, B, C, D)=\sum m(3, 4, 5, 7, 9, 13, 14, 15)$。

解：画出 F 的卡诺图并按合并规律圈格，如图 15-10 所示，因此得

$$F = \bar{A}B\bar{C} + A\bar{C}D + \bar{A}CD + ABC$$

思考题

15.4.1 逻辑函数为什么要进行化简？最简逻辑函数的标准是什么？

15.4.2 能否将 $AB=AC$，$A+B=A+C$，$A+AB=A+AC$ 这三个逻辑函数化简为 $B=C$？

15.4.3 什么是最小项？写出 $Y=A+BC$ 的最小项表达式。

15.4.4 试用卡诺图表示 $Y = \bar{A}\bar{B}C + \bar{A}B\bar{C} + A\bar{B}\bar{C} + ABC$。从卡诺图上能否看出该式已是最简式？

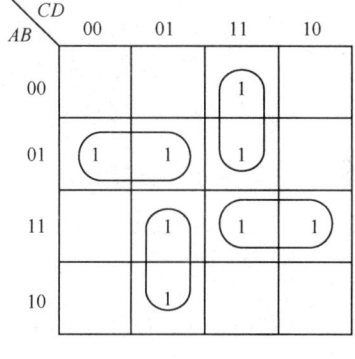

图 15-10 按合并规律圈格

本章小结

（1）在数字电路中应用最广泛的是二进制数。我们必须熟练掌握二进制数、十进制数及其相互转换，了解 BCD 码、格雷码。

（2）逻辑代数是用来描述逻辑关系、反映逻辑变量运算规律的数学工具。逻辑代数的基本运算关系有与、或、非三种，分别由基本的逻辑门电路——与门电路、或门电路、非门电路来实现。基本逻辑门电路可以组成组合逻辑门电路。

（3）逻辑函数通常可以用真值表、逻辑函数式、逻辑图、卡诺图表示，它们之间可以相互转换。

（4）逻辑代数中有许多基本定律和公式，这是进行逻辑函数化简的依据，它与普通代数既有相同之

处，又有不同之处，在学习中必须加以区别。

(5) 逻辑函数的化简方法有公式化简法和卡诺图化简法。本章要求重点掌握卡诺图化简法。

习题 15

15.1　将下列二进制数转换成十进制数。

（1）$(1011)_2$　　　（2）$(1010010)_2$　　　（3）$(1111101)_2$

15.2　将下列十进制数转换成二进制数。

（1）$(25)_{10}$　　　（2）$(100)_{10}$　　　（3）$(1025)_{10}$

15.3　将下列十进制数用 8421 码表示。

（1）$(555)_{10} = ($　　$)_{8421BCD}$　　　（2）$(99)_{10} = ($　　$)_{8421BCD}$

15.4　将下列 8421 码转换成十进制数。

（1）$(10000011)_{8421BCD} = ($　　$)_{10}$

（2）$(01010011)_{8421BCD} = ($　　$)_{10}$

15.5　逻辑代数的三种基本运算是什么？

15.6　逻辑代数有几种表示方法？它们各自有什么特点？

15.7　如题图 15-1 所示，假设开关闭合用 1 表示，开关断开用 0 表示；灯亮用 1 表示，灯灭用 0 表示。试列出灯 Y 与开关 A、开关 B、开关 C 状态关系的真值表，并写出灯 Y 点亮的逻辑函数。

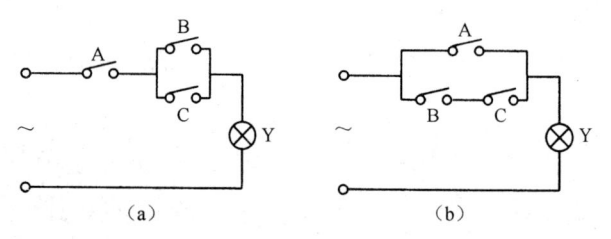

题图 15-1

15.8　用公式化简法证明下列逻辑函数。

（1）$A\bar{B}\bar{C} + A\bar{B}C + AB\bar{C} + ABC + \bar{A}BC + A\bar{C} = A + C$。

（2）$(A+B)(\bar{A}+B) = B$。

（3）$AB + \bar{A}C + BCD + A = A + C$。

（4）$(\bar{A}+\bar{B}+\bar{C})(B+\bar{B}C+\bar{C})(\bar{D}+DE+\bar{E}) + ABC = 1$。

15.9　用公式化简法化简下列逻辑函数。

（1）$Y_1 = A\bar{B} + B + BCD$。

（2）$Y_2 = \bar{A}B\bar{C} + A + \bar{B} + C$。

（3）$Y_3 = AB + \bar{A}\,\bar{C} + B\bar{C}$。

（4）$Y_4 = A(\bar{A}+B)(\bar{A}+\bar{B}) + (\bar{A}+\bar{B})\bar{C} + \overline{AB}$。

（5）$Y_5 = A\bar{B}(A+B)\overline{(AD+\bar{B}\,\bar{C}+\bar{A}CD)}$。

15.10　用卡诺图化简法化简下列逻辑函数。

（1）$Y_1 = ABC + ABD + \bar{C}\,\bar{D} + A\bar{B}C + \bar{A}C\bar{D} + ACD$。

（2）$Y_2 = \bar{A}\,\bar{B} + B\bar{C} + \bar{A} + \bar{B} + ABC$。

（3）$Y_3 = AB + A\bar{C} + BD + \bar{C}D$。

（4）$Y_4 = AB\,\bar{C} + \bar{A}\,\bar{B} + \bar{A}D + C + BD$。

第 16 章 逻辑门电路

本章学习目标和要求
1. 概述与门电路、或门电路、非门电路的逻辑功能。
2. 说明 TTL 与非门电路、或非门电路、集电极开路门电路与三态门电路的功能及典型应用。
3. 叙述常用 CMOS 门电路的基本工作原理及基本应用。
4. 掌握 TTL 门电路、CMOS 门电路的使用常识。
5. 会查阅数字电路手册，并能根据逻辑功能选用和更换集成电路。

本章介绍数字电路的基本单元电路——逻辑门电路。先讨论分立器件门电路，然后在此基础上，重点介绍 TTL 门电路和 CMOS 门电路，以及它们的使用常识。

16.1 最简单的逻辑门电路

用来实现基本逻辑运算和复合逻辑运算的单元电路称为逻辑门电路。常用的逻辑门电路在逻辑功能上有与门电路、或门电路、非门电路、与非门电路、或非门电路、与或非门电路、异或门电路等。

16.1.1 二极管与门电路

最简单的与门电路可以用二极管和电阻组成，如图 16-1 所示，该电路是有两个输入端的与门电路，图中 A、B 为两个输入变量，Y 为输出变量。

设 $V_{CC}=5V$；A、B 端输入的高、低电平分别为 $U_{IH}=3V$、$U_{IL}=0V$；二极管 VD_1 和 VD_2 为理想二极管。由图 16-1 可知，A、B 中只要有一个是低电平，就必有一个二极管导通，使 Y 为低电平。只有 A、B 同时为高电平时，Y 才为高电平。

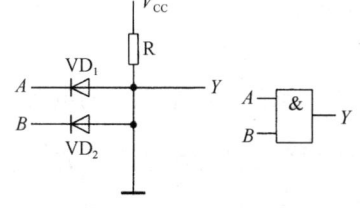

图 16-1 二极管与门电路

将上述情况下的输入端、输出端的电平列于表 16-1 中，按正逻辑[①]转换得到该电路的真值表，如表 16-2 所示。显然 Y 和 A、B 之间是与逻辑关系，即 $Y=AB$。

表 16-1 二极管与门电路的电平值

A/V	B/V	Y/V
0	0	0
0	3	0
3	0	0
3	3	3

表 16-2 二极管与门电路的真值表

A	B	Y
0	0	0
0	1	0
1	0	0
1	1	1

---

① 逻辑电路中有两种逻辑体制，一种用 1 表示高电平，用 0 表示低电平，这是正逻辑体制；另一种用 1 表示低电平，用 0 表示高电平，这是负逻辑体制。

16.1.2 二极管或门电路

最简单的或门电路如图 16-2 所示,它也是由二极管和电阻组成的,图中 A、B 是两个输入变量,Y 是输出变量。

若输入的高、低电平分别为 $U_{IH}=3V$,$U_{IL}=0V$;二极管 VD_1、VD_2 为理想二极管,则只要 A、B 中有一个是高电平,Y 就是高电平。只有当 A、B 同时为低电平时,Y 才是低电平。

将上述情况下的输入端、输出端的电平值列于表 16-3 中,按正逻辑转换得到该电路的真值表,如表 16-4 所示。显然 Y 和 A、B 之间是或逻辑关系,即 $Y=A+B$。

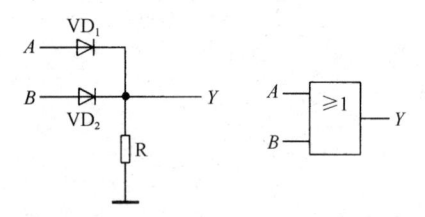

图 16-2 二极管或门电路

表 16-3 二极管或门电路的电平值

A/V	B/V	Y/V
0	0	0
0	3	3
3	0	3
3	3	3

表 16-4 二极管或门电路的真值表

A	B	Y
0	0	0
0	1	1
1	0	1
1	1	1

16.1.3 非门电路

实现非逻辑功能的电路是非门电路,也称反相器。利用三极管的开关特性,可以实现非逻辑关系。图 16-3 所示为三极管非门电路。

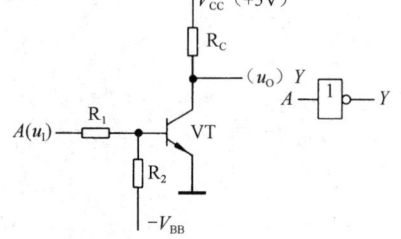

当输入 u_I 为低电平 0V 时,三极管 VT 截止,输出电压 $u_O=V_{CC}$(+5V)为高电平。

当输入 u_I 为高电平 3V 时,在元器件参数选择适当的情况下,三极管 VT 工作于饱和区,输出电压 $u_O=U_{CES}\approx 0V$,为低电平。

图 16-3 三极管非门电路

将输入端、输出端的电平值列于表 16-5 中,按正逻辑转换得到该电路的真值表,如表 16-6 所示。可以看出,A 与 Y 的逻辑正好相反,即 $Y=\overline{A}$。

表 16-5 三极管非门电路的电平值

u_I/V	u_O/V
0	5
3	0

表 16-6 三极管非门电路的真值表

A	Y
0	1
1	0

16.1.4 组合逻辑门电路

将与门电路、或门电路、非门电路等基本逻辑门电路组合起来,可以实现与非、或非、与或非、异或、同或等逻辑运算的逻辑门电路,这些电路统称为组合逻辑门电路。例如,图 16-4 所示为由二极管与门电路与三极管非门电路组合而成的与非门电路,其中,C_s 是用于提高三极管开关速度的加速电容,在分析输入端和输出端的电平关系时,可认为 C_s 开路。表 16-7 所示为与非门电路的真值表。

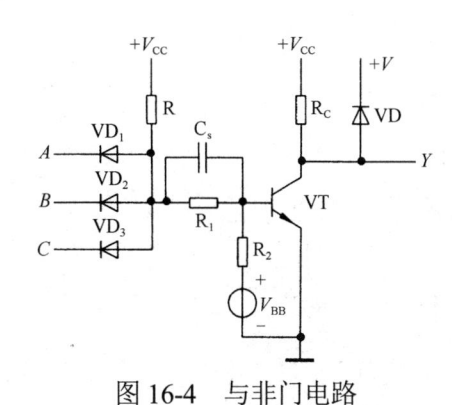

表 16-7 与非门电路的真值表

输入			输出
A	B	C	Y
0	0	0	1
0	0	1	1
0	1	0	1
0	1	1	1
1	0	0	1
1	0	1	1
1	1	0	1
1	1	1	0

图 16-4 与非门电路

思考题

怎样用二极管或门电路和三极管非门电路连接成或非门电路?或非门电路的逻辑函数为 $Y = \overline{A + B + C}$。

16.2 TTL 门电路

TTL 门电路是晶体管-晶体管逻辑(Transistor-Transistor-Logic)电路。TTL 门电路是数字电路的一大门类,它采用双极型工艺制造,具有高速度、高功耗(相对于 CMOS 门电路)和多品种等特点。

16.2.1 TTL 门电路的基础知识

1. 电路组成

TTL 门电路的基本形式是与非门电路,其典型电路及逻辑符号如图 16-5 所示。

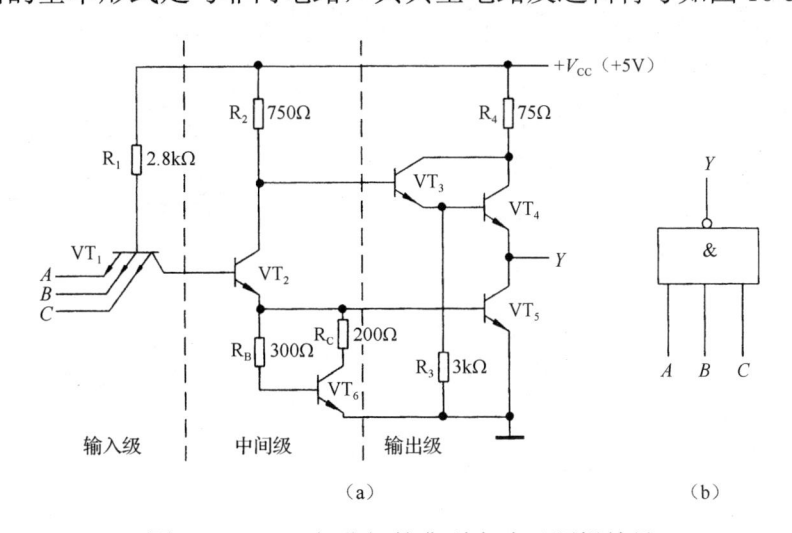

图 16-5 TTL 与非门的典型电路及逻辑符号

图 16-5(a)所示的电路中的 VT_1 为多发射极晶体管,其等效电路如图 16-6 所示。

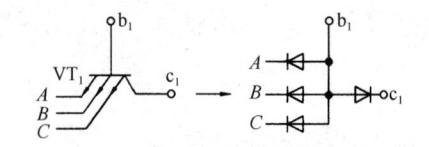

图 16-6 多发射极晶体管等效电路

当输入信号 A、B、C 全部为高电平时，电路输出信号 Y 为低电平；当输入信号中有一个或一个以上为低电平时，输出信号为高电平。输出信号与输入信号之间的逻辑关系为

$$Y = \overline{ABC}$$

图 16-7 所示为 TTL 与非门电路的引脚排列图及逻辑符号，一片集成电路内的各个逻辑门电路相互独立，可以单独使用，但共用一组电源。

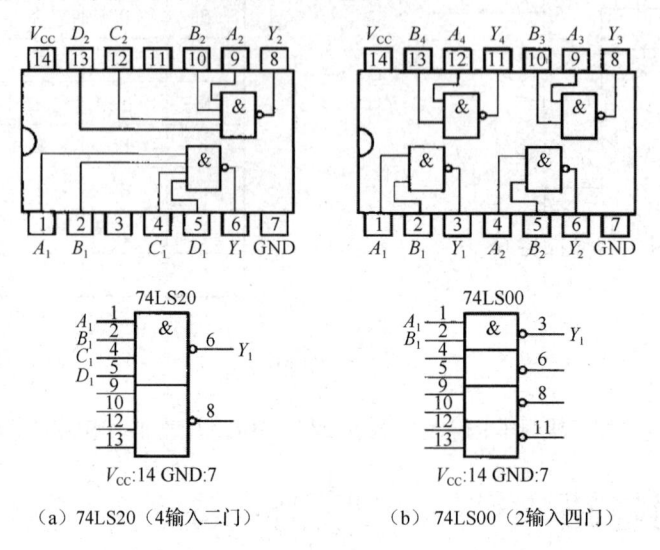

(a) 74LS20（4输入二门）　　(b) 74LS00（2输入四门）

图 16-7　TTL 与非门电路的引脚排列图及逻辑符号

为了正确使用 TTL 门电路，应熟练掌握其电气特性，主要是电压传输特性。

2．电压传输特性

电压传输特性是指输出电压 u_O 随输入电压 u_I 变化的关系曲线。图 16-8 所示为 TTL 与非门电路和电压传输特性曲线。

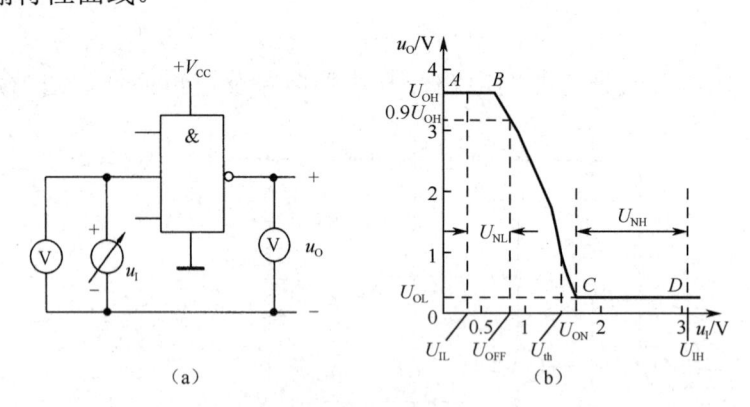

图 16-8　TTL 与非门电路和电压传输特性曲线

电压传输特性曲线大体分为三段。

AB 段：$u_I \leq 0.8\text{V}$，u_O 保持高电平 U_{OH}，u_O 不随 u_I 的变化而变化，此段称为传输特性曲线的截止区。

BC 段：$0.8\text{V} < u_I \leq 1.4\text{V}$，$u_O$ 随着 u_I 的增大而减小，此段称为传输特性曲线的转折区。

CD 段：$u_I > 1.4\text{V}$，u_O 保持在低电平 U_{OL}，不随 u_I 的变化而变化，此段称为传输特性曲线的饱和区。

3. 常用参数

（1）输出高电平 U_{OH} 和输出低电平 U_{OL}：分别指对应于传输特性曲线截止区与饱和区的输出电压值。标准的 $U_{OH}=3.6V$，$U_{OL}=0.35V$。

（2）开门电平 U_{ON} 和关门电平 U_{OFF}：在保证门电路输出为额定低电平的条件下，所允许的最小输入高电平称为开门电平；在保证门电路输出为 $0.9U_{OH}$ 的条件下，所允许的最大输入低电平称为关门电平。为保证输出高电平，应满足 $u_I \leq U_{OFF}$；为保证输出低电平，应满足 $u_I > U_{ON}$。

（3）扇出系数 N_0：是指一个与非门电路能带同类门电路的最大数目，它表示带负载能力。TTL 与非门电路的 $N_0 \geq 8$。

TTL 与非门电路还有输入信号噪声容限等参数，限于篇幅，这里不再赘述。

16.2.2 其他类型的 TTL 门电路

在 TTL 门电路系列产品中，除与非门电路外，还有与门电路、或门电路、与或非门电路、集电极开路门电路、三态门电路等多种形式。与门电路、或门电路、与或门电路是以与非门电路为基础，在电路内部稍做改动得到的，在此不再赘述。下面介绍集电极开路门电路和三态门电路。

1. 集电极开路门电路

在实际应用中，有时需要将几个门电路的输出端并联使用，但是如图 16-5（a）所示的 TTL 与非门电路是不能将输出端并联使用的，否则会造成门电路损坏。

将两个或多个门电路的输出端并联起来得到的逻辑关系称为线逻辑，有线与逻辑和线或逻辑两种。这种电路结构的特点是节省组件、传输延迟小、功耗小。集电极开路门电路（简称 OC 门电路）是一种能够实现线逻辑功能的电路。

OC 门电路将原 TTL 与非门电路中的 VT_5 的集电极开路，并去掉了集电极电阻。在使用时，为保证 OC 门电路正常工作，必须在输出端串入一个电阻 R_L（称为上拉电阻）。OC 门电路及逻辑符号如图 16-9 所示。

几个 OC 门电路并联在一起，如图 16-10 所示，可以完成的逻辑功能为

$$Y = \overline{AB} \cdot \overline{CD} \cdot \overline{EF} = \overline{AB + CD + EF}$$

即利用 OC 门电路能够实现与或非的逻辑功能。电路中的 R_L 的阻值必须根据需要合理选择。

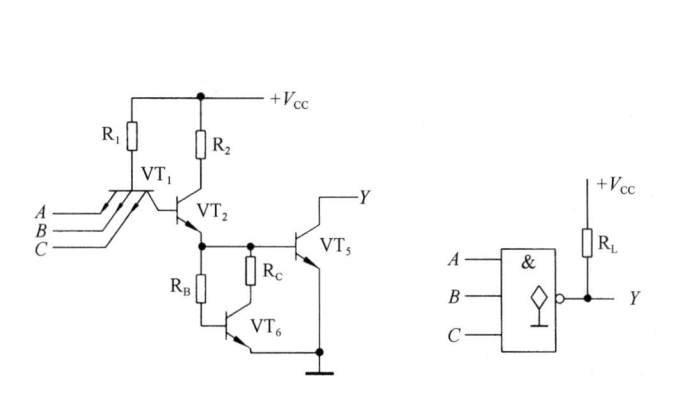

图 16-9　OC 门电路及逻辑符号 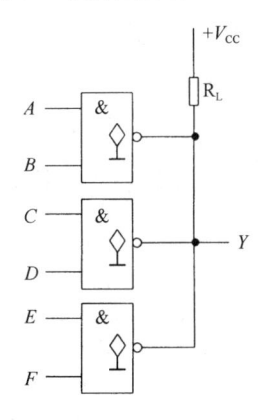　　图 16-10　几个 OC 门电路并联

2. 三态门电路

三态门电路又称 3S 门电路或 TSL 门电路，它有三种输出状态，分别是高电平、低电平、高阻态。其中，在高阻态输出状态下，输出端相当于开路。

图 16-11 所示为三态门电路的逻辑符号，其中 EN 为控制端（或称使能端）。

图 16-11（a）所示为控制端高电平有效时的逻辑符号。当 EN = 1 时，电路满足 $Y = \overline{AB}$；当 EN = 0 时，电路处于高阻态。

图 16-11（b）所示为控制端低电平有效时的逻辑符号。当 $\overline{EN}$ = 0 时，电路满足 $Y = \overline{AB}$；当 $\overline{EN}$ = 1 时，电路处于高阻态。

利用三态门电路，可以做到在同一条传输线上分时传递几个门电路的信号，如图 16-12 所示。

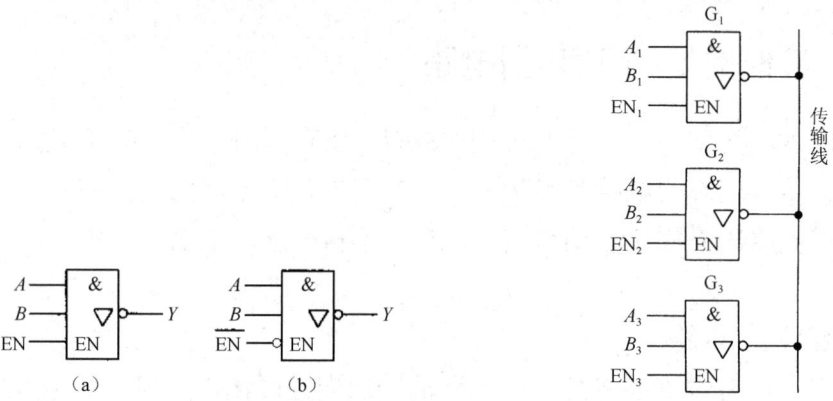

图 16-11 三态门电路的逻辑符号　　图 16-12 利用三态门电路传递信号

图 16-12 所示的电路在工作时，各个门电路的控制端轮流处于有效状态，而且仅有一个控制端处于有效状态，从而将各个门电路的输出信号轮流送到传输线上且互不干扰。

16.2.3　TTL 门电路的使用规则

1．对电源的要求

（1）TTL 门电路对电源要求比较严格，当电源电压超过 5.5V 时，器件将损坏；当电源电压低于 4.5V 时，器件的逻辑功能将不正常。因此 TTL 门电路的电源电压应满足 5V±0.5V。

（2）考虑到在电源接通瞬间及电路工作状态高速转换时，电源电流会出现瞬态尖峰值。该电流在电源线与地线上产生的压降将引起噪声干扰，因此在 TTL 门电路电源和地之间接一个 0.01μF 的高频滤波电容，在电源输入端接一个 20～50μF 的低频滤波电容，以有效消除电源线上的噪声干扰。

（3）为了保证 TTL 门电路正常工作，必须保证其良好接地。

2．电路接线注意事项

（1）TTL 门电路不能将电源和地接错，否则 TTL 门电路将被烧毁。

（2）TTL 门电路各输入端不能直接与高于+5.5V 和低于–0.5V 的低内阻电源连接。因为低内阻电源会产生较大的电流，从而烧坏电路。

（3）TTL 门电路的输出端不能直接接地或+5V 电源，否则器件将损坏。

（4）TTL 门电路的输出端不允许并联使用（OC 门电路和三态门电路除外），否则将损坏。

（5）当输出端接容性负载时，电路从断开到接通瞬间会有很大的冲击电流流过输出管，从而导致输出管损坏。因此，应在输出端串接一个限流电阻。

3．多余输入端的处理

（1）TTL 与门电路、TTL 与非门电路多余的输入端可以悬空，但这样处理容易受到外界干扰，从而使电路产生错误动作，对此可以将其多余输入端直接接 V_{CC}，或者通过一定阻值的电阻接 V_{CC}，也可以将多余输入端并联使用。

（2）TTL 或门电路、TTL 或非门电路多余的输入端不可以悬空，可以将其接地或与其他输入端并联使用。

思考题

16.2.1 什么是 TTL 门电路？OC 门电路与普通 TTL 门电路的主要差异是什么？OC 门电路适用于什么场合？

16.2.2 三态门电路有几种输出状态？何为低电平有效？何为高电平有效？

16.2.3 使用 TTL 门电路时应注意什么问题？

16.3 CMOS 门电路

MOS 集成电路是数字电路中的一个重要系列，它具有功耗低、抗干扰性能好、制造工艺简单、易于大规模集成等优点，是目前应用最广泛的一种集成电路。MOS 集成电路可分为 NMOS 集成电路、PMOS 集成电路、CMOS 集成电路。其中，CMOS 集成电路具有功耗低、工作速度较快的特点，应用较广泛。

16.3.1 CMOS 门电路的基础知识

1．CMOS 反相器

CMOS 反相器电路如图 16-13 所示。CMOS 反相器由增强型 NMOS 管 VT_1 和增强型 PMOS 管 VT_2 组成。设 PMOS 管、NMOS 管的开启电压分别为 $U_{GS(th)P}$ 和 $U_{GS(th)N}$，为保证该电路正常工作，应满足 $V_{DD} > |U_{GS(th)P}| + U_{GS(th)N}$。

当输入电压 $u_I = U_{IL} = 0$ 时，有 $U_{GS1} = 0$，VT_1 截止，等效电阻很高；而 $U_{GS2} = u_I - V_{DD} = -V_{DD} < U_{GS(th)P}$，$VT_2$ 导通，等效电阻很低。因此，输出为高电平 U_{OH}，且 $U_{OH} \approx V_{DD}$。

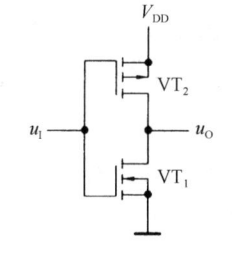

当输入 $u_I = U_{IH} = V_{DD}$ 时，有 $U_{GS2} = 0$，VT_2 截止，等效电阻很高；而 $U_{GS1} = u_I - 0 = V_{DD} > U_{GS(th)N}$，$VT_1$ 导通，等效电阻很低。因此，输出为低电平 U_{OL}，且 $U_{OL} \approx 0$。由此可见，输出 u_O 与输入 u_I 之间的关系为逻辑非。

图 16-13 CMOS 反相器电路

2．其他类型的 CMOS 门电路

在 CMOS 门电路系列产品中，除反相器外常用的还有或非门电路、与非门电路、或门电路、与门电路、与或非门电路、异或门电路等。

图 16-14 所示为 CMOS 与非门电路，它由两个并联的增强型 PMOS 管 VT_3、VT_4 和两个串联的增强型 NMOS 管 VT_1、VT_2 组成。当输入信号 A、B 同时为高电平时，VT_1、VT_2 导通，

VT$_3$、VT$_4$ 截止，输出信号 Y 为低电平；当输入信号 A、B 中有一个为低电平时，VT$_1$、VT$_2$ 中必有一个截止，VT$_3$、VT$_4$ 中必有一个导通，输出信号 Y 为高电平。由此可见，该电路实现了与非逻辑功能，即 $Y = \overline{AB}$。

图 16-15 所示为 CMOS 或非门电路，它由两个并联的增强型 NMOS 管 VT$_1$、VT$_2$ 和两个串联的增强型 PMOS 管 VT$_3$、VT$_4$ 组成，当输入信号 A、B 中有一个为高电平时，VT$_1$、VT$_2$ 中必有一个导通，VT$_3$、VT$_4$ 中必有一个截止，输出信号 Y 为低电平；当输入信号 A、B 全为低电平时，VT$_1$、VT$_2$ 截止，VT$_3$、VT$_4$ 导通，输出信号 Y 为高电平。由此可见，该电路实现了或非逻辑功能，即 $Y = \overline{A+B}$。

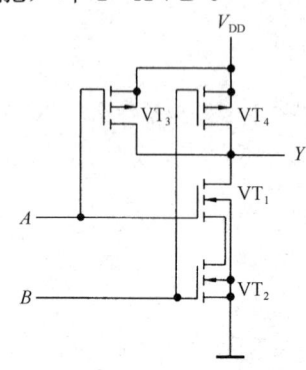

图 16-14　CMOS 与非门电路 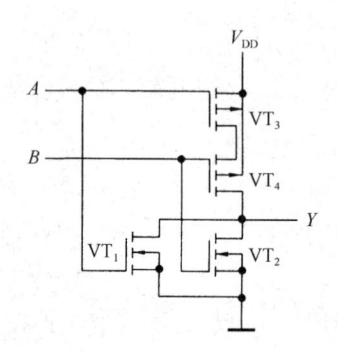　　　　图 16-15　CMOS 或非门电路

3. CMOS 传输门电路和模拟开关

CMOS 传输门电路是由 PMOS 管和 NMOS 管并联互补构成的基本单元电路，其电路和逻辑符号如图 16-16 所示。

如图 16-16 所示，PMOS 管的源极与 NMOS 管的漏极相连，作为电路的输入端，PMOS 管的漏极和 NMOS 管的源极相连，作为电路的输出端。两个管的栅极分别受一对控制信号 C 和 $\overline{C}$ 的控制。由于 MOS 管漏极-源极的对称性，因此信号可以实现双向传输。

设控制信号的高、低电平分别为 V_{DD}、0V，且电路满足 $V_{DD} > |U_{GS(th)P}| + U_{GS(th)N}$。

当 $C = 0$，$\overline{C} = V_{DD}$ 时，VT$_1$、VT$_2$ 均处于截止状态，输出、输入间呈现高阻态，输入与输出隔离，CMOS 传输门电路不能传输信号。

当 $C = V_{DD}$，$\overline{C} = 0$ 时，输入 u_I 在 0 到 V_{DD} 之间变化，VT$_1$、VT$_2$ 中总有一个处于导通状态，输出、输入间呈现低阻态，CMOS 传输门电路导通，$u_O = u_I$。

CMOS 传输门电路与反相器组合可以构成模拟开关，其电路和逻辑符号如图 16-17 所示。VT$_3$、VT$_4$ 构成传输门电路，VT$_1$、VT$_2$ 构成反相器。当 $C = V_{DD}$ 时，CMOS 传输门电路导通，$u_O = u_I$；当 $C = 0$ 时，CMOS 传输门电路截止，不能传输信号。

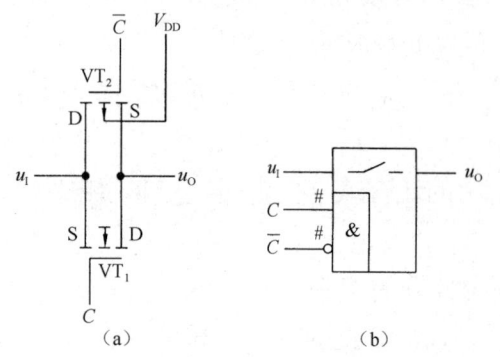

图 16-16　CMOS 传输门电路和逻辑符号 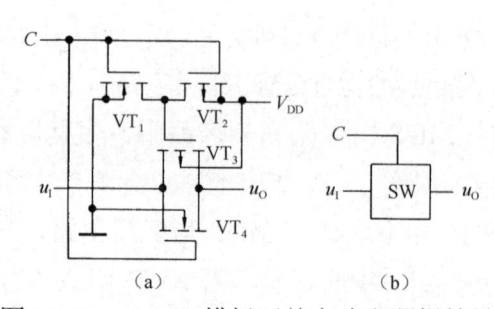　　　图 16-17　CMOS 模拟开关电路和逻辑符号

16.3.2 CMOS 门电路的使用规则

1．对电源的要求

（1）CMOS 门电路可以在很宽的电源电压范围内正常工作，但电源电压不能超过最大极限电压。

（2）CMOS 门电路的电源极性不能接反，否则将导致器件损坏。

2．对输入端的要求

（1）输入信号的电压必须介于 $V_{SS} \sim V_{DD}$。

（2）每个输入端的电流应不超过 1mA，必要时应在输入端串接限流电阻。

（3）多余的输入端不允许悬空，与门电路及与非门电路多余的输入端应接 V_{DD} 或高电平，或门电路及或非门电路多余的输入端应接 V_{SS} 或低电平。

3．对输出端的要求

（1）CMOS 门电路的输出端不允许直接接 V_{DD} 或 V_{SS}，否则将导致器件损坏。

（2）CMOS 门电路的输出端在接容量较大的容性负载时，必须在输出端与负载电容间串接一个限流电阻，将瞬态冲击电流限制在 10mA 以下。

（3）为提高 CMOS 门电路的驱动能力，同一芯片上的多个电路可以并联使用，不在同一芯片上的电路不可以并联使用。

4．操作规则

静电击穿是 CMOS 门电路失效的主要原因，在实际使用 CMOS 门电路时应遵守以下规则。

（1）在防静电材料中储存或运输。

（2）在组装、调试时，电烙铁和其他工具、仪表、工作台台面等应良好接地。操作人员的服装和手套等应选用无静电的原料制作。

（3）电源接通期间不应把器件在测试座上插入或拔出。

（4）在调试电路时，应先接通线路板电源，再接通信号源；在断电时，应先断开信号源，再断开线路板电源。

16.3.3 TTL 门电路与 CMOS 门电路之间的接口技术

在 TTL 门电路与 CMOS 门电路并存的情况下，经常会遇到需要将两种器件互相对接的问题。下面简单介绍 TTL 门电路与 CMOS 门电路之间的接口技术。

1．TTL 门电路驱动 CMOS 门电路

TTL 门电路输出高电平的最小值为 2.4V，而 CMOS 门电路的输入高电平一般应高于 3.5V，这使得二者的逻辑电平不兼容，对此可采用以下措施。

（1）在 TTL 门电路与 CMOS 门电路之间接入一个上拉电阻，以提高 TTL 门电路输出高电平，如图 16-18 所示。

（2）当 CMOS 门电路的电源电压较高时，CMOS 门电路对输入高电平的要求超出 TTL 门电路输出端能达到的范围。对此应使用 OC 门电路作为驱动门，如图 16-19 所示。

（3）使用带电平偏移的 CMOS 接口电路（如 40109），如图 16-20 所示，这种电路同时具有两个电源输入端，其输出电平能够满足 CMOS 门电路对输入电平的要求。

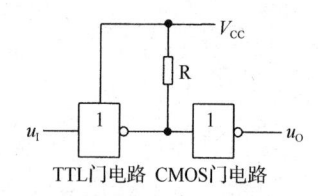

图 16-18　接入上拉电阻 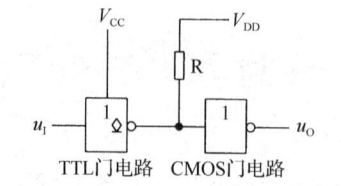　　　　图 16-19　OC 门电路作为驱动门

2. CMOS 门电路驱动 TTL 门电路

CMOS 门电路的输出逻辑电平与 TTL 门电路的输入逻辑电平可以兼容，但 CMOS 门电路的驱动电流较小，不能直接驱动 TTL 门电路，对此可采用以下措施。

（1）将同一芯片上的 CMOS 门电路并联，以提高其带负载能力，如图 16-21 所示。

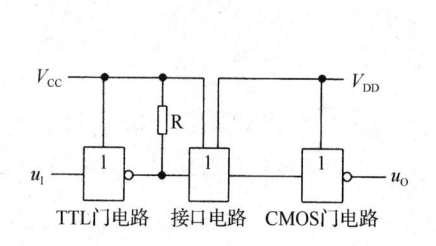

图 16-20　带电平偏移的 CMOS 接口电路 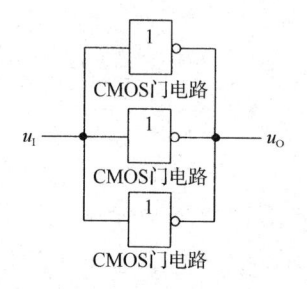　　　　图 16-21　CMOS 门电路并联

（2）采用 CMOS 驱动器，如同相输出驱动器 4010，如图 16-22 所示。

（3）采用由分立器件构成的电流放大器来驱动，如图 16-23 所示。

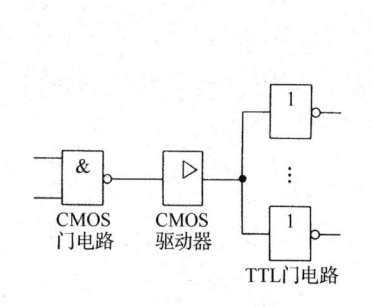

图 16-22　采用 CMOS 驱动器 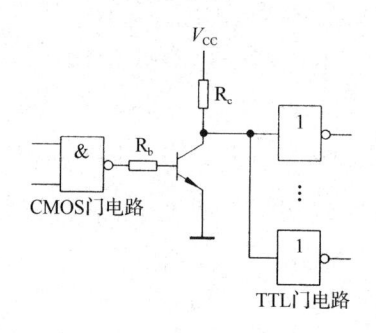　　　　图 16-23　采用电流放大器驱动

思考题

16.3.1　什么是 CMOS 门电路？画出 CMOS 反相器电路、CMOS 与非门电路、CMOS 或非门电路和 CMOS 传输门电路。

16.3.2　在使用 CMOS 门电路时应注意什么问题？

16.3.3　CMOS 门电路多余的输入端应怎样处理？

16.4　门电路的应用与实验

16.4.1　常见的集成电路

1. 常见的 TTL 集成电路

TTL 集成电路主要有两大系列——54 系列和 74 系列，这两大系列的电路结构和电气性能参数完全相同。其中 54 系列为军用品（工作温度为 $-55 \sim +125\ ℃$），74 系列为民用品（工作温度为 0～70℃）。国际上，54 系列和 74 系列按以下四部分进行型号命名：①厂家器件型号前缀；②54/74 族号；③系列规格；④集成电路的功能编号。

例如，HD74LS02 中的 HD 是厂家器件型号前缀；74 是族号；LS 是系列规格；02 是集成电路的功能编号。综合起来，HD74LS02 为日本 HITACHI 公司生产的 74 系列低功耗、四 2 输入或非门集成电路。

TTL 集成电路系列产品及特性对照表如表 16-8 所示。

表 16-8 TTL 集成电路系列产品及特性对照表

系 列	特 性	t_{pd} /ns	P/mW
74 系列	最早产品，中速器件，目前仍在使用	10	10
74H 系列	74 系列的改进型产品，功耗较大，目前不常使用	6	22.5
74S 系列	速度较高，品种不是很多	4	20
74LS 系列	低功耗，品种生产厂家多，价格低，目前为主要产品系列	10	2
74AS 系列	74S 系列的后继产品，速度、功耗有改进	1.5	20
74ALS 系列	74LS 系列的后继产品，速度、功耗有较大改进，但价格较 74LS 系列产品高	4	1

TTL 集成电路在数字电路中只占很少一部分，它们都采用双列直插塑封形式。

2．常见的 CMOS 集成电路

中小规模 CMOS 集成电路主要有 4XXX/45XX（X 代表数字 0～9）系列、高速 CMOS 集成电路 HC 系列（74HC）、与 TTL 集成电路兼容的高速 CMOS 集成电路 HCT 系列（74HCT）。

4XXX/45XX 系列集成电路的命名也由四部分组成：①厂家器件型号前缀；②系列号；③集成电路功能编号；④类别。

例如，CD4010B 中的 CD 是美国 RCA 公司器件型号前缀；40 是系列号；10 是集成电路功能编号，即六同相驱动器；B 是类别。

4XXX/45XX 系列集成电路分 A、B 两类，采用双列直插塑封形式，引脚编号与 TTL 集成电路相同。

TTL 集成电路与 CMOS 集成电路各有优缺点：TTL 集成电路速度快，CMOS 集成电路功耗低、电源电压范围大、抗干扰能力强。

注意

> 4XXX/45XX 系列集成电路中编号相同的器件并不表示二者具有相同的逻辑功能。例如，4000B 与 4500B，4000B 是双 3 输入或非门加反相器，而 4500B 是一位微处理器。这与 54 系列和 74 系列集成电路不同。

16.4.2 门电路应用实例

1．用与门电路控制的报警器

图 16-24 所示为用与门电路控制的报警器电路示意图。当输入信号 A 为低电平时（报警控制开关处于 OFF 状态），输出信号 L 为低电平，不受输入信号 B 的控制，报警器输出固定电平，喇叭不响。外出时，使输入信号 A 为高电平（报警控制开关处于 ON 状态），输出信

号 L 受输入信号 B 控制；当房门关闭时，输入信号 B 为低电平，输出信号 L 为低电平，报警器输出为固定电平，喇叭不响；当外人开门闯入时，输入信号 B 为高电平，输出信号 L 变成高电平，由门电路和电阻组成的振荡电路工作，报警器输出振荡信号，喇叭响。

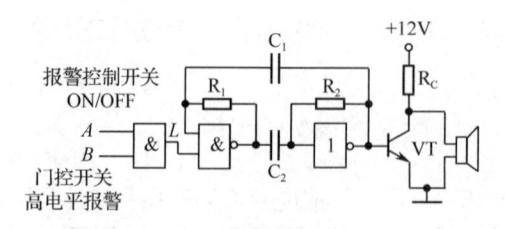

图 16-24　用与门电路控制的报警器电路示意图

2. 用门电路直接驱动显示器

在数字电路中，往往需要用 LED 显示信息，如简单的逻辑器件的状态、七段数码等。

图 16-25 所示为 CMOS 反相器 74HC04 驱动 LED 的电路，该电路中串接了一个限流电阻，其作用是保护 LED。

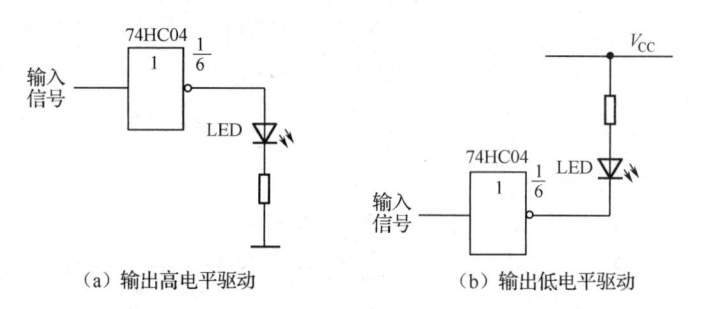

图 16-25　CMOS 反相器 74HC04 驱动 LED 的电路

16.4.3　TTL 门电路的基本逻辑功能测试

一、实验目的

（1）认识数字电路试验箱各部分电路的基本功能，学会其使用方法。
（2）认识 TTL 集成电路实验芯片的外形和引脚排列。
（3）学会逻辑集成电路的逻辑功能测试方法。

二、实验原理

逻辑门电路是逻辑集成电路的基本组成单元，掌握其逻辑功能的测试方法，对正确使用门电路具有十分重要的意义。门电路种类繁多，本实验仅对典型的芯片 74LS00（四 2 输入与非门）、74LS08（四 2 输入与门）、74LS20（二 4 输入与非门）、74LS86（四 2 输入异或门）的逻辑功能进行测试，从中学习逻辑功能测试的基本方法。

三、实验仪器和器件

数字电路实验箱（一台）、直流稳压电源（一台）、万用表（一块）、配套芯片［74LS00（1 个）、74LS20（1 个）、74LS08（1 个）、74LS32（1 个）、74LS86（1 个）］。

四、实验内容与步骤

1. 熟悉数字电路实验箱的使用方法

在实验前先检查数字电路实验箱的电源是否正常，然后选择要使用的芯片进行实验。

2. 检测芯片的逻辑功能

为了检测某种门电路的逻辑功能，先选定元器件型号，并正确连接元器件的工作电压端。

（1）选用四 2 输入与非门电路 74LS00。将 74LS00 插入实验箱上的 IC 插座，在断电的情况下，按图 16-26 接线，输入端 A、B 分别接 S1、S2（电平开关输出插口，每个端都可以独立提供逻辑"0"和"1"两种状态），输出端接 LED，特别注意 V_{CC} 及 GND 不能接错。

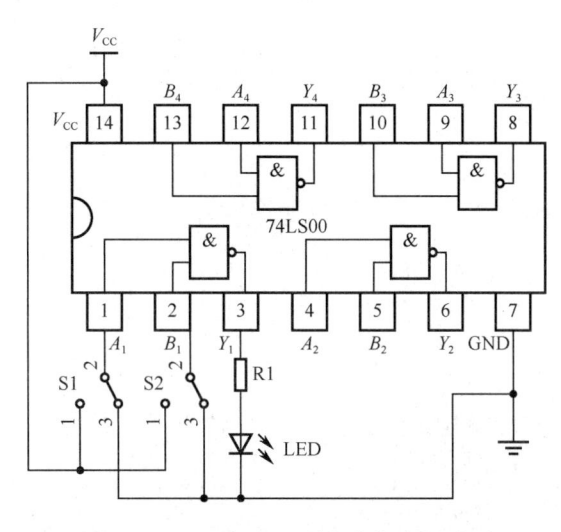

图 16-26 74LS00 逻辑功能测试电路

按照表 16-9 逐项进行测试。74LS00 是有 2 个输入端的与非门电路，它有 4 个最小项，根据与非门电路的逻辑功能，只要按如表 16-9 所示的 4 项进行测试，便能判断与非门电路的逻辑功能是否正常。

表 16-9 74LS00 功能测试

输	入	输 出
A	B	Y
0	0	
0	1	
1	0	
1	1	

同理，测试 74LS20、74LS08、74LS32、74LS86，分别自拟真值表，记录实验状态，总结各逻辑集成电路的逻辑功能。74LS20 引脚图如图 16-27 所示，74LS08、74LS32、74LS86 引脚图如图 16-28 所示。

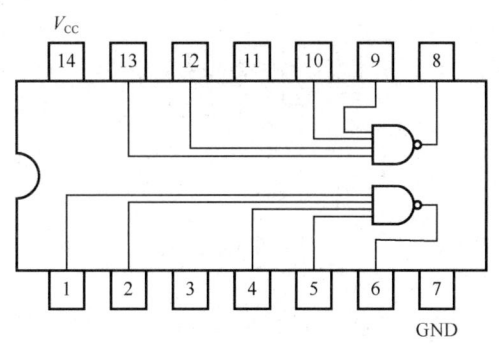

图 16-27 74LS20 引脚图

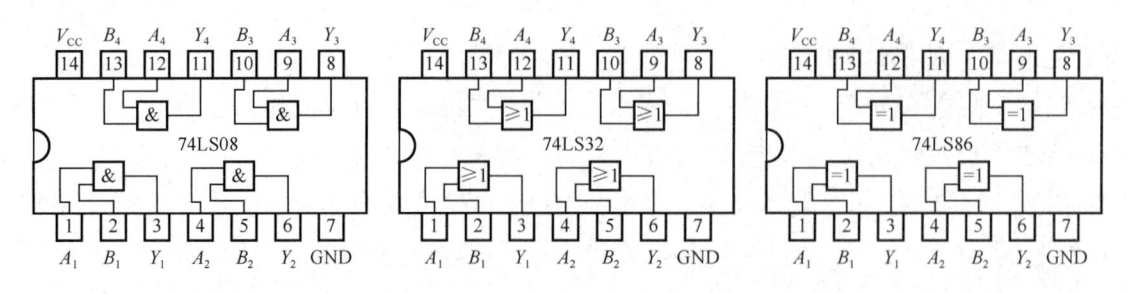

图 16-28 74LS08、74LS32、74LS86 引脚图

五、实验分析和总结

（1）整理实验数据。
（2）讨论对 TTL 门电路的多余输入端的处理方法。

本章小结

（1）逻辑门电路是构成各种数字电路的单元电路，只有掌握它们的逻辑功能和电气特性，才能合理使用它们。

（2）数字电路有很多品种，目前使用最广泛的是 TTL 门电路和 CMOS 门电路。TTL 门电路的基本形式是与非门电路，它具有高速度、高功耗和多品种等特点。CMOS 门电路具有功耗低、工作速度快的特点，应用较广泛。

（3）对于 TTL 门电路与 CMOS 门电路，应重点掌握其电气特性，这对于掌握、应用 TTL 门电路与 CMOS 门电路是十分重要的。

（4）在使用 TTL 门电路、CMOS 门电路时，要遵循一定规则。TTL 门电路在与 CMOS 门电路连接时，需要采用适当的接口电路。

习题 16

16.1 试说明能否将与非门电路、或非门电路、异或门电路当作反相器使用。如果可以，各输入端应如何连接？

16.2 OC 门电路有何特点？它有何用途？

16.3 三态门电路有何特殊功能？它有何用途？

16.4 写出如题图 16-1 所示的各逻辑图的逻辑函数。若输入端都输入高电平，则输出应是什么电平？

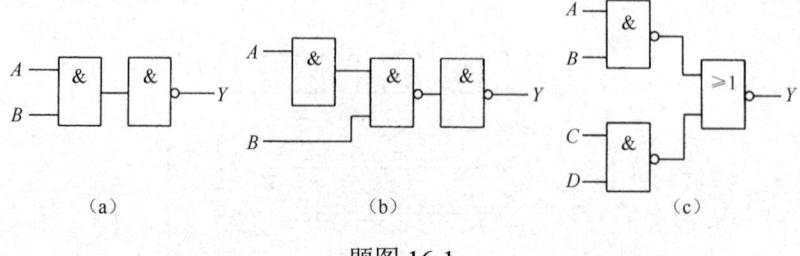

题图 16-1

16.5 TTL 与非门电路按如题图 16-2 所示的接法连接，试判断输出信号的逻辑电平。

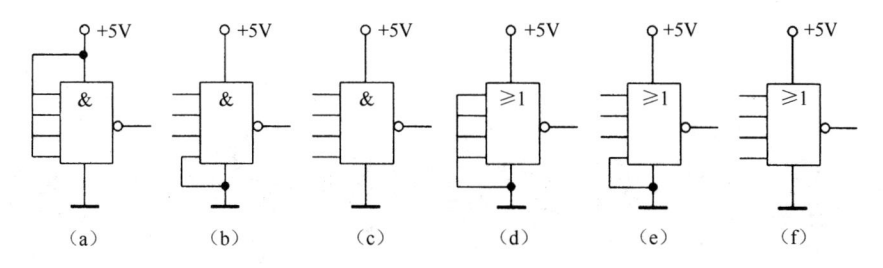

题图 16-2

16.6 分别画出如题图 16-3 所示各电路的输出波形。

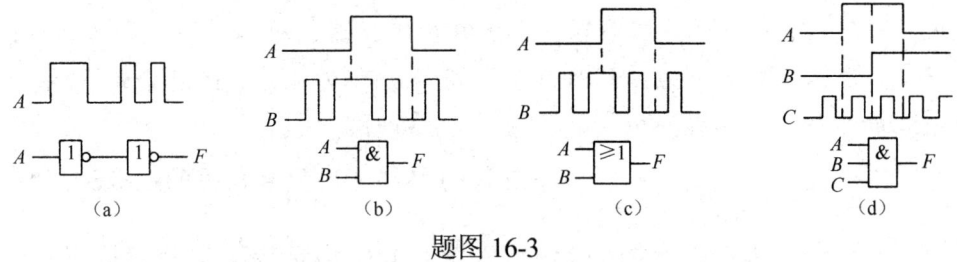

题图 16-3

16.7 三态门电路如题图 16-4（a）所示，试画出输入端输入信号的波形如图 16-4（b）所示时输出端的波形。

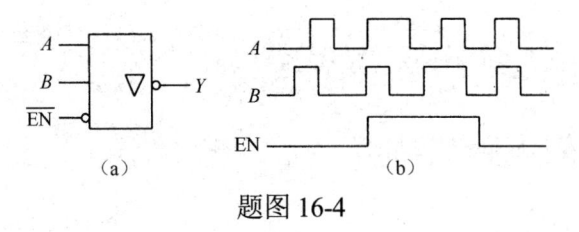

题图 16-4

16.8 在使用 TTL 门电路与 CMOS 门电路时应分别注意哪些问题？

第 17 章 组合逻辑电路

本章学习目标和要求
1. 概述组合逻辑电路的特点和分析方法。
2. 说明编码器、译码器的基本原理，熟悉常用编码器、译码器的引脚功能及应用方法。
3. 举例说明显示译码器的基本结构和引脚符号的含义，并概述其使用方法。
4. 解释数据选择器、数据分配器的基本原理和应用。
5. 会查阅组合逻辑电路手册，能根据应用的需要选用型号合适的组合逻辑器件。

本章学习数字电路中的组合逻辑电路。先重点介绍组合逻辑电路的特点及分析方法，然后介绍编码器、译码器、数据选择器、数据分配器等常见的组合逻辑电路的工作原理及使用方法。

17.1 组合逻辑电路的基本知识

17.1.1 组合逻辑电路的特点

根据逻辑功能特点的不同，可以把数字电路分为两大类，一类叫作组合逻辑电路（简称组合电路）；另一类叫作时序逻辑电路（简称时序电路）。

在组合逻辑电路中，任意时刻的输出仅取决于该时刻的输入，与电路原来的状态无关。组合逻辑电路中输出与输入之间一般没有反馈通路，电路中没有记忆单元，电路没有记忆功能。这是组合逻辑电路在逻辑功能与结构上的共同点。

组合逻辑电路可以使用逻辑表达式、真值表、逻辑图和卡诺图四种方法中的任何一种来表示逻辑功能。

17.1.2 组合逻辑电路的分析

组合逻辑电路的分析包括以下几个步骤。

（1）根据逻辑图写出逻辑函数式，方法是先逐级写出逻辑函数式，然后写出该电路输出和输入的逻辑表达式。

（2）对逻辑表达式进行化简。

（3）列出真值表，进行逻辑功能分析。

以上步骤可用如图 17-1 所示的框图表示。

组合逻辑电路 → 写出逻辑函数式 → 化简逻辑表达式 → 列真值表 → 分析逻辑功能

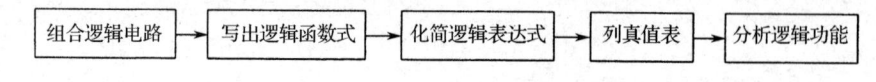

图 17-1 组合逻辑电路分析的框图

下面举例说明分析组合逻辑电路的基本思路和方法。

【例 17-1】 分析如图 17-2 所示电路的逻辑功能。

解：（1）写出该电路的逻辑表达式：$Y = \overline{A}C + B\overline{C} + A\overline{B}$。

（2）列出真值表，如表 17-1 所示。

（3）分析逻辑功能。

表 17-1 真值表

A	B	C	Y
0	0	0	0
0	0	1	1
0	1	0	1
0	1	1	1
1	0	0	1
1	0	1	1
1	1	0	1
1	1	1	0

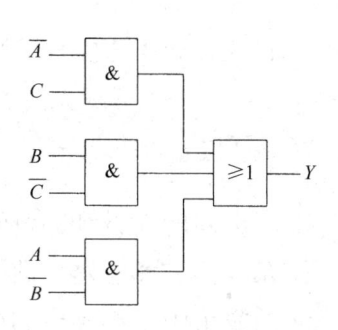

图 17-2 例 17-1 的逻辑电路

从表 17-1 中可看出，当输入变量取值为 000 和 111 时，输出变量 $Y = 0$；在其余六种情况下，输出变量 $Y = 1$。图 17-2 所示电路是一种输入不一致的鉴别器，能判别出输入信号不完全相同的情况。这类电路在数字电路中经常会遇到。

17.1.3 组合逻辑电路的设计

组合逻辑电路设计的框图如图 17-3 所示。

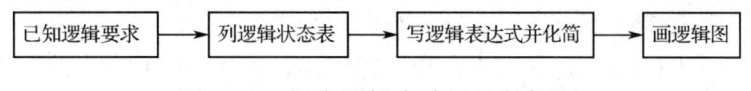

图 17-3 组合逻辑电路设计的框图

【例 17-2】 设计一个逻辑电路供三人（A、B、C）表决使用。每人有一个表决按钮，如果赞成，就按按钮，表示 1；如果不赞成，就不按按钮，表示 0。表决结果使用指示灯表示，若多数赞成，则指示灯亮，$Y=1$；反之则指示灯不亮，$Y=0$。

解：（1）根据题意列出真值表，共有八种组合。真值表如表 17-2 所示。

表 17-2 真值表

A	B	C	Y
0	0	0	0
0	0	1	0
0	1	0	0
0	1	1	1
1	0	0	0
1	0	1	1
1	1	0	1
1	1	1	1

（2）由逻辑状态表写出逻辑函数式：

$$Y = A\bar{B}\bar{C} + A\bar{B}C + AB\bar{C} + ABC$$

（3）化简逻辑函数式：

$$Y = AB + AC + BC$$

（4）由逻辑函数式画出逻辑图，如图 17-4 所示。

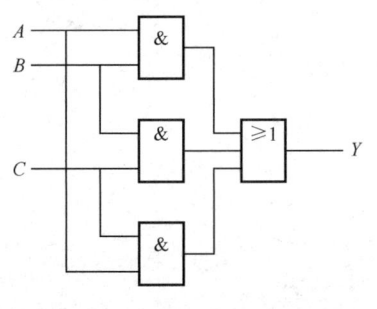

图 17-4　例 17-2 的图

思考题

组合逻辑电路的特点是什么？如何对组合逻辑电路进行分析？

17.2　常见的组合逻辑电路

人们在实践中遇到的逻辑问题层出不穷，为了解决这些逻辑问题而设计的逻辑电路不胜枚举，有些逻辑电路经常大量地出现在各种数字系统中，如编码器、译码器、数据选择器、数据分配器等。随着电子技术的发展，这些逻辑电路已经被制成了中、小规模的标准化集成电路产品。下面对一些常用的逻辑电路的工作原理和使用方法进行介绍。

17.2.1　二—十进制编码器

用文字、符号或数码表示特定对象的过程称为编码。例如，在开运动会时为运动员编号，信息通信管理局为用户分配电话号码等。在数字电路中广泛采用的是二进制编码。将十进制数 0、1、2、3、4、5、6、7、8、9 编为二进制数的电路称为二—十进制编码器，常用的是 8421 编码器。

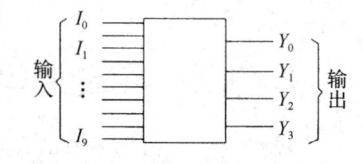

8421 编码器有 10 个输入端，4 个输出端，它能把十进制数转换成 8421 码，其框图如图 17-5 所示。

图 17-5　8421 编码器框图

现分别用 I_0、I_1、I_2、I_3、I_4、I_5、I_6、I_7、I_8、I_9 表示 0～9 十个十进制数，该电路在任何时刻都只允许对一个十进制数进行编码，用 Y_0、Y_1、Y_2、Y_3 表示 4 个二进制数。8421 编码器的真值表如表 17-3 所示。

表 17-3　8421 编码器的真值表

十进制数	输入										输出			
	I_9	I_8	I_7	I_6	I_5	I_4	I_3	I_2	I_1	I_0	Y_3	Y_2	Y_1	Y_0
0	0	0	0	0	0	0	0	0	0	1	0	0	0	0
1	0	0	0	0	0	0	0	0	1	0	0	0	0	1
2	0	0	0	0	0	0	0	1	0	0	0	0	1	0
3	0	0	0	0	0	0	1	0	0	0	0	0	1	1
4	0	0	0	0	0	1	0	0	0	0	0	1	0	0
5	0	0	0	0	1	0	0	0	0	0	0	1	0	1
6	0	0	0	1	0	0	0	0	0	0	0	1	1	0
7	0	0	1	0	0	0	0	0	0	0	0	1	1	1
8	0	1	0	0	0	0	0	0	0	0	1	0	0	0
9	1	0	0	0	0	0	0	0	0	0	1	0	0	1

图 17-5 所示的编码器在工作时仅允许一个输入端输入有效信号，否则编码器将不能正常工作，发生输出错误。优先编码器与此不同，它允许几个信号同时加至编码器的输入端，但是由于各个输入端的优先级别不同，编码器只接收优先级别最高的输入信号，对其他输入信号不予考虑。

74LS147 是一种 8421 优先编码器，其逻辑符号及引脚功能图如图 17-6 所示。该电路的特点是将九路数据输入编码为四位 BCD 码输出，输入、输出均为低电平有效。当输入端的数据为十进制数 0 时，只需要将全部数据输入端接高电平即可。该 8421 优先编码器具有带负载能力强、工作速度快、适用电压范围宽等特点，其真值表如表 17-4 所示（表中×表示任意状态，0 或 1）。

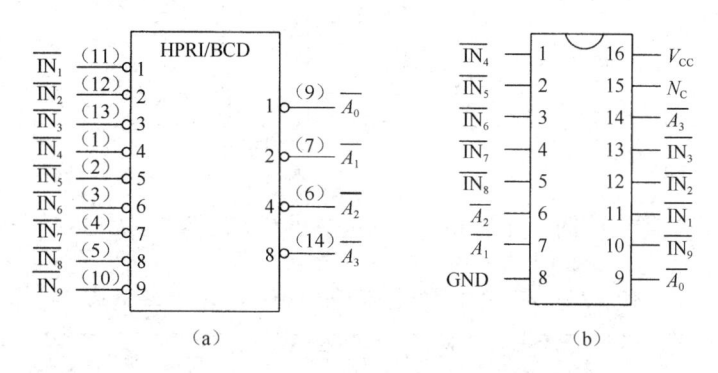

图 17-6　74LS147 的逻辑符号及引脚功能图

表 17-4　8421 优先编码器 74LS147 的真值表

输　　入									输　　出			
$\overline{IN_9}$	$\overline{IN_8}$	$\overline{IN_7}$	$\overline{IN_6}$	$\overline{IN_5}$	$\overline{IN_4}$	$\overline{IN_3}$	$\overline{IN_2}$	$\overline{IN_1}$	$\overline{A_3}$	$\overline{A_2}$	$\overline{A_1}$	$\overline{A_0}$
1	1	1	1	1	1	1	1	1	1	1	1	1
1	1	1	1	1	1	1	1	0	1	1	1	0
1	1	1	1	1	1	1	0	×	1	1	0	1
1	1	1	1	1	1	0	×	×	1	1	0	0
1	1	1	1	1	0	×	×	×	1	0	1	1
1	1	1	1	0	×	×	×	×	1	0	1	0
1	1	1	0	×	×	×	×	×	1	0	0	1
1	1	0	×	×	×	×	×	×	1	0	0	0
1	0	×	×	×	×	×	×	×	0	1	1	1
0	×	×	×	×	×	×	×	×	0	1	1	0

17.2.2　译码器

译码是编码的逆过程，即把二进制信号还原成给定的信息符号（数码、字符等），完成译码功能的电路称为译码器。常用的译码器有二进制译码器、二—十进制译码器和显示译码器三类。

1．二进制译码器

二进制译码器的输入是一组二进制代码，输出是一组与输入代码一一对应的高、低电平信号，它有 n 个输入端，有 2^n 个输出端。

图 17-7 所示为三位二进制译码器的框图。该译码器输入的三位二进制代码共有八种状态，它将每个输入代码译成对应的一根输出线上的高、低电平信号，因此也把这个译码器叫作 3 线—8 线译码器。

图 17-8 所示为三位二进制译码器 74HC138 的逻辑符号及引脚功能图。该译码器除具有 $A_0 \sim A_2$ 三路输入端，$\overline{Y_0} \sim \overline{Y_7}$ 八路输出端外，还具有三个控制端，当 $G_1=1$，$\overline{G_{2A}} = \overline{G_{2B}} = 0$ 时，译码器处于正常工作状态，其真值表如表 17-5 所示。

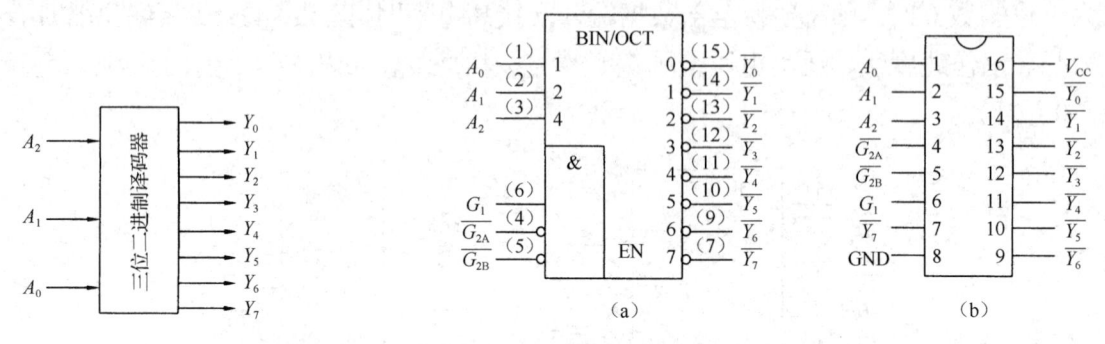

图 17-7 三位二进制译码器的框图　　图 17-8 三位二进制译码器 74HC138 的逻辑符号及引脚功能图

表 17-5 三位二进制译码器 74HC138 的真值表

输　入						输　出							
G_1	$\overline{G_{2A}}$	$\overline{G_{2B}}$	A_2	A_1	A_0	$\overline{Y_7}$	$\overline{Y_6}$	$\overline{Y_5}$	$\overline{Y_4}$	$\overline{Y_3}$	$\overline{Y_2}$	$\overline{Y_1}$	$\overline{Y_0}$
0	×	×	×	×	×	1	1	1	1	1	1	1	1
×	1	×	×	×	×	1	1	1	1	1	1	1	1
×	×	1	×	×	×	1	1	1	1	1	1	1	1
1	0	0	0	0	0	1	1	1	1	1	1	1	0
1	0	0	0	0	1	1	1	1	1	1	1	0	1
1	0	0	0	1	0	1	1	1	1	1	0	1	1
1	0	0	0	1	1	1	1	1	1	0	1	1	1
1	0	0	1	0	0	1	1	1	0	1	1	1	1
1	0	0	1	0	1	1	1	0	1	1	1	1	1
1	0	0	1	1	0	1	0	1	1	1	1	1	1
1	0	0	1	1	1	0	1	1	1	1	1	1	1

译码器设置控制端主要是为了便于级联扩展，扩大译码器输入端的变量数。另外，带控制端的译码器可以构成一个完整的数据分配器。

2．二—十进制译码器

二—十进制译码器的逻辑功能是将输入 BCD 码的 10 个代码译成 10 个高、低电平输出信号，也称为 4 线—10 线译码器。

图 17-9 所示为 BCD 码输入的二—十进制译码器 74HC42 的逻辑符号及引脚功能图，其真值表如表 17-6 所示。

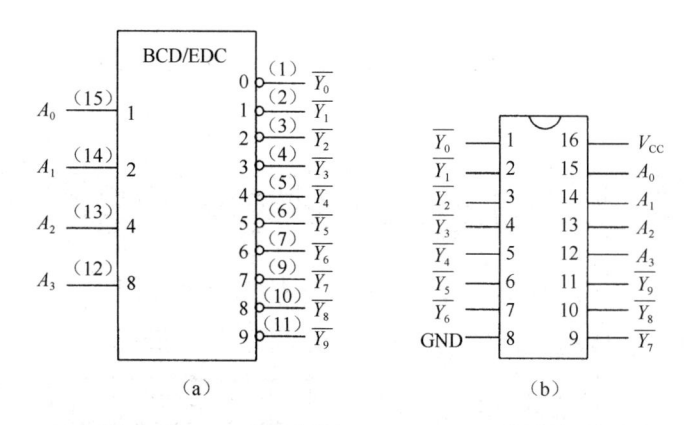

图 17-9 BCD 码输入的二—十进制译码器 74HC42 的逻辑符号及引脚功能图

表 17-6 二—十进制译码器 74HC42 的真值表

序号	输入				输出									
	A_3	A_2	A_1	A_0	$\overline{Y_0}$	$\overline{Y_1}$	$\overline{Y_2}$	$\overline{Y_3}$	$\overline{Y_4}$	$\overline{Y_5}$	$\overline{Y_6}$	$\overline{Y_7}$	$\overline{Y_8}$	$\overline{Y_9}$
0	0	0	0	0	0	1	1	1	1	1	1	1	1	1
1	0	0	0	1	1	0	1	1	1	1	1	1	1	1
2	0	0	1	0	1	1	0	1	1	1	1	1	1	1
3	0	0	1	1	1	1	1	0	1	1	1	1	1	1
4	0	1	0	0	1	1	1	1	0	1	1	1	1	1
5	0	1	0	1	1	1	1	1	1	0	1	1	1	1
6	0	1	1	0	1	1	1	1	1	1	0	1	1	1
7	0	1	1	1	1	1	1	1	1	1	1	0	1	1
8	1	0	0	0	1	1	1	1	1	1	1	1	0	1
9	1	0	0	1	1	1	1	1	1	1	1	1	1	0
伪数码	1	0	1	0	1	1	1	1	1	1	1	1	1	1
	1	0	1	1	1	1	1	1	1	1	1	1	1	1
	1	1	0	0	1	1	1	1	1	1	1	1	1	1
	1	1	0	1	1	1	1	1	1	1	1	1	1	1
	1	1	1	0	1	1	1	1	1	1	1	1	1	1
	1	1	1	1	1	1	1	1	1	1	1	1	1	1

由表 17-6 可知，当输入端出现 1010～1111 六组无效数码（伪数码）时，因为输出端全部为高电平 1，所以该译码器具有拒绝无效数码输入的功能。

若将最高位 A_3 看作控制端，则该电路可当作三位二进制译码器使用。

3．显示译码器

在数字系统中，常常需要将译码后获得的结果或数据直接以十进制数的形式显示出来。对此，需要先将 BCD 码送入译码器，用译码器的输出驱动显示部件。具有这种功能的译码器称作显示译码器。

（1）显示器件：用来显示数字、文字或符号的器件，已有多种形式的产品被广泛应用于各种数字设备中。下面介绍目前应用最普遍的七段显示器。

常见的七段显示器有半导体显示器（LED）、液晶数码显示器（LCD）等。分段式数码管一般由 a、b、c、d、e、f、g 七个发光段组成，利用不同发光段的组合可实现不同数码的显示，如图 17-10 所示。LED 的连接方式如图 17-11 所示。

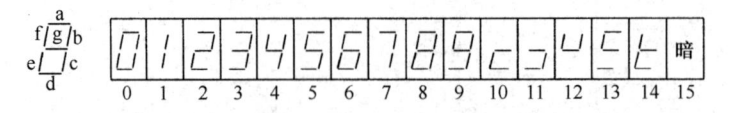

图 17-10　分段式数码管显示方式示意图

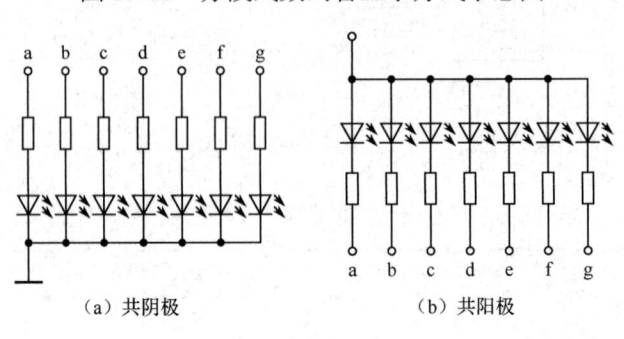

（a）共阴极　　　　（b）共阳极

图 17-11　LED 的连接方式

七段显示器有两种结构：共阳极和共阴极。在采用共阴极结构时，译码器输出高电平可以驱动相应的 LED 发光；在采用共阳极结构时，译码器输出低电平可以驱动相应的 LED 发光。为了防止电路中的电流过大而烧坏 LED，需要在电路中串联限流电阻。

（2）数字显示译码器：其主要作用是将输入的代码译成相应的高、低电平信号，并驱动显示器件发光显示。

74LS47 是一种 BCD 码输入、开路输出的七段译码器/驱动器，其逻辑符号及引脚功能图如图 17-12 所示，图中 A_3、A_2、A_1、A_0 为输入的 BCD 码，$\bar{a} \sim \bar{g}$ 为输出。74LS47 的真值表如表 17-7 所示。

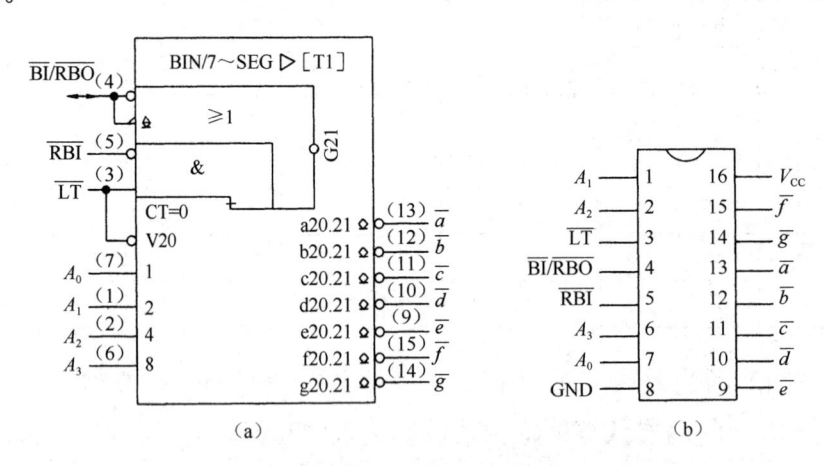

图 17-12　74LS47 逻辑符号及引脚功能图

表 17-7　74LS47 的真值表

十进制数	输入						$\overline{BI/RBO}$	输出						
	$\overline{LT}$	$\overline{RBI}$	A_3	A_2	A_1	A_0		$\bar{a}$	$\bar{b}$	$\bar{c}$	$\bar{d}$	$\bar{e}$	$\bar{f}$	$\bar{g}$
0	1	1	0	0	0	0	1	0	0	0	0	0	0	1
1	1	×	0	0	0	1	1	1	0	0	1	1	1	1
2	1	×	0	0	1	0	1	0	0	1	0	0	1	0
3	1	×	0	0	1	1	1	0	0	0	0	1	1	0

续表

十进制数	输入						$\overline{BI}/\overline{RBO}$	输出						
	$\overline{LT}$	$\overline{RBI}$	A_3	A_2	A_1	A_0		$\overline{a}$	$\overline{b}$	$\overline{c}$	$\overline{d}$	$\overline{e}$	$\overline{f}$	$\overline{g}$
4	1	×	0	1	0	0	1	1	0	0	1	1	0	0
5	1	×	0	1	0	1	1	0	1	0	0	1	0	0
6	1	×	0	1	1	0	1	1	1	0	0	0	0	0
7	1	×	0	1	1	1	1	0	0	0	1	1	1	1
8	1	×	1	0	0	0	1	0	0	0	0	0	0	0
9	1	×	1	0	0	1	1	0	0	0	1	1	0	0
10	1	×	1	0	1	0	1	1	1	1	0	0	1	0
11	1	×	1	0	1	1	1	1	1	0	0	1	1	0
12	1	×	1	1	0	0	1	1	0	1	1	0	0	0
13	1	×	1	1	0	1	1	0	1	1	0	1	0	0
14	1	×	1	1	1	0	1	1	1	1	0	0	0	0
15	1	×	1	1	1	1	1	1	1	1	1	1	1	1

由表 17-7 可知，输出低电平有效。当输入为 $A_3A_2A_1A_0 = 0101$ 时，$\overline{a}$、$\overline{c}$、$\overline{d}$、$\overline{f}$、$\overline{g}$ 为低电平，$\overline{b}$、$\overline{e}$ 为高电平，输出显示十进制数"5"。

电路中的 $\overline{LT}$、$\overline{RBI}$、$\overline{BI}/\overline{RBO}$ 等为附加控制端，下面介绍一下它们的功能和用法。

1）测试输入端 $\overline{LT}$

$\overline{LT}$ 的作用是检查数码管七段显示部件能否正常发光。当 $\overline{LT}=0$ 时，七段显示部件全部点亮。在正常工作时，应置 $\overline{LT}=1$。

2）灭零输入端 $\overline{RBI}$

设置灭零输入端 $\overline{RBI}$ 是为了能把不希望显示的零熄灭。例如，有一个 8 位的数码显示电路，整数部分为 5 位，小数部分为 3 位，在显示 13.7 时将显示 00013.700，显然将前、后多余的零熄灭可以使结果更加醒目。当 $\overline{LT}=1$，$\overline{RBI}=0$，$A_3A_2A_1A_0 = 0000$ 时，$\overline{a} \sim \overline{g}$ 均为 1，数码管不显示，且 $\overline{RBO}=0$。当 $\overline{LT}=1$，$\overline{RBI}=0$，$A_3A_2A_1A_0 \neq 0$ 时，数码管根据输入正常显示译码。

3）灭灯输入控制端/灭零输出端 $\overline{BI}/\overline{RBO}$

$\overline{BI}/\overline{RBO}$ 是一个双功能的输入/输出端。

$\overline{BI}/\overline{RBO}$ 作为输入端使用时，为灭灯输入控制端。只要 $\overline{BI}=0$，无论 $A_3A_2A_1A_0$ 的状态是什么，$\overline{a} \sim \overline{g}$ 均为 1，数码管不显示。

$\overline{BI}/\overline{RBO}$ 作为输出端使用时，为灭零输出端。若 $\overline{RBO} \neq 0$，说明本位处于显示状态。若 $\overline{RBI}=0$，$\overline{LT}=1$ 且 $A_3A_2A_1A_0=0000$，则 $\overline{RBO}=0$，表示译码器已将本来应该显示的零熄灭了。

配合使用灭零输入端与灭零输出端，就可以实现多位数码显示系统的灭零控制。图 17-13 所示为有灭零控制的 8 位数码显示系统的连接方法。采用这种连接方法的数码显示系统的整数部分只有在高位为 0 且被熄灭时，低位才有灭零输入信号；同理，小数部分只有在低位为 0 而且被熄灭时，高位才有灭零输入信号。

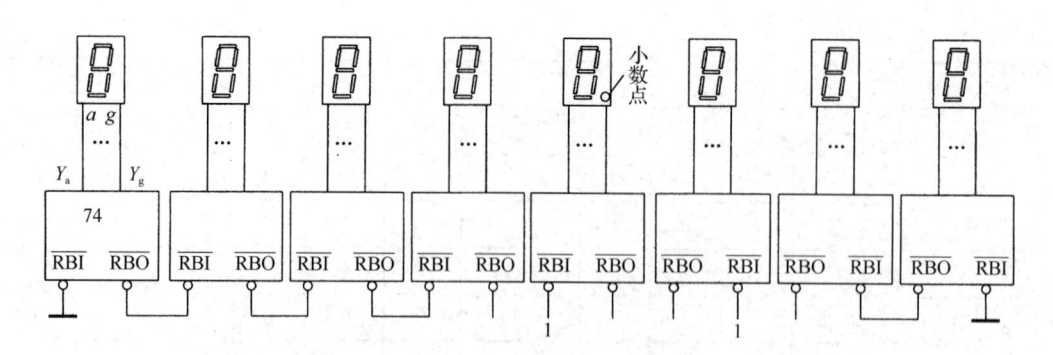

图 17-13 有灭零控制的 8 位数码显示系统的连接方法

17.2.3 数据选择器与数据分配器

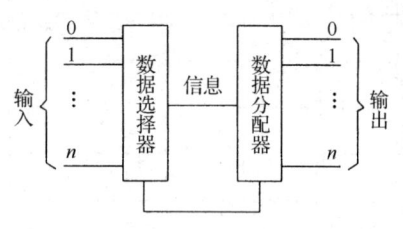

图 17-14 线路上的数据选择器和数据分配器

在多路数据传送过程中，能根据需要将其中任意一路数据选出来的电路叫作数据选择器，也称多路选择器或多路开关。反之，能够将一个输入数据，根据需要传送到多个输出端中任意一个输出端的电路叫作数据分配器，又称多路分配器，其逻辑功能与数据选择器相反。

能完成上述功能的电路称为数据选择器和数据分配器，它们分别安装在线路的两端，如图 17-14 所示。

1. 数据选择器

数据选择器是能够从多路输入数据中选择一路进行传输的电路。常见的数据选择器有 2 选 1、4 选 1、8 选 1、16 选 1 等类型。

图 17-15 所示为双 4 选 1 数据选择器 74LS153 的逻辑符号及引脚功能图，其作用相当于两个单刀四掷开关，如图 17-15（c）所示。图中 $D_0 \sim D_3$ 为输入数据，$\overline{ST}$ 为选通输入端，Y 为输出数据。A_1 和 A_0 为输入地址，对应端口由两个数据选择器共用。A_1A_0 的状态组合确定 $D_0 \sim D_3$ 中的一个数据被选中传输。双 4 选 1 数据选择器 74LS153 的真值表如表 17-8 所示。

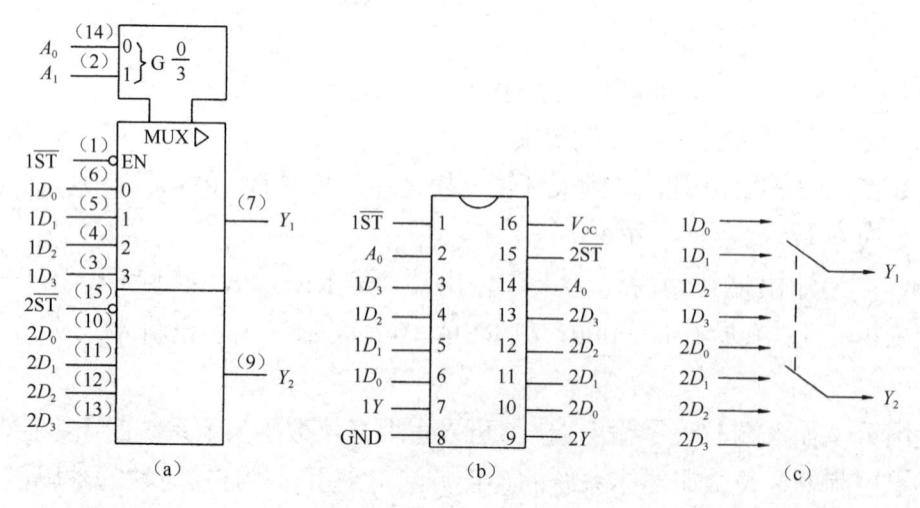

图 17-15 双 4 选 1 数据选择器 74LS153 的逻辑符号及引脚功能图

表 17-8 双 4 选 1 数据选择器 74LS153 的真值表

$\overline{ST}$	A_1	A_0	D_3	D_2	D_1	D_0	Y
1	×	×	×	×	×	×	0
0	0	0	×	×	×	0	0
0	0	0	×	×	×	1	1
0	0	1	×	×	0	×	0
0	0	1	×	×	1	×	1
0	1	0	×	0	×	×	0
0	1	0	×	1	×	×	1
0	1	1	0	×	×	×	0
0	1	1	1	×	×	×	1

其中 Y 列右侧标注: 第2-3行为 D_0,第4-5行为 D_1,第6-7行为 D_2,第8-9行为 D_3。

由表 17-8 可知,当 $\overline{ST}=1$ 时,$Y=0$,数据选择器不工作;当 $\overline{ST}=0$ 时,Y 由地址信号 A_1A_0 决定,如果地址信号 A_1A_0 依次改变,由 00→01→10→11,则依次输出 D_0、D_1、D_2、D_3,这样就可以将并行输入的代码变为串行输出的代码了。

2. 数据分配器

数据分配器是将一路输入变为多路输出的电路。数据分配器的作用是将串行数据输入变为并行数据输出。

74LS139 是双 4 路数据分配器,其逻辑符号与引脚功能图如图 17-16 所示。74LS139 在用作数据分配器时,根据地址输入信号 A_1A_0 对 00~11 中不同值的选取,选中 Y_0~Y_3 中的一个输出信号输出。双 4 路数据分配器 74LS139 的功能表如表 17-9 所示。

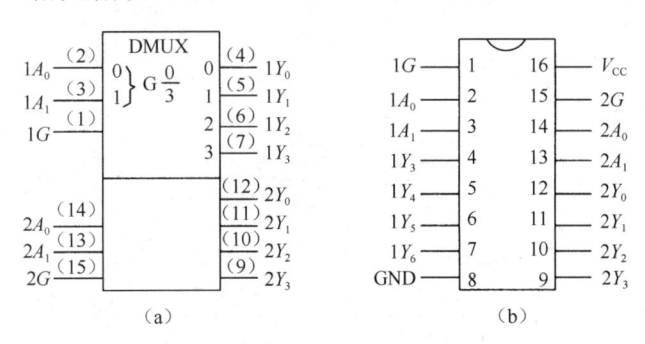

图 17-16 双 4 路数据分配器 74LS139 的逻辑符号与引脚功能图

表 17-9 双 4 路数据分配器 74LS139 的功能表

输入			输出			
A_1	A_0	G	Y_3	Y_2	Y_1	Y_0
0	0	0	×	×	×	0
0	0	1	×	×	×	1
0	1	0	×	×	0	×
0	1	1	×	×	1	×
1	0	0	×	0	×	×
1	0	1	×	1	×	×

续表

输 入			输 出			
A_1	A_0	G	Y_3	Y_2	Y_1	Y_0
1	1	0	0	×	×	×
1	1	1	1	×	×	×

74LS139 与 2 线—4 线译码器的功能一致，若将 A_1、A_0 看作译码器输入端，G 看作控制端，则该器件就是一个 2 线—4 线译码器。任何带控制端的全译码器（区别于部分译码器）均可以用作数据分配器。

思考题

17.2.1 什么是编码器？什么是译码器？为什么说译码是编码的逆过程？

17.2.2 什么是优先编码器？与普通编码器相比，它的主要优点是什么？

17.2.3 74LS47 的功能是什么？与其相连接的七段显示器应选用共阳极器件还是共阴极器件？

17.2.4 什么叫作数据选择器？它的基本功能是什么？

17.2.5 什么叫作数据分配器？它的基本功能是什么？

17.3 应用与实验

17.3.1 组合逻辑电路的应用

1. 译码器的级联扩展

将两块三位二进制译码器 74HC138 通过控制端适当级联，便可实现 4 线—16 线的译码功能。设 4 位输入为 $A_3A_2A_1A_0$，16 位输出为 $\overline{Y_0} \sim \overline{Y_{15}}$，译码器扩展连接图如图 17-17 所示，其工作过程如下。

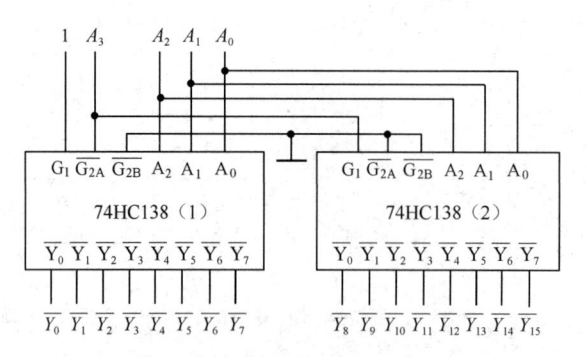

图 17-17 译码器扩展连接图

当 $A_3=0$ 时，7HC138（1）工作，根据 $A_2A_1A_0$ 的取值组合，选取一路输出，完成 0000～0111 的译码工作。

当 $A_3=1$ 时，7HC138（2）工作，根据 $A_2A_1A_0$ 的取值组合，选取一路输出，完成 1000～1111 的译码工作。

以上两种情况综合在一起，就能完成 $A_3A_2A_1A_0$ 由 0000～1111 的译码工作。

2. 交通信号灯故障检测电路

在正常情况下，交通信号灯的意义：红灯（R）亮——停车；黄灯（A）亮——准备；绿灯（G）亮——通行。在正常工作时，只有一个灯亮，如果灯全不亮或全亮或两个灯同时亮，都是故障。输入为 1，表示灯亮；输入为 0，表示灯不亮。有故障时输出为 1，正常时输出为 0。据此，可列出如表 17-10 所示的交通信号灯故障检测电路逻辑状态表。

表 17-10 交通信号灯故障检测电路逻辑状态表

R	A	G	Y
0	0	0	1
0	0	1	0
0	1	0	0
0	1	1	1
1	0	0	0
1	0	1	1
1	1	0	1
1	1	1	1

根据逻辑状态表写出有故障时的逻辑表达式：

$$Y = \overline{R}\,\overline{A}\,\overline{G} + \overline{R}AG + R\overline{A}G + RA\overline{G} + RAG$$

化简上式得

$$Y = \overline{R}\,\overline{A}\,\overline{G} + RG + AG + RA$$

为了减少使用的门数，将上式变换为

$$Y = \overline{\overline{\overline{R}\,\overline{A}\,\overline{G} + R(A+G) + AG}}$$
$$= \overline{R + A + G} + R(A+G) + AG$$

据此可画出如图 17-18 所示的交通信号灯故障检查电路，在发生故障时组合逻辑电路输出 Y 为高电平，三极管导通，继电器 KA 通电，其触点闭合，故障指示灯 HL 亮。信号灯旁的光电检测元件经放大器，而后接到 R、A、G 三端，信号灯亮则为高电平。

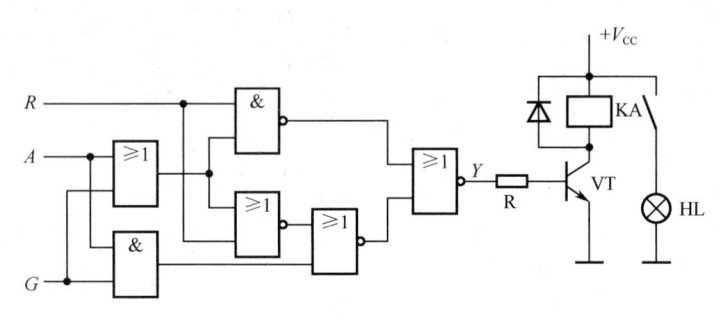

图 17-18 交通信号灯故障检查电路

3. 水位检测电路

图 17-19 所示为用 CMOS 与非门组成的水位检测电路。当水箱中无水时，检测杆上的铜箍 A～D 与 U 端（电源正极）断开，与非门 G_1～G_4 的输入均为低电平，输出均为高电平。调整 3.3kΩ 电阻的阻值，使 LED 处于微导通状态，亮度适中。当水箱注水时，先注到 A 端所在高度，U 端与 A 端之间通过水接通，这时 G_1 的输入为高电平，输出为低电平，相应的 LED 被点亮。随着水位的升高，LED 依次被点亮。当最后一个 LED 被点亮时，说明水已注

满。这时 G_4 的输出为低电平，从而使得 G_5 的输出为高电平，VT_1 和 VT_2 导通。VT_1 导通，电动机的控制电路被断开，停止注水；VT_2 导通，蜂鸣器 HA 发出报警声响。

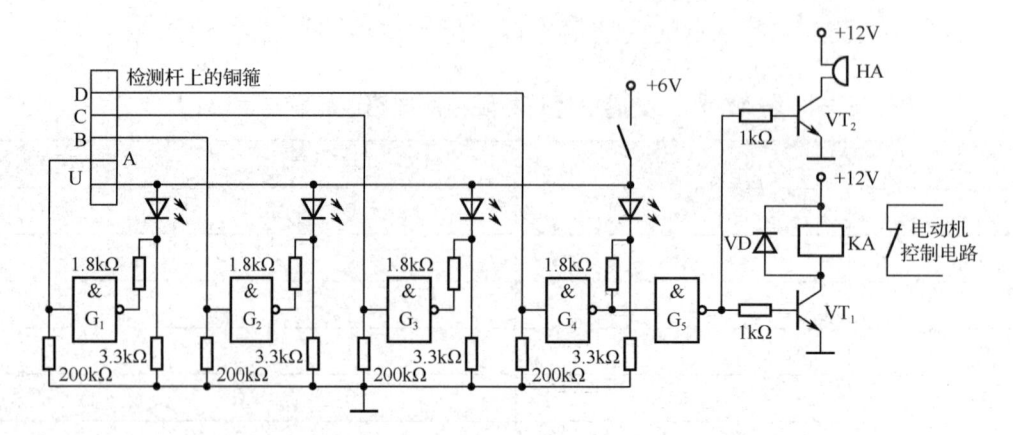

图 17-19 用 CMOS 与非门组成的水位检测电路

17.3.2 组合逻辑电路实验

一、实验目的

（1）进一步熟悉组合逻辑电路的特点。
（2）学会组合逻辑电路的测试方法。

二、实验原理

1）表决器

表决器逻辑电路如图 17-20 所示，具有以下逻辑功能：当输入端 A、B、C 中有两个以上输入高电平时，输出为高电平；否则输出为低电平。

2）半加器

半加器的真值表如表 17-11 所示。

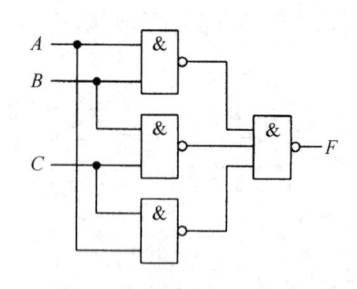

图 17-20 表决器的逻辑电路

表 17-11 半加器的真值表

输	入	和	进 位
A	B	S	C
0	0	0	0
0	1	1	0
1	0	1	0
1	1	0	1

半加器的逻辑表达式为

$$S = \overline{A}B + \overline{AB} = A \oplus B$$
$$C = AB$$

用与非门组成的半加器的逻辑电路如图 17-21 所示。

3）全加器

全加器进行的是两个加数及一个低进位数相加的运算。全加器的真值表如表 17-12 所示。

表 17-12　全加器的真值表

输　入			输　出	
C_{i-1}	B_i	A_i	S_i	C_i
0	0	0	0	0
0	0	1	1	0
0	1	0	1	0
0	1	1	0	1
1	0	0	1	0
1	0	1	0	1
1	1	0	0	1
1	1	1	1	1

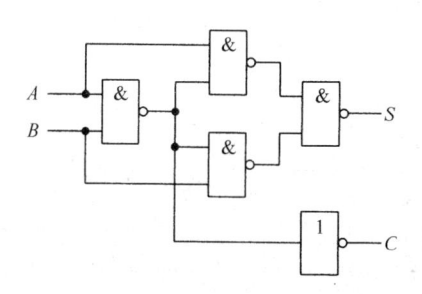

图 17-21　用与非门组成的半加器的逻辑电路

由表 17-12 可得

$$S_i = A_i \oplus B_i \oplus C_{i-1}$$

$$C_i = (A_i \oplus B_i)C_{i-1} + A_i B_i$$

根据逻辑函数式，可获得如图 17-22 所示的全加器的逻辑电路。

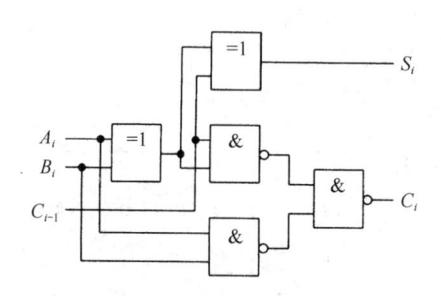

图 17-22　全加器的逻辑电路

三、实验仪器和器件

数字电路实验箱（一台）、直流稳压电源（一台）、万用表（一块）、实验用芯片（74LS00、74LS86、74LS04 各一片）。

四、实验内容与步骤

（1）检测所用的芯片的功能，判断芯片好坏。

（2）表决器逻辑功能的测试：①按如图 17-20 所示的表决器的逻辑电路连接电路，检查无误后接通电源；②按表 17-13 分别测试输入不同组合的逻辑信号时的输出信号，并将结果填到表 17-13 中，验证表决器的逻辑功能。

（3）半加器逻辑功能的测试：①按如图 17-21 所示的电路连接电路，检查无误后接通电源；②按表 17-14 分别测试输入不同组合的逻辑信号时的输出信号，并将结果填到表 17-14 中，验证半加器的逻辑功能。

表 17-13　表决器的逻辑功能验证表

输　入　信　号			输　出　信　号
A	B	C	F
0	0	0	
0	0	1	
0	1	0	
0	1	1	
1	0	0	
1	0	1	
1	1	0	
1	1	1	

表 17-14　半加器的逻辑功能验证表

输　入　信　号		输　出　信　号	
A	B	S	C
0	0		
0	1		
1	0		
1	1		

（4）全加器逻辑功能的测试：①按如图 17-22 所示的全加器的逻辑电路连接电路，检查无误后接通电源；②按表 17-15 分别测试输入不同组合的逻辑信号时的输出信号，并将结果填到表 17-15 中，验证全加器的逻辑功能。

表 17-15 全加器的逻辑功能验证表

输入			输出	
C_{i-1}	B_i	A_i	S_i	C_i
0	0	0		
0	0	1		
0	1	0		
0	1	1		
1	0	0		
1	0	1		
1	1	0		
1	1	1		

五、实验分析和总结

（1）整理实验数据和实验线路图。

（2）总结组合逻辑电路的逻辑功能的测试方法。

本章小结

（1）组合逻辑电路的特点是，任意时刻的输出仅取决于该时刻的输入，与电路原来的状态无关。

（2）分析组合逻辑电路的目的是确定它的功能，即根据给定的逻辑电路，找出输入信号和输出信号间的逻辑关系。在分析给定的组合逻辑电路时，可以根据逻辑图写出逻辑表达式，然后化简，力求获得一个最简表达式，适当通过真值表，使输出信号与输入信号之间的逻辑关系一目了然。

（3）组合逻辑电路有很多种类，常见的有编码器、译码器、数据选择器、数据分配器等。本章对以上各类组合逻辑电路的功能、特点、用途进行了讨论，并介绍了一些常见的器件。学习时应重点掌握其逻辑功能，熟悉其逻辑符号和引脚功能，以便熟练使用。

习题 17

17.1 组合逻辑电路的特点是什么？如何对组合逻辑电路进行分析？

17.2 组合逻辑电路如题图 17-1（a）所示，输入信号 A、B 的波形图如题图 17-1（b）所示。

（a）组合逻辑电路图　　　　　　　　　（b）波形图

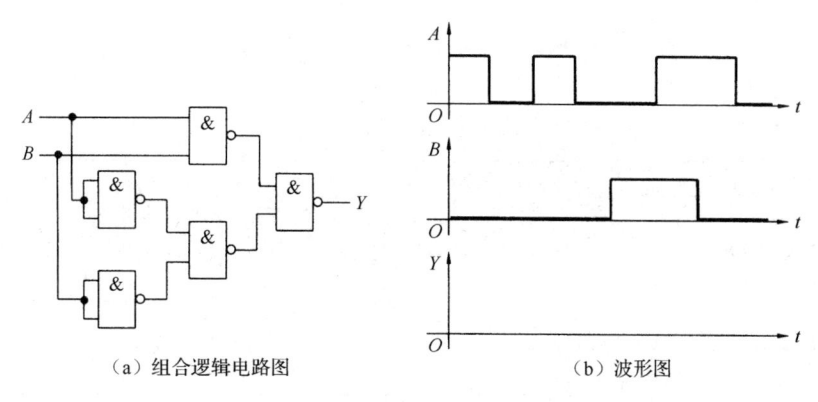

题图 17-1

（1）填写如题表 17-1 所示的真值表。

题表 17-1

输 入		输 出
A	B	Y

（2）逻辑表达式为

$$Y = \underline{\qquad}$$

化简后为

$$Y = \underline{\qquad}$$

（3）在题图 17-1（b）中画出输出信号 Y 的波形。

（4）该组合逻辑电路的功能是_____。

17.3　试分析如题图 17-2 所示的电路。

17.4　试分析如题图 17-3 所示的电路的逻辑功能。

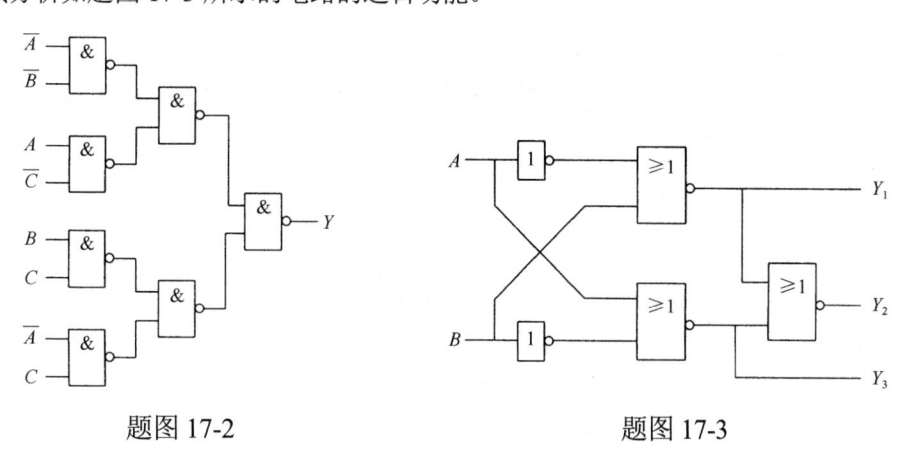

题图 17-2　　　　　　　　　题图 17-3

17.5　填空。

（1）_____称为编码，_____称为编码器，一般编码器有 M 个输入端、N 个输出端，则任意时刻，只有_____个输入端为 0，_____个输入端为 1。

（2）译码是_____的逆过程，它将_____转换成_____。

17.6 题表 17-2 所示为 10 线—4 线优先编码器 74LS147 的真值表，试根据该表完成如下填空。

题表 17-2

十进制数	输入									输出			
	$\overline{IN_1}$	$\overline{IN_2}$	$\overline{IN_3}$	$\overline{IN_4}$	$\overline{IN_5}$	$\overline{IN_6}$	$\overline{IN_7}$	$\overline{IN_8}$	$\overline{IN_9}$	$\overline{Y_3}$	$\overline{Y_2}$	$\overline{Y_1}$	$\overline{Y_0}$
9	×	×	×	×	×	×	×	×	0	0	1	1	0
8	×	×	×	×	×	×	×	0	1	0	1	1	1
7	×	×	×	×	×	×	0	1	1	1	0	0	0
6	×	×	×	×	×	0	1	1	1	1	0	0	1
5	×	×	×	×	0	1	1	1	1	1	0	1	0
4	×	×	×	0	1	1	1	1	1	1	0	1	1
3	×	×	0	1	1	1	1	1	1	1	1	0	0
2	×	0	1	1	1	1	1	1	1	1	1	0	1
1	0	1	1	1	1	1	1	1	1	1	1	1	0
0	1	1	1	1	1	1	1	1	1	1	1	1	1

(1) 输入线有_____条，即_____，分别代表_____，输入为_____电平有效，即取值为_____时，表示有信号；取值为_____时，表示无信号。

(2) 输出线有_____条，即_____，全部输出代表_____，输出为_____电平有效。

(3) 当输入均为高电平时，输出为_____；对于十进制数 8，输入线_____为 0，输出 $\overline{Y_3}\overline{Y_2}\overline{Y_1}\overline{Y_0}$ =_____。

(4) 各输入端的优先顺序为_____，即只要_____为 0，不管其他输入端输入的是 0 还是 1，输出总是对应_____的编码，$\overline{Y_3}\overline{Y_2}\overline{Y_1}\overline{Y_0}$ =_____。

17.7 题图 17-4 所示为译码/驱动器 74LS49 和七段 LED 显示器 LC5021 组成的译码/驱动/显示电路。题表 17-3 所示为 74LS49 的真值表。根据题图 17-4 和题表 17-3，回答下列问题。

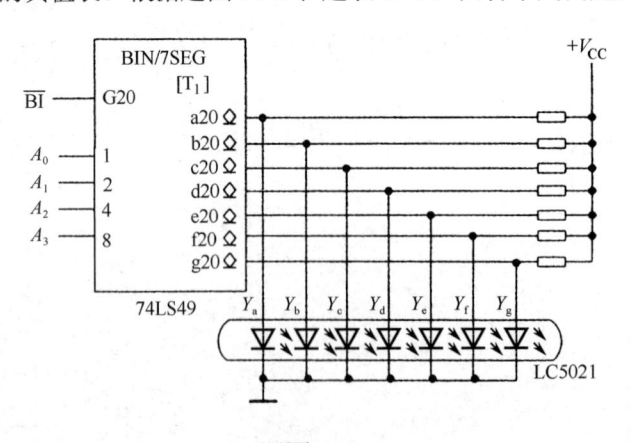

题图 17-4

题表 17-3

十进制数或功能	输入					输出							字形
	$\overline{BI}$	A_3	A_2	A_1	A_0	Y_a	Y_b	Y_c	Y_d	Y_e	Y_f	Y_g	
0	1	0	0	0	0	1	1	1	1	1	1	0	

续表

十进制数或功能	输入					输出							字 形
	$\overline{BI}$	A_3	A_2	A_1	A_0	Y_a	Y_b	Y_c	Y_d	Y_e	Y_f	Y_g	
1	1	0	0	0	1	0	1	1	0	0	0	0	
2	1	0	0	1	0	1	1	0	1	1	0	1	
3	1	0	0	1	1	1	1	1	1	0	0	1	
4	1	0	1	0	0	0	1	1	0	0	1	1	
5	1	0	1	0	1	1	0	1	1	0	1	1	
6	1	0	1	1	0	0	0	1	1	1	1	1	
7	1	0	1	1	1	1	1	1	0	0	0	0	
8	1	1	0	0	0	1	1	1	1	1	1	1	
9	1	1	0	0	1	1	1	1	0	0	1	1	
10	1	1	0	1	0	0	0	0	1	1	0	1	
11	1	1	0	1	1	0	0	1	1	0	0	1	
12	1	1	1	0	0	0	1	0	0	0	1	1	
13	1	1	1	0	1	1	0	0	1	0	1	1	
14	1	1	1	1	0	0	0	0	1	1	1	1	
15	1	1	1	1	1	0	0	0	0	0	0	0	
消隐	0	×	×	×	×	0	0	0	0	0	0	0	

（1）七段 LED 显示器 LC5021 是共阳极结构还是共阴极结构？

（2）要使 LC5021 的 a～g 某一段点亮，则 74LS49 的 Y_a～Y_g 端应对应输出为高电平还是低电平，在题表 17-3 中的"字形"列中画出。

第 18 章 集成触发器

本章学习目标和要求

1. 叙述基本 RS 触发器的电路组成、逻辑功能和工作原理。
2. 概括同步 RS 触发器的电路组成、逻辑功能和工作原理。
3. 分析边沿 D 触发器、边沿 JK 触发器、T 触发器、T′触发器的逻辑功能，说明边沿触发器的触发方式及工作特性。
4. 说明边沿 JK 触发器的使用常识及测试方法。

在各种复杂的数字电路中，不仅需要对数字信号进行逻辑运算，还经常需要将这些信号和结果保存起来。对此，需要使用具有记忆功能的基本逻辑单元——触发器。触发器具有两个稳定状态，分别用二进制数码 0、1 表示。施加合适的触发信号，可使触发器从一个稳态转换到另一个新的稳态。

触发器从逻辑功能上分为 RS 触发器、D 触发器、JK 触发器、T 触发器、T′触发器；从结构上分为基本触发器、同步触发器、主从触发器、维持阻塞触发器等；从触发方式上分为电位触发型、脉冲触发型、边沿触发型等。

本章主要介绍各类触发器的逻辑功能及它们的工作特性。

18.1 RS 触发器

18.1.1 基本 RS 触发器

1. 电路的组成

基本 RS 触发器的逻辑图如图 18-1（a）所示，它由两个与非门通过反馈线交叉耦合而成，$\overline{R}_D$、$\overline{S}_D$ 是两个输入信号，Q、$\overline{Q}$ 是两个输出信号，其逻辑符号如图 18-1（b）所示。

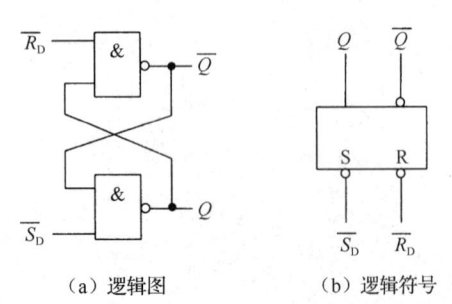

触发器输出端的状态总是互补的，通常规定触发器 Q 端的状态为触发器的状态：当 $Q=0$ 与 $\overline{Q}=1$ 时，称触发器处于 0 态；当 $Q=1$ 与 $\overline{Q}=0$ 时，称触发器处于 1 态。

（a）逻辑图　（b）逻辑符号

图 18-1 基本 RS 触发器

2. 逻辑功能分析

由于基本 RS 触发器具有两个输入端，所以对它的分析可分为以下四种情况。

（1）$\overline{R}_D=0$，$\overline{S}_D=1$：此时 $\overline{R}_D=0$，$\overline{Q}=1$，$Q=0$，触发器置 0。

（2）$\overline{R}_D=1$，$\overline{S}_D=0$：此时 $\overline{S}_D=0$，$Q=1$，$\overline{Q}=0$，触发器置 1。

（3）$\overline{R}_D=1$，$\overline{S}_D=1$：Q 与 $\overline{Q}$ 均保持不变，即 Q 原来为 0 仍然为 0，Q 原来为 1 仍然为 1。

（4）$\overline{R}_D=0$，$\overline{S}_D=0$：不管电路原来状态如何，此时均为 $Q=\overline{Q}=1$。对于触发器而言，这

种情况是不允许出现的。因为当撤除 $\bar{R}_D$、$\bar{S}_D$ 后，两个与非门的输出状态不能肯定，即不定状态。

上述逻辑关系可用如表 18-1 所示的基本 RS 触发器真值表表示。$\bar{R}_D$ 端加负脉冲使触发器由 1 态变为 0 态，叫作触发器置 0，$\bar{R}_D$ 端叫作置 0 端；当 $\bar{S}_D$ 端加负脉冲使触发器由 0 态变为 1 态，叫作触发器置 1，$\bar{S}_D$ 端叫作置 1 端。

表 18-1 基本 RS 触发器真值表

$\bar{R}_D$	$\bar{S}_D$	Q^{n+1}
1	1	Q^n
0	0	不定
0	1	0
1	0	1

触发器状态在外加信号的作用下转换的过程称为触发器的翻转，这个外加信号叫作触发信号。触发器翻转可以用正脉冲触发，也可以用负脉冲触发，为了清楚地表明是用正脉冲触发还是用负脉冲触发，在符号上进行了区分。在置 0、置 1 的符号 R_D、S_D 上加非和在逻辑符号的输入端加小圆圈都表示触发器是负脉冲触发的。如果用正脉冲触发则不加这些符号。

上述 RS 触发器是各种多功能触发器的基本组成部分，被称为基本 RS 触发器。

【例 18-1】 在如图 18-2（a）所示的基本 RS 触发器中，已知 $\bar{S}_D$ 和 $\bar{R}_D$ 的电压波形如图 18-2（b）所示，试画出 Q 和 $\bar{Q}$ 对应的电压波形。

解： 这实质上是一个由已知的 $\bar{R}_D$ 和 $\bar{S}_D$ 的状态确定 Q 和 $\bar{Q}$ 状态的问题。只要根据每个时间区间里 $\bar{S}_D$ 和 $\bar{R}_D$ 的状态去查基本 RS 触发器的真值表，即可找出相应的 Q 和 $\bar{Q}$ 的状态，并画出它们的电压波形。

由图 18-2（b）所示的电压波形可以看出，在 $t_3 \sim t_4$ 和 $t_7 \sim t_8$ 期间输入端出现 $\bar{S}_D = \bar{R}_D = 0$ 的状态，但由于 $\bar{S}_D$ 先回到了高电平，所以触发器的次态仍是可以确定的。

18.1.2 同步 RS 触发器

在数字系统中，为了协调各部分动作，常常要求某些触发器在同一时刻动作。对此，必须引入同步信号，使这些触发信号只在同步信号到达时才按输入信号改变状态。通常把这个同步信号叫作时钟脉冲，又称为时钟信号，简称时钟，用 CP 表示。这种受时钟脉冲控制的触发器称为同步触发器，也称钟控触发器。

1. 电路结构及逻辑符号

同步 RS 触发器如图 18-3 所示，图中的 G_1、G_2 构成基本 RS 触发器，G_3、G_4 构成触发器的控制电路，R、S 为电路的输入信号，CP 为时钟脉冲，这种触发器采用正脉冲触发。

2. 逻辑功能分析

当 CP = 0 时，不论 R 和 S 状态如何，G_3 和 G_4 的输出均为高电平，同步 RS 触发器维持原来的状态。

当 CP = 1 时，若 $R = 0$，$S = 0$，则同步 RS 触发器维持原来的状态不变；若 $R = 1$，$S = 0$，则 G_3 的输出为 0，从而使 $\bar{Q} = 1$，$Q = 0$，同步 RS 触发器置 0；若 $R = 0$，$S = 1$，则 G_4 的输

出为 0，从而使 $Q=1$，$\bar{Q}=0$，同步 RS 触发器置 1；若 $R=1$，$S=1$，则 $\bar{Q}=1$，$Q=1$，时钟脉冲过后，电路状态不定，这是不允许的。

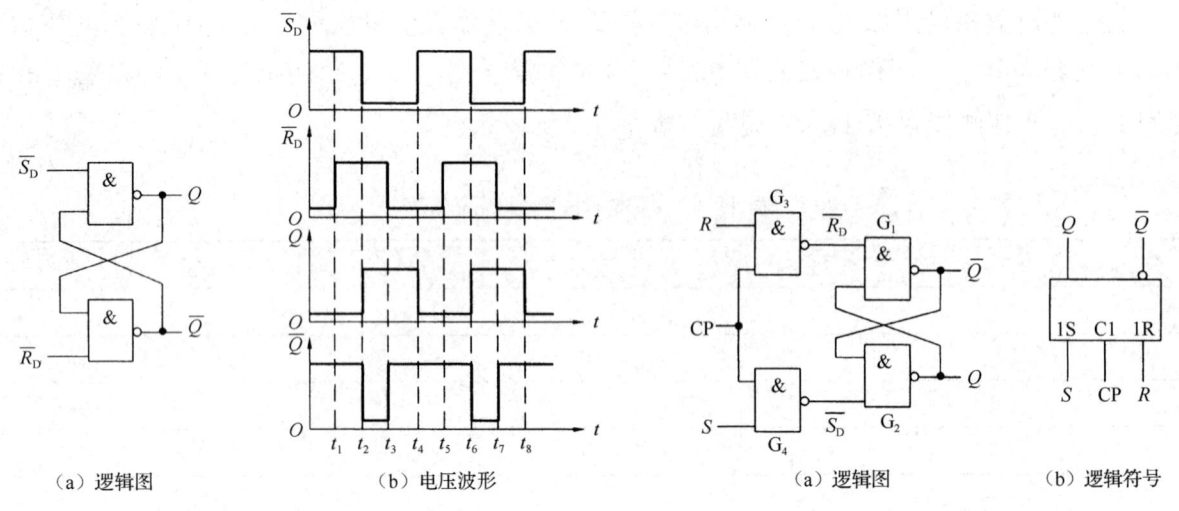

(a) 逻辑图　　(b) 电压波形

图 18-2　例 18-1 的逻辑图和电压波形

(a) 逻辑图　　(b) 逻辑符号

图 18-3　同步 RS 触发器

根据上述分析可得如表 18-2 所示的 CP=1 时的同步 RS 触发器的真值表。

表 18-2　CP=1 时的同步 RS 触发器的真值表

R	S	Q^{n+1}	逻辑功能
0	0	Q^n	保持
0	1	1	置 1
1	0	0	置 0
1	1	×	不定

在表 18-2 中，Q^n 表示同步 RS 触发器原来所处的状态，称为现态；Q^{n+1} 表示在时钟脉冲作用后同步 RS 触发器的状态，称为次态。

【例 18-2】　已知同步 RS 触发器的逻辑图如图 18-4（a）所示，电压波形如图 18-4（b）所示，试画出 Q、$\bar{Q}$ 的电压波形，设同步 RS 触发器的初始状态为 $Q=0$。

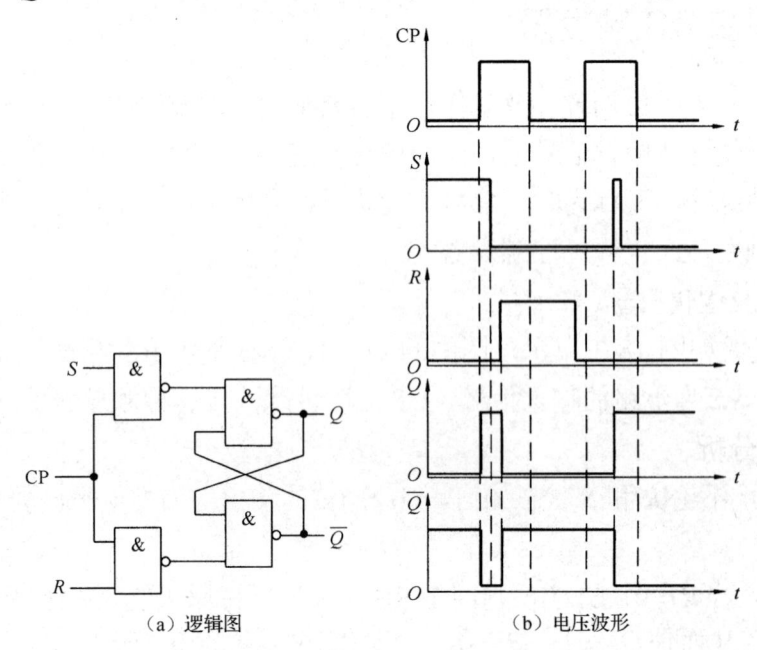

(a) 逻辑图　　(b) 电压波形

图 18-4　例 18-2 的同步 RS 触发器

解：由给定的输入电压波形可知，在第一个 CP=1 期间，先是 $S=1$，$R=0$，输出被置成 $Q=1$，$\bar{Q}=0$。随后输入变成了 $S=R=0$，输出状态保持不变。最后输入又变成 $S=0$，$R=1$，输出被置成 $Q=0$，$\bar{Q}=1$，因此 CP 回到低电平以后同步 RS 触发器停留在 $Q=0$，$\bar{Q}=1$ 的状态。

在第二个 CP=1 期间，若 $S=R=0$，则同步 RS 触发器输出状态应保持不变。但由于在此期间 S 端出现了一个干扰脉冲，因此同步 RS 触发器被置成了 $Q=1$，$\bar{Q}=0$。

思考题

18.1.1 什么是触发器？它与门电路有何区别？

18.1.2 基本 RS 触发器与同步 RS 触发器的主要差异是什么？

18.1.3 基本 RS 触发器初始时处于 0 态，输入波形如题图 18.1-1 所示，请画出 Q 的波形。

18.1.4 同步 RS 触发器初始时处于 0 态，根据如题图 18.1-2 所示的时钟脉冲 CP 和输入信号 S、R 的波形，画出输出 Q 的波形。

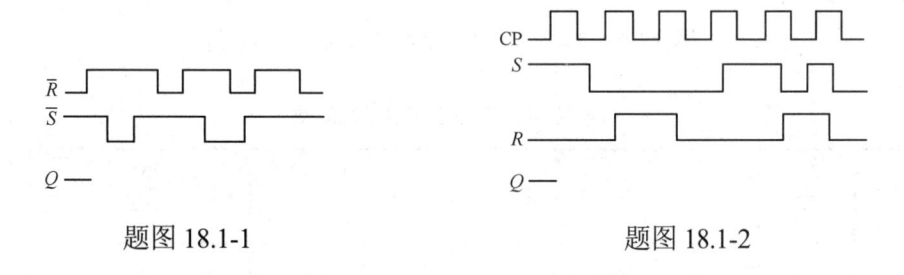

题图 18.1-1

题图 18.1-2

18.2 几种常见的触发器

为了提高触发器的可靠性，提高其抗干扰能力，希望触发器的次态仅仅取决于 CP 的下降沿（或上升沿）到达的时刻输入信号的状态，而在此之前和之后输入信号状态的变化对触发器的次态没有影响，这就是边沿触发器。如今边沿触发器被广泛应用。下面介绍几种常见的边沿触发器。

18.2.1 边沿 D 触发器

图 18-5 所示为边沿 D 触发器的逻辑符号，它仅有一个输入控制端 D、一个时钟脉冲输入端 CP。触发器逻辑符号中的 CP 输入端的"∧"表示该触发器是边沿触发器。图 18-5 所示触发器为上升沿触发，如果在 CP 输入端画一个小圆圈，就表示该触发器为下降沿触发。

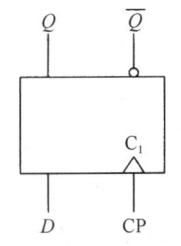

上升沿触发的 D 触发器的输出状态仅取决于 CP 为上升沿时输入端 D 的状态，若 $D=0$，则 $Q^{n+1}=0$；若 $D=1$，则 $Q^{n+1}=1$。表 18-3 所示为上升沿触发的 D 触发器的真值表。

图 18-5 边沿 D 触发器的逻辑符号

74LS74 是一种在一片芯片上包含两个完全独立的边沿 D 触发器的集成电路，其逻辑符号与引脚功能图如图 18-6 所示。74LS74 的真值表如表 18-4 所示。

表 18-3 上升沿触发的 D 触发器的真值表

CP	D	Q^n	Q^{n+1}
0, 1, ↓	×	×	Q^n

续表

CP	D	Q^n	Q^{n+1}
↑	0	0	0
↑	0	1	0
↑	1	0	1
↑	1	1	1

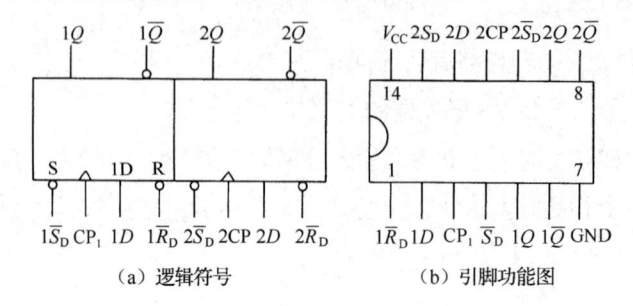

图 18-6　74LS74 的逻辑符号与引脚功能图

表 18-4　74LS74 的真值表

CP	$\overline{R}_D$	$\overline{S}_D$	D	Q^n	Q^{n+1}
×	0	0	×	×	不允许
×	0	1	×	×	0
×	1	0	×	×	1
↑	1	1	0	×	0
↑	1	1	1	×	1

由表 18-4 可知，无论 CP 取何值，只要 $\overline{S}_D = 1$，$\overline{R}_D = 0$，触发器就置 0；只要 $\overline{S}_D = 0$，$\overline{R}_D = 1$，触发器就置 1，即 $\overline{S}_D$ 端、$\overline{R}_D$ 端不受 CP 控制，将 $\overline{S}_D$ 端称为异步置位输入端，$\overline{R}_D$ 端称为异步复位输入端。值得注意的是，当 $\overline{S}_D$ 和 $\overline{R}_D$ 均为 0 时，输出 $Q = \overline{Q} = 1$，这在使用中是不允许的。

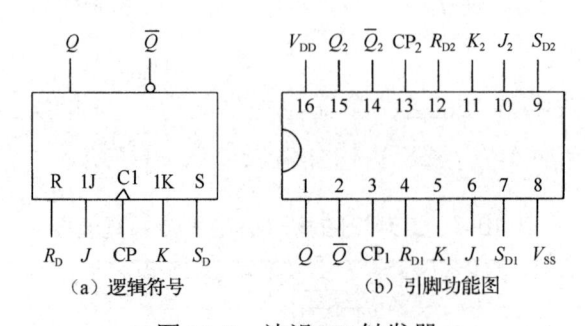

18.2.2　边沿 JK 触发器

边沿 JK 触发器是一种功能强大的触发器。它有两个输入端，一个为 J 端，另一个为 K 端，其逻辑符号如图 18-7（a）所示。它是一个上升沿触发器，即边沿 JK 触发器在 CP 上升沿到来时，次态随 J、K 取值的不同而发生变化。比较常用的一种边沿 JK 触发器是 4027。它是双 JK 触发器，其引脚功能图如图 18-7（b）所示。边沿 JK 触发器的真值表如表 18-5 所示。

由表 18-5 可知，边沿 JK 触发器具有保持、置 0、置 1、翻转等功能，是一种功能强大、使用灵活的器件。

图 18-7　边沿 JK 触发器

表 18-5 边沿 JK 触发器的真值表

CP	J	K	Q^n	Q^{n+1}	说　明
0, 1, ↓	×	×	×	Q^n	不变
↑	0	0	×	Q^n	保持
↑	0	1	×	0	置0
↑	1	0	×	1	置1
↑	1	1	×	$\bar{Q}^n$	翻转

18.2.3　T 触发器和 T′触发器

在 CP 作用下，根据输入信号 T 的取值，具有保持和翻转功能的触发器叫作 T 触发器。图 18-8 所示为 T 触发器的逻辑符号。

T 触发器的工作特点如下：

当 $T=0$ 时，在 CP 作用后，触发器的状态保持不变，即 $Q^{n+1}=Q^n$。

当 $T=1$ 时，在 CP 作用后，触发器的状态翻转，即若 $Q^n=0$，则 $Q^{n+1}=1$；若 $Q^n=1$，则 $Q^{n+1}=0$。显然，在这种工作状态下，每来一个 CP，触发器的状态就翻转一次，即 $Q^{n+1}=\bar{Q}^n$。

如果在 T 触发器中令 $T=1$，每输入一个 CP，触发器状态就翻转一次。这种具有翻转功能的触发器称为 T′触发器。

【**例 18-3**】　在如图 18-5 所示的边沿 D 触发器中，若 D 和 CP 的电压波形如图 18-9 所示，试画出 Q 的电压波形。假定触发器的初始状态为 $Q=0$。

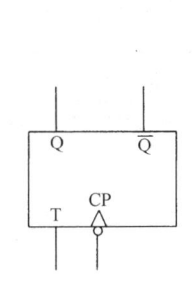

图 18-8　T 触发器的逻辑符号 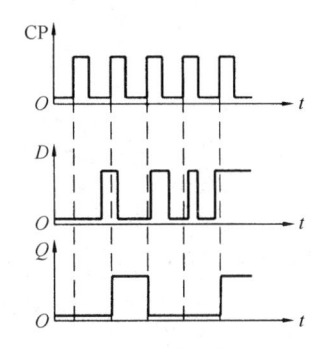　　　图 18-9　例 18-3 的电压波形图

解：由边沿触发器的功能特点可知，触发器的次态仅仅取决于 CP 上升沿到达时刻的 D 的状态，即若 $D=1$，则 $Q^{n+1}=1$；若 $D=0$，则 $Q^{n+1}=0$，于是得到如图 18-9 所示的 Q 的电压波形。

【**例 18-4**】　在如图 18-10（a）所示的边沿 JK 触发器中，已知 CP、J、K 的电压波形如图 18-10（b）所示，试画出与之对应的 Q 的电压波形。设边沿 JK 触发器的初始状态为 $Q=0$。

（a）逻辑符号　　　　　　（b）电压波形

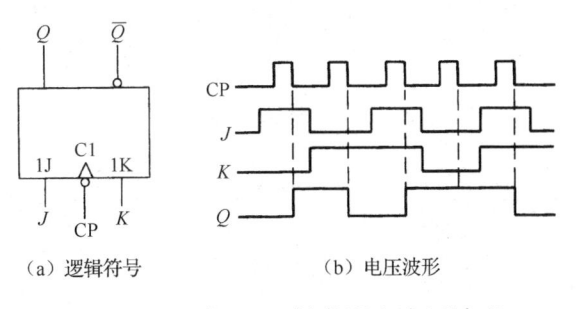

图 18-10　边沿 JK 触发器和电压波形

解： 由图 18-10 可知，在第一个 CP 下降沿时，$J=1$，$K=0$，CP 下降沿到达后边沿 JK 触发器状态置 1。

在第二个 CP 下降沿时，$J=0$，$K=1$，CP 下降沿到达后边沿 JK 触发器状态置 0。

在第三个 CP 下降沿时，$J=1$，$K=1$，CP 下降沿到达后边沿 JK 触发器状态由 0 变为 1。

在第四个 CP 下降沿时，$J=0$，$K=0$，CP 下降沿到达后边沿 JK 触发器保持原来的状态不变，仍为 1。

在第五个 CP 下降沿时，$J=1$，$K=1$，CP 下降沿到达后边沿 JK 触发器状态由 1 变为 0。

思考题

18.2.1 边沿 JK 触发器与 RS 触发器的逻辑功能有什么差异？

18.2.2 设下降沿 JK 触发器的初始状态为 $Q=0$，试根据如题图 18.2-1 所示的 CP 和 J、K 的波形，画出 Q 的波形。

18.2.3 边沿 D 触发器、边沿 JK 触发器的 $\overline{R}_D$ 端和 $\overline{S}_D$ 端的功能是什么？

18.2.4 如何将边沿 JK 触发器转换为边沿 D 触发器？

18.2.5 下降沿触发的边沿 D 触发器初始时处于 0 态，根据如题图 18.2-2 所示的 CP 波形和输入信号 D 的波形，画出 Q 的波形。

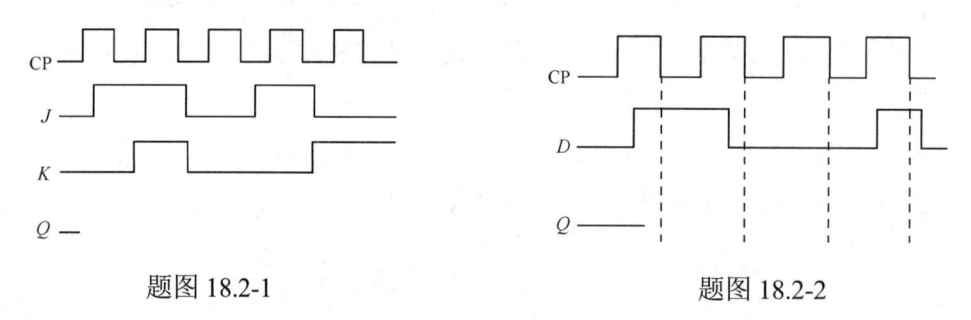

题图 18.2-1

题图 18.2-2

18.3 应用与实验

18.3.1 触发器的简单应用

1. 消除机械开关抖动电路

机械开关 [见图 18-11（a）] 在接通时，由于振动会使电压或电流波形产生"毛刺"，如图 18-11（b）所示。在电子电路中，一般不允许出现这种现象，因为这种干扰信号会导致电路工作出错。

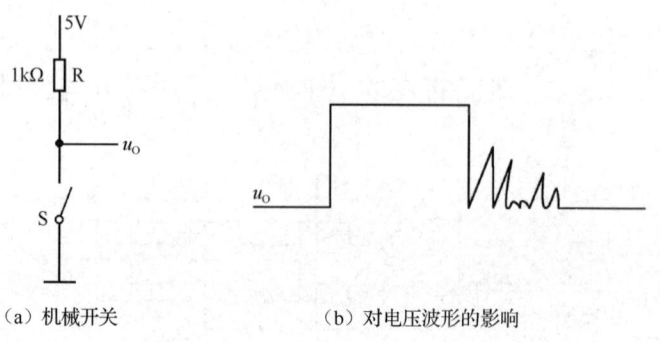

（a）机械开关　　（b）对电压波形的影响

图 18-11　机械开关的工作情况

利用基本 RS 触发器的记忆作用可以消除上述机械开关振动产生的影响，机械开关与基本 RS 触发器的连接方式如图 18-12（a）所示。设单刀双掷开关 S 原来与 B 点接通，这时基本 RS 触发器的状态为 0。将 S 由 B 点拨向 A 点的过程中有一段短暂的浮空时间，这时基本 RS 触发器的 R、S 均为 1，Q 仍为 0。中间动触点与 A 点接触时，A 点的电位因振动而产生"毛刺"。但是，B 点已经为高电平，A 点一旦出现低电平，基本 RS 触发器的状态就翻转为 1，即使 A 点再出现高电平，也不会再改变触发器的状态，所以 Q 的电压波形不会出现"毛刺"，如图 18-12（b）所示。

（a）机械开关与基本RS触发器的连接方式　　　（b）电压波形

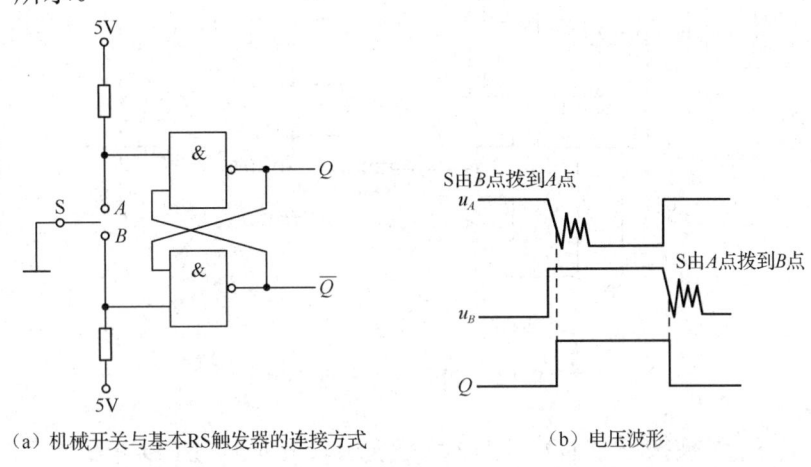

图 18-12　利用基本 RS 触发器消除机械开关振动的影响

2. 优先裁决电路

图 18-13 所示为优先裁决电路，在游泳比赛中可用来自动裁决优先到达者。在图 18-13 中，输入变量 A_1、A_2 来自设在终点的光电检测管。平时，A_1、A_2 为 0，复位开关 S 断开。比赛前，按下复位开关 S 使全部 LED 熄灭。当游泳者到达终点时，利用光电检测管，使相应的 0 变为 1，同时使相应的 LED 发光，以指示谁首先到达终点，电路的工作原理可自行分析。

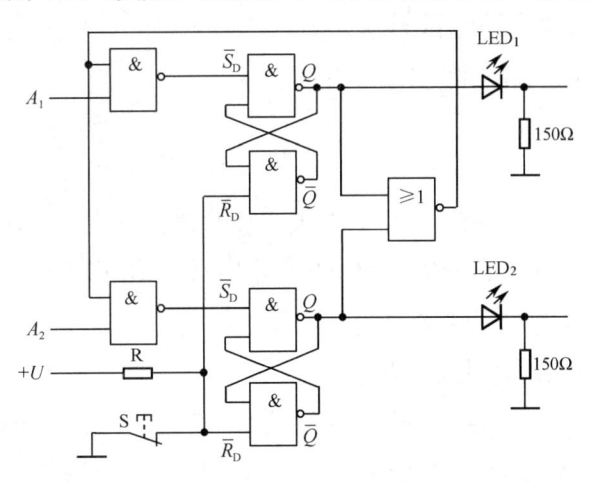

图 18-13　优先裁决电路

3. 四人（组）抢答电路

图 18-14（a）所示为四人（组）抢答电路的电路图，电路中的主要器件是四上升沿 D 触发器 74LS175，其引脚功能图如图 18-14（b）所示，它的输入信号 $\overline{R}_D$ 和 CP 是四个 D 触发器共用的。

抢答前先清零，$1Q\sim 4Q$ 均为 0，相应的 $LED_1\sim LED_4$ 都不亮；$1\overline{Q}\sim 4\overline{Q}$ 均为 1，G1 输出为 0，扬声器不响。同时，G2 输出为 1，将 G3 打开，CP 可以经过 G3 进入 D 触发器。此

时，由于开关 S_1~S_4 均未按下，$1D$~$4D$ 均为 0，所以触发器的状态不变。

(a) 电路图　　　(b) 引脚功能图

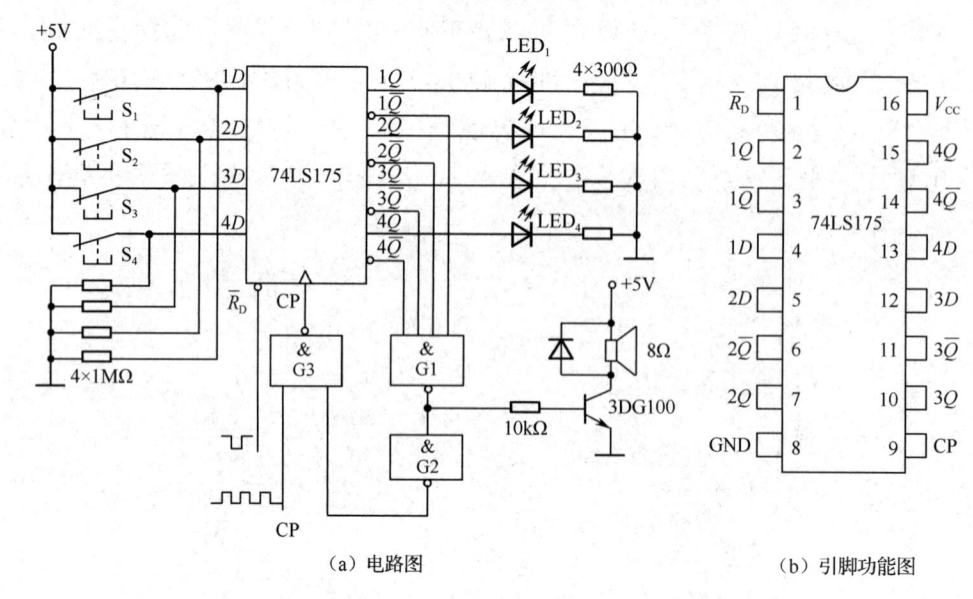

图 18-14　四人（组）抢答电路

抢答开始，若 S_1 先被按下，$1D$ 和 $1Q$ 均变为 1，相应的 LED_1 亮；$1\overline{Q}$ 变为 0，G1 输出为 1，扬声器发声。同时，G2 输出为 0，将 G3 封闭，CP 不能经过 G3 进入 D 触发器。由于没有 CP，因此再按其他按钮就不起作用了，触发器的状态不会改变。

抢答判决完毕，清零，以备下次抢答使用。

18.3.2　触发器及其应用实验

一、实验目的

（1）探究触发器逻辑功能的测试方法。
（2）熟悉触发器不同逻辑功能之间的相互转换。

二、实验原理

1. 基本 RS 触发器

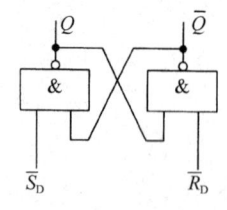

用与非门组成基本 RS 触发器，如图 18-15 所示，本实验采用的是 74LS00，它有 Q 和 $\overline{Q}$ 两个输出端，$\overline{S}_D$ 和 $\overline{R}_D$ 两个输入端。基本 RS 触发器常用作无抖动开关。

图 18-15　基本 RS 触发器逻辑图

2. 边沿 JK 触发器

边沿 JK 触发器是触发器中功能最强的触发器。本实验采用的边沿 JK 触发器是 74LS112，它的引脚图及内部结构如图 18-16 所示。$\overline{S}_D$ 是异步置 1 端，低电平有效；$\overline{R}_D$ 是异步置 0 端，低电平有效。

3. 边沿 D 触发器

边沿 D 触发器具有可靠性高、抗干扰能力强等优点，得到广泛应用。图 18-17 所示为 74LS74 的引脚图及内部结构。

三、实验仪器和器材

数字电路实验箱（一台）、直流稳压电源（一台）、集成电路（74LS00、74LS74、74LS112 各一片）。

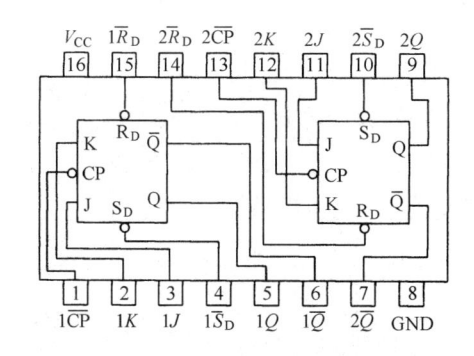

图 18-16　74LS112 引脚图及内部结构 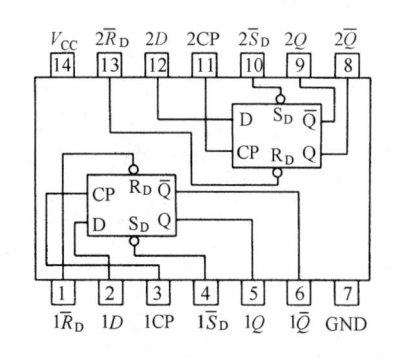　　　　图 18-17　74LS74 的引脚图及内部结构

四、实验内容与步骤

1. 基本 RS 触发器的测试

按如图 18-15 所示的逻辑图连接线路，其中 Q 端和 $\overline{Q}$ 端分别接两个 LED，$\overline{S}_D$ 端和 $\overline{R}_D$ 端分别接逻辑开关 K_1 和 K_2。按表 18-6 输入 $\overline{S}_D$ 和 $\overline{R}_D$，观察输出状态，并记录在表 18-6 中。

表 18-6　由与非门组成的基本 RS 触发器功能测试表

$\overline{S}_D$	$\overline{R}_D$	Q	$\overline{Q}$
1	1		
1	⊓⌐		
⊓⌐	1		
⊓⌐	⊓⌐		

2. 边沿 JK 触发器功能的测试

（1）按如图 18-18 所示的接线图连接线路，其中 $1\overline{R}_D$ 端、$1\overline{S}_D$ 端、1J 端、1K 端分别接逻辑开关 K_1、K_2、K_3、K_4，1CP 端接单次脉冲，Q 端和 $\overline{Q}$ 端分别接一个 LED。

（2）$\overline{R}_D$ 端、$\overline{S}_D$ 端的功能测试：按表 18-7 进行测试，并将测试结果填到表 18-7 中。

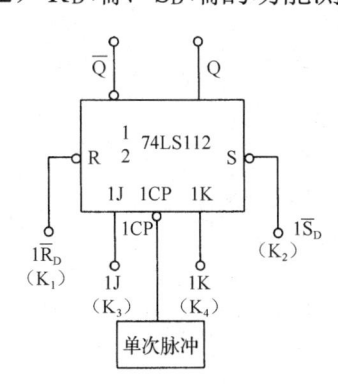

表 18-7　$\overline{R}_D$ 端、$\overline{S}_D$ 端的功能测试表

CP	J	K	$\overline{R}_D$	$\overline{S}_D$	Q	$\overline{Q}$
×	×	×	0	1		
×	×	×	1	0		

图 18-18　JK 触发器接线图

（3）逻辑功能测试：按表 18-8 为 J 端、K 端提供逻辑电平，将测试结果填到表 18-8 中。

表 18-8　逻辑功能测试表

J	K	CP	Q^{n+1}	
			$Q^n=1$	$Q^n=1$
0	0	0→1		
0	0	1→0		
0	1	0→1		

续表

J	K	CP	Q^{n+1}	
			$Q^n=1$	$Q^n=1$
0	1	1→0		
1	0	0→1		
1	0	1→0		
1	1	0→1		
1	1	1→0		

3. 边沿 D 触发器功能测试

（1）按如图 18-19 所示的接线图连接线路，其中 1D 端、1$\overline{R}_D$ 端、1$\overline{S}_D$ 端分别接逻辑开关 K_1、K_2、K_3，1CP 端接单次脉冲，1Q 端和 1$\overline{Q}$ 端分别接两个 LED。

（2）$\overline{R}_D$ 端和 $\overline{S}_D$ 端的功能测试：按表 18-9 所给条件进行测试，并将测试结果填到表 18-9 中。

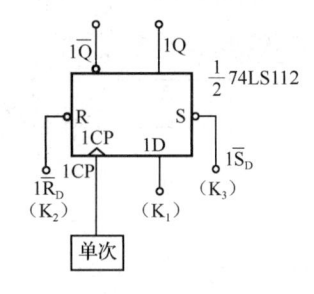

图 18-19　边沿 D 触发器接线图

表 18-9　$\overline{R}_D$ 端、$\overline{S}_D$ 端的功能测试表

CP	D	$\overline{R}_D$	$\overline{S}_D$	Q	$\overline{Q}$
×	×	0	1		
×	×	1	0		

（3）逻辑功能的测试：按表 18-10 所给的条件测试边沿 D 触发器的逻辑功能，并将测试结果填到表 18-10 中。

表 18-10　逻辑功能测试表

D	CP	Q^{n+1}	
		$Q^n=0$	$Q^n=1$
0	0→1		
0	1→0		
1	0→1		
1	1→0		

五、实验分析和总结

（1）整理实验结果，并进行分析、总结。

（2）设计 D 触发器和 JK 触发器间的转换电路，并验证。

本章小结

（1）触发器是一种具有记忆功能，而且在触发脉冲作用下状态会翻转的电路。触发器具有两种可能的稳态，即 0 态（$Q=0$，$\overline{Q}=1$）或 1 态（$Q=1$，$\overline{Q}=0$）。当触发脉冲作用后，触发器状态仍维持不变，因此触发器是具有记忆功能的单元电路。

(2) 基本 RS 触发器是构成各种触发器的基础，必须熟练掌握它的逻辑图及逻辑功能。

(3) 触发器按逻辑功能可分为 RS 触发器、D 触发器、JK 触发器、T 触发器、T'触发器。

(4) 同步触发器输出状态的变化发生在 CP 转换过程中的某一时刻。如果触发器的状态在 CP 的高电平或低电平期间发生变化，那么称这种触发方式为电平触发方式。如果触发器的状态在 CP 的上升沿或下降沿发生变化，那么称这种触发方式为边沿触发方式。边沿触发器具有工作可靠的优点，因此得到了广泛应用。

习题 18

18.1 画出用或非门组成的基本 RS 触发器的逻辑图，并列出真值表，指出置 1 端和置 0 端。

18.2 设用与非门电路构成的基本 RS 触发器输入波形如题图 18-1 所示，电路原来处于 0 态，即 $Q=0$，试画出 Q 的波形。

18.3 在如图 18-3 所示的同步 RS 触发器中，设初始状态是 0 态。试根据如题图 18-2 所示的 CP、R、S 的波形，画出与之对应的 Q、$\overline{Q}$ 波形。

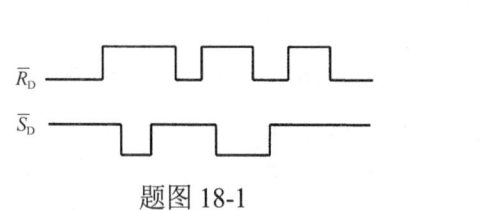

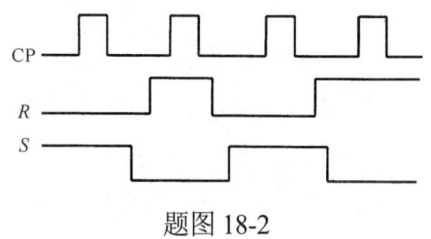

题图 18-1

题图 18-2

18.4 在如图 18-6 所示的 74LS74 中，CP、$\overline{R}_D$、$\overline{S}_D$、D 的波形如题图 18-3 所示，设初始状态 Q 为 0。试画出 Q、$\overline{Q}$ 的波形。

18.5 边沿 JK 触发器的逻辑符号及引脚功能图如图 18-7 所示。现输入信号波形如题图 18-4 所示，设初始状态 Q 为 0，试画出 Q 的波形。

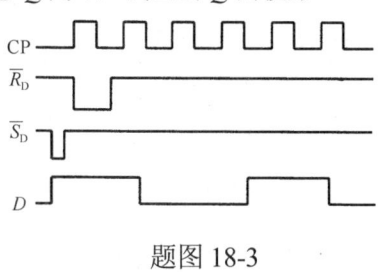

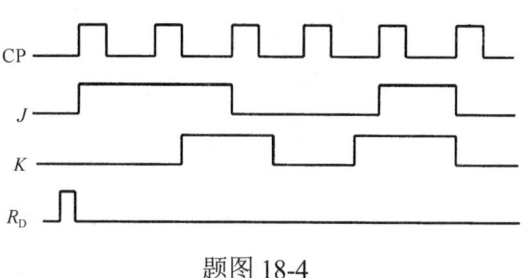

题图 18-3

题图 18-4

18.6 设如题图 18-5 所示的各触发器的初始状态 $Q=0$，试画出如题图 18-5 所示的电路对应的四个 CP 作用下的触发器 Q 端输出的波形。

18.7 边沿 D 触发器电路如题图 18-6 所示，设电路初始状态为 0，画出在 CP 作用下 Q_1、Q_2 的波形。

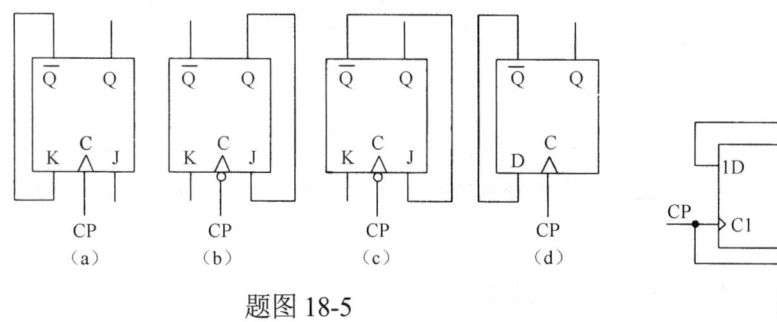

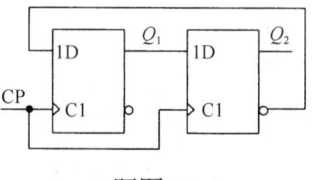

题图 18-5

题图 18-6

第 19 章 时序逻辑电路

本章学习目标和要求
1. 归纳时序逻辑电路的特点与分类。
2. 简述数码寄存器和移位寄存器的功能、电路组成及常见类型。
3. 概述二进制计数器、十进制计数器的电路组成及工作原理。
4. 举例说明集成二进制计数器、十进制计数器的使用方法。
5. 学会测试时序逻辑电路逻辑功能的方法。

19.1 时序逻辑电路的概述

1. 时序逻辑电路的特点

时序逻辑电路是一种重要的数字逻辑电路。与组合逻辑电路的功能特点不同,时序逻辑电路的功能特点是电路的输出状态不仅与该时刻的输入状态有关,而且与电路的原有状态有关。触发器、锁存器、计数器、移位寄存器、存储器等电路都是时序逻辑电路的典型器件,时序逻辑电路的状态是由存储电路来记忆和表示的。第 18 章讨论的触发器是一种功能最简单的时序逻辑电路。

2. 时序逻辑电路的组成

时序逻辑电路由组合逻辑电路和存储电路两部分组成,组成框图如图 19-1 所示。

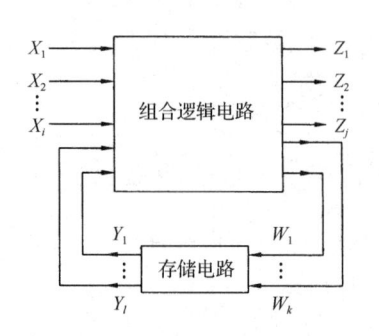

在图 19-1 中,$X_1, X_2, \cdots, X_i$ 表示外输入逻辑变量;$Z_1, Z_2, \cdots, Z_j$ 表示时序逻辑电路的输出逻辑变量;$W_1, W_2, \cdots, W_k$ 表示存储电路的输入变量;$Y_1, Y_2, \cdots, Y_l$ 表示存储电路的输出变量,它们也是组合逻辑电路的部分输入变量。

存储电路通常由触发器组成,其输出变量必须反馈到组合逻辑电路的输入端,与外输入变量共同决定组合逻辑电路的输出;而组合逻辑电路的输出也必须至少有一个反馈到存储电路的输入端,以决定下一时刻存储电路的状态。

图 19-1 时序逻辑电路的组成框图

3. 时序逻辑电路的分类

时序逻辑电路的分类有多种,按照其存储电路中各触发器是否由 CP 统一控制可分为同步时序逻辑电路和异步时序逻辑电路两大类。

1)同步时序逻辑电路

若时序逻辑电路中存储电路各触发器状态的更新是在同一 CP 的特定时刻(如上升沿或下降沿)同步进行的,那么这样的时序逻辑电路就被称为同步时序逻辑电路。

2)异步时序逻辑电路

若时序逻辑电路中存储电路各触发器的状态更新不受 CP 统一控制,而是在不同时刻分别进行的，或者没有 CP，那么这样的时序逻辑电路就被称为异步时序逻辑电路。

数字电路中的寄存器、计数器、存储器等都是时序逻辑电路的基本单元电路。

思考题

19.1.1 时序逻辑电路由哪几部分组成？它和组合逻辑电路的区别是什么？

19.1.2 时序逻辑电路可分为哪两大类？

19.2 寄存器

在数字电路中，寄存器是一种重要的单元电路，其功能是暂存数据、指令等。利用触发器的存储功能可以构成基本的寄存器，一个触发器能存储 1 位二进制数码，n 个触发器能存放 n 位二进制数码。

寄存器由触发器和门电路组成。在满足一定条件时，寄存器可以正常地输入、存储、输出数据。

寄存器按逻辑功能分为数码寄存器和移位寄存器。

19.2.1 数码寄存器

能够存放二进制数码的电路称为数码寄存器。图 19-2 所示为由边沿 D 触发器组成的四位数码寄存器的逻辑图。

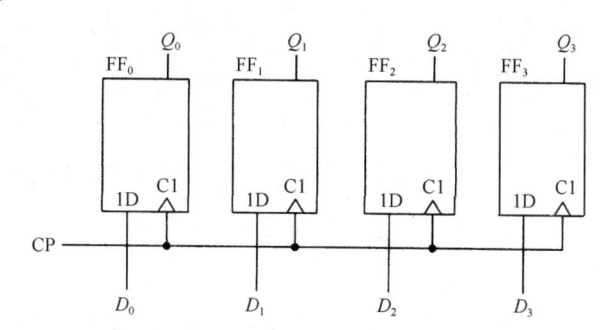

图 19-2 由边沿 D 触发器组成的四位数码寄存器的逻辑图

四个触发器的 CP 输入端连在一起，它们受 CP 的同步控制，$D_0 \sim D_3$ 是寄存器并行的数据输入端，用于输入四位二进制数码；$Q_0 \sim Q_3$ 是寄存器并行输出端，用于输出四位二进制数码。

若要将四位二进制数码 $D_0D_1D_2D_3 = 1010$ 存入寄存器，只要在 CP 输入端加脉冲即可。当 CP 上升沿出现时，四个触发器输出为 $Q_0Q_1Q_2Q_3 = 1010$，于是四位二进制数码同时存入四个触发器。当外部电路需要这组数据时，可以从 $Q_0 \sim Q_3$ 端读出。

这种数码寄存器称为并行输入—并行输出数码寄存器。

19.2.2 移位寄存器

移位寄存器除了具有存储数码的功能，还具有移位功能。所谓移位功能，是指寄存器里存储的数码能在移位脉冲的作用下依次左移或右移。因此，移位寄存器不但可以用来寄存数码，还可以用来实现数据的串行—并行转换。

图 19-3 所示为由边沿 D 触发器组成的四位移位寄存器的逻辑图。其中第一个触发器 FF_0 的输入端接输入信号，其余的每个触发器的输入端均与前面一个触发器的 Q 端相连。

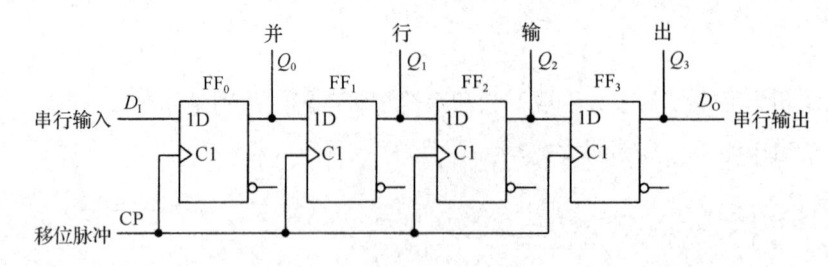

图 19-3 由边沿 D 触发器组成的四位移位寄存器的逻辑图

下面分析其工作原理：设输入数码为 1011，当第一个移位脉冲到来时，第一位数码进入触发器 FF_0，当第二个移位脉冲到来时，第二位数码进入触发器 FF_0，同时触发器 FF_0 中的数码移入 FF_1……这样，在移位脉冲的作用下，数码由低位到高位存入寄存器，移位情况如表 19-1 所示。

表 19-1 移位寄存器中数码的移位情况

移位脉冲序号	输入 D_I	Q_0	Q_1	Q_2	Q_3
0	0	0	0	0	0
1	1	1	0	0	0
2	0	0	1	0	0
3	1	1	0	1	0
4	1	1	1	0	1

由表 19-1 可以看出，经过四个移位脉冲后，串行输入的四位数码全部置入移位寄存器，同时，在四个触发器的输出端得到了并行输出的数码。因此，利用移位寄存器可以实现数码的串行—并行转换。

如果先将四位数据并行地置于移位寄存器的四个触发器中，然后连续加入四个移位脉冲，那么移位寄存器中的四位数码将从串行输出端 D_O 依次送出，从而实现数据的并行—串行转换。为便于扩展逻辑功能和提高使用的灵活性，实际应用的移位寄存器附加了左/右移控制、数据并行输入、保持、异步置零（复位）等功能。图 19-4 给出的四位双向移位寄存器 74LS194 就是一个典型的例子。

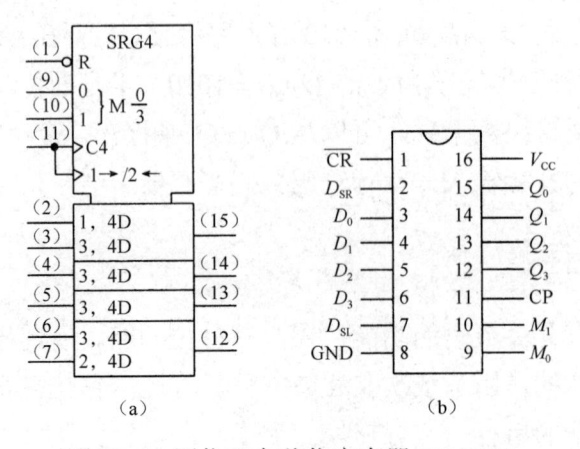

图 19-4 四位双向移位寄存器 74LS194

图 19-4 中的 M_1、M_0 为工作方式控制端信号，它们的取值决定了寄存器的功能：清零、保持、右移、左移、并行输入。表 19-2 所示为 74LS194 的功能表。

表 19-2　74LS194 的功能表

$\overline{CR}$	M_1	M_0	CP	功　能
0	×	×	↑	清零
1	0	0	↑	保持
1	0	1	↑	右移
1	1	0	↑	左移
1	1	1	↑	并行输入

$\overline{CR}$ 端是清零端，当 $\overline{CR}=0$ 时，各输出端均为 0。寄存器在工作时，$\overline{CR}$ 应为高电平。这时，寄存器的工作方式由 M_1、M_0 的取值决定。当 $M_1M_0=00$ 时，寄存器数据保持不变；当 $M_1M_0=01$ 时，寄存器为右移工作方式，D_{SR} 端为右移串行输入端；当 $M_1M_0=10$ 时，寄存器为左移工作方式，D_{SL} 端为左移串行输入端；当 $M_1M_0=11$ 时，寄存器为并行输入方式，即在 CP 上升沿的作用下，将输入到 $D_0 \sim D_3$ 端的数据同时存入寄存器，$Q_0 \sim Q_3$ 端是寄存器的输出端。

思考题

19.2.1　数码寄存器与移位寄存器有什么区别？

19.2.2　什么是并行输入、串行输入、并行输出、串行输出？

19.2.3　如果要寄存六位二进制数码，需要用几个触发器来构成寄存器？

19.3　计数器

计数器是数字系统中使用最多的时序逻辑电路。计数器不仅能对脉冲个数进行计数，还可以用于分频、定时等。

计数器的种类繁多，如果按计数器的触发器是否同时翻转来进行分类，那么计数器可以分为同步计数器和异步计数器。在同步计数器中，当输入 CP 时各触发器的翻转是同时发生的；在异步计数器中，各触发器的翻转不是同时发生的。

如果按计数过程中计数器中的数字增减分类，计数器可以分为加法计数器、减法计数器、可逆计数器。随着计数脉冲的不断输入，做递增计数的叫作加法计数器，做递减计数的叫作减法计数器，既可做递增计数又可做递减计数的叫作可逆计数器。

如果按计数器中数字的编码方式分类，计数器可以分成二进制计数器、十进制计数器、格雷码计数器等。

19.3.1　二进制计数器

二进制计数器是构成其他各种计数器的基础。二进制计数器是指按二进制编码方式进行计数的电路。用 n 表示二进制数码的位数（也就是对应的触发器的个数），用 N 表示有效状态数，在二进制计数器中有 $N=2^n$ 个状态。

1. 异步二进制计数器

异步计数器在计数时是采用从低位到高位逐位进（借）位的方式工作的。因此，其中的各个触发器不是同步翻转的。

二进制加法计数规则是，每一位如果是1，再计1时就变成0，同时向高位发出进位信号，使高位翻转。若使用下降沿触发的T'触发器组成计数器，则只要将低位触发器的Q端接至高位触发器的CP端即可。当低位由1变为0时，Q端的下降沿正好可以作为高位的CP。

图19-5所示为下降沿触发的异步二进制加法计数器，该计数器由T'触发器组成，T'触发器是通过令JK触发器的$J=K=1$得到的。因为所有触发器都是在CP的下降沿动作，所以进位信号应从低位的Q端输出。最低位触发器的CP_0，就是计数输入脉冲。

根据T'触发器的翻转规律可画出在一系列CP_0作用下的Q_0、Q_1、Q_2的电压波形，如图19-6所示。

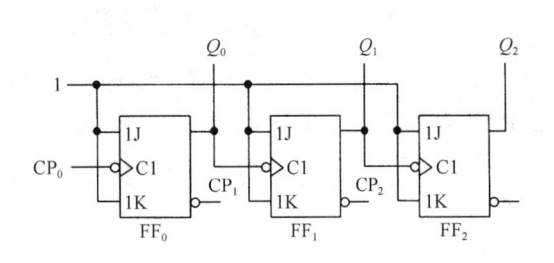

图19-5 下降沿触发的异步二进制加法计数器

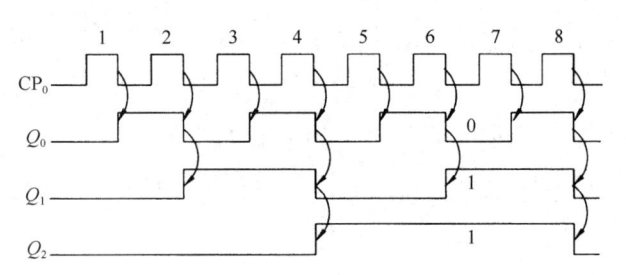

图19-6 异步二进制加法计数器时序图

用上升沿触发的T'触发器也可以构成异步二进制加法计数器，但每一级触发器的进位脉冲改从$\bar{Q}$端输出。

将T'触发器按二进制减法计数规则连接即可得到二进制减法计数器。按照二进制减法计数规则，若低位触发器已经为0，则再输入一个减法计数脉冲后应翻转为1，同时向高位发出借位信号，使高位翻转。图19-7就是按该规则接成的下降沿触发的异步二进制减法计数器，其时序图如图19-8所示。该计数器由采用下降沿触发的JK触发器接成的T'触发器组成。

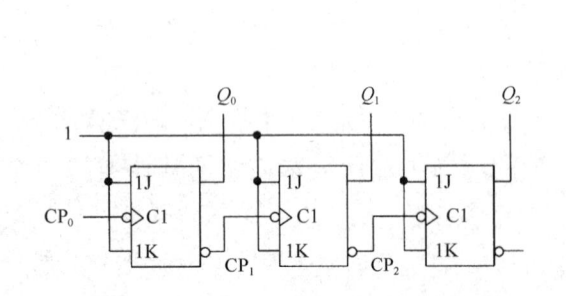

图19-7 下降沿触发的异步二进制减法计数器

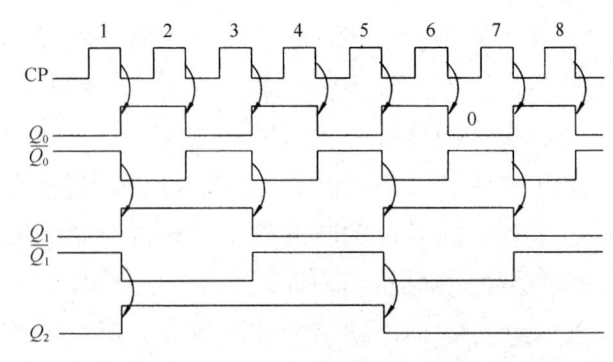

图19-8 异步二进制减法计数器时序图

将异步二进制减法计数器和异步二进制加法计数器做比较可以发现，它们都是将低位触发器的一个输出端接到高位触发器的CP端。在采用下降沿触发的T'触发器组成计数器时，加法计数器以Q端为输出端，减法计数器以$\bar{Q}$端为输出端。在采用上升沿触发的T'触发器组成计数器时，情况正好相反，加法计数器以$\bar{Q}$端为输出端，减法计数器以Q端为输出端。

2. 同步二进制计数器

异步二进制计数器因进位信号是逐步传送的而限制了计数速度。为了提高计数速度，应设法利用计数脉冲触发计数器的所有触发器，使所有触发器的状态转换与输入脉冲同步，这就是同步计数器。

实际上，同步二进制计数器已被广泛地应用于现成的中规模集成计数器。74LS193 是四位同步二进制可逆计数器，它具有预置数码、加减可逆的同步计数功能，应用十分方便。

图 19-9 所示为 74LS193 的逻辑图与引脚功能图。其中 $Q_0 \sim Q_3$ 端是数码输出端；$D_0 \sim D_3$ 端为并行数据输入端；$\overline{BO}$ 端是借位输出端（在减法计数下溢时，输出低电平）；$\overline{CO}$ 端是进位输出端（在加法计数上溢时，输出低电平）；CP_U 端是加法计数时的计数脉冲输入端；CP_D 端是减法计数时的计数脉冲输入端；CR 端为置 0 端，高电平有效；$\overline{LD}$ 端为置数控制端，低电平有效。74LS193 的功能表如表 19-3 所示。

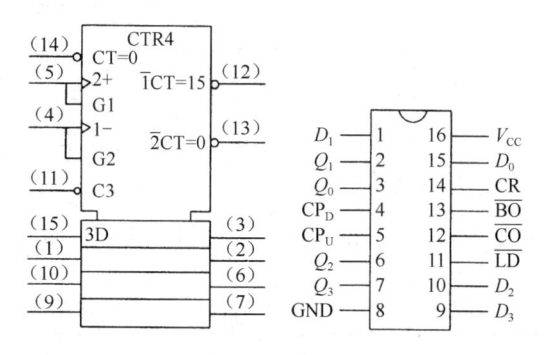

图 19-9 74LS193 的逻辑图与引脚功能图

表 19-3 74LS193 的功能表

输　　入								输　　出			
CR	$\overline{LD}$	CP_U	CP_D	D_0	D_1	D_2	D_3	Q_0	Q_1	Q_2	Q_3
1	×	×	×	×	×	×	×	0	0	0	0
0	0	×	×	d_0	d_1	d_2	d_3	d_0	d_1	d_2	d_3
0	1	↑	1	×	×	×	×	加法计数			
0	1	1	↑	×	×	×	×	减法计数			

19.3.2 十进制计数器

虽然二进制计数器有电路结构简单、运算方便的优点，但日常生活中人们常使用的是十进制计数器。因此，数字系统中经常要用到十进制计数器。按照二—十进制编码方式计数的计数器叫作 BCD 码十进制计数器，简称十进制计数器。

图 19-10 所示为可预置的十进制同步计数器 74LS160 的逻辑符号及引脚功能图。

74LS160 具有清零、预置数码、十进制计数，以及保持原态四种逻辑功能，在计数时，在计数脉冲的上升沿有效。表 19-4 列出了它的主要功能，说明如下。

（1）当 $\overline{CR}=0$ 时，计数器置 0，即 $Q_3Q_2Q_1Q_0=0000$。

（2）当 $\overline{CR}=1$，$\overline{LD}=0$ 时，实现预置数码功能。数据输入端的数据 $d_0 \sim d_3$ 在 CP 上升沿的作用下并行存入内部计数器，达到预置数据的目的，即 $Q_3Q_2Q_1Q_0=d_3d_2d_1d_0$。

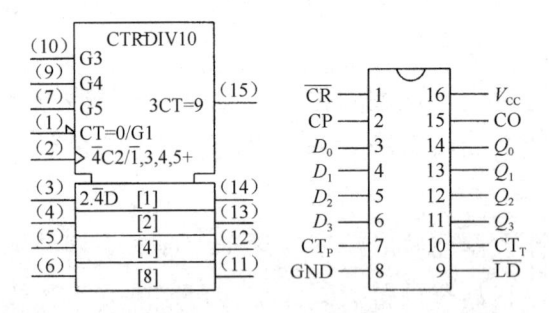

图 19-10 可预置的十进制同步计数器 74LS160 的逻辑符号及引脚功能图

（3）当 $\overline{CR} = \overline{LD} = 1$，$CT_P = CT_T = 1$ 时，计数器执行加法计数。在计数到 $Q_3Q_2Q_1Q_0 = 1001$ 时，从 CO 端送出正跳变进位脉冲。

表 19-4 74LS160 的功能表

输入									输出			
$\overline{CR}$	$\overline{LD}$	CT_P	CT_T	CP	D_3	D_2	D_1	D_0	Q_3	Q_2	Q_1	Q_0
0	×	×	×	×	×	×	×	×	0	0	0	0
1	0	×	×	↑	d_3	d_2	d_1	d_0	d_3	d_2	d_1	d_0
1	1	1	1	↑	×	×	×	×	加法计数			
1	1	0	×	×	×	×	×	×	保持			
1	1	×	0	×	×	×	×	×	保持			

思考题

19.3.1 什么是异步计数器？什么是同步计数器？两者有何区别？

19.3.2 用边沿 D 触发器构成三位二进制异步加法计数器，试画出其逻辑图。

19.3.3 用两片 74LS160 构成一百进制的计数器，试画出电路连接图。

19.4 集成计数器应用与实验

19.4.1 集成计数器的应用

1. 计数器的级联

两个模 N 计数器级联，可实现 $N \times N$ 计数器。

1）同步级联

图 19-11 所示为 74LS161 同步级联组成的 8 位二进制同步加法计数器，模为 $16 \times 16 = 256$。

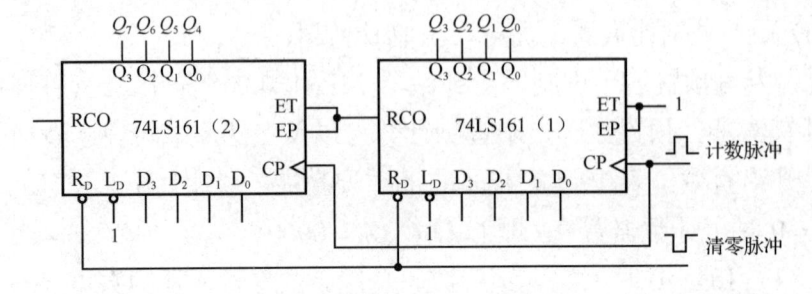

图 19-11 74LS161 同步级联组成的 8 位二进制同步加法计数器

2）异步级联

用两片 74LS191 采用异步级联方式组成的 8 位二进制异步可逆计数器如图 19-12 所示。

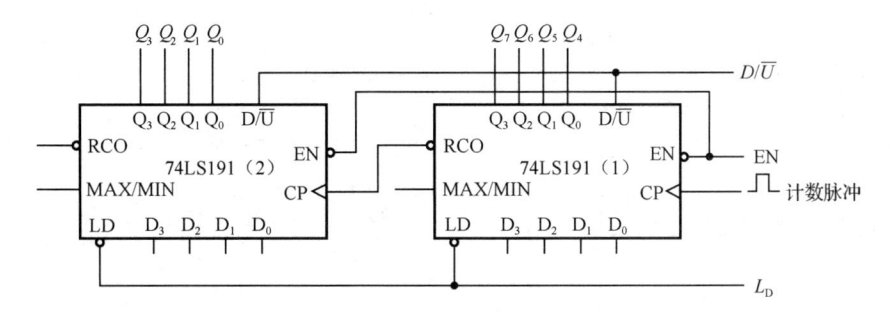

图 19-12　74LS191 异步级联组成的 8 位二进制异步可逆计数器

有的集成计数器没有进位/借位输出端，这时可根据具体情况，用计数器的输出信号 Q_3、Q_2、Q_1、Q_0 产生一个进位/借位。

2．组成任意进制计数器

市场上能买到的集成计数器一般为二进制计数器和十进制计数器，如果需要其他进制的计数器，可利用现有的二进制计数器或十进制计数器的清零端或预置数端，外加适当的门电路连接而成。

1）异步清零法

异步清零法适用于具有异步清零端的集成计数器。图 19-13（a）所示为用集成计数器 74LS161 和与非门组成的六进制计数器，其状态图如图 19-13（b）所示。

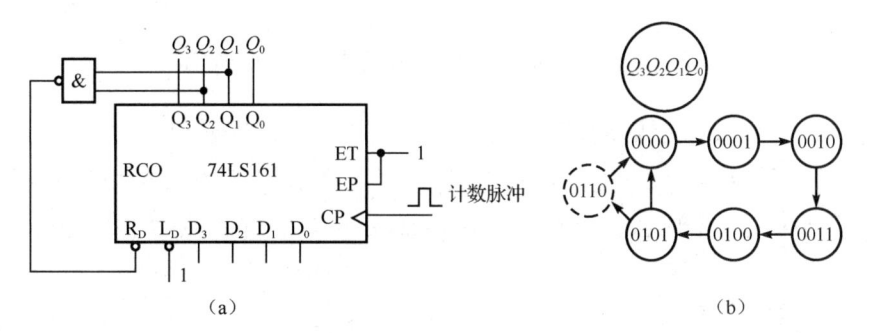

图 19-13　异步清零法组成的六进制计数器

2）同步清零法

同步清零法适用于具有同步清零端的集成计数器。图 19-14（a）所示为用集成计数器 74LS163 和与非门组成的六进制计数器，其状态图如图 19-14（b）所示。

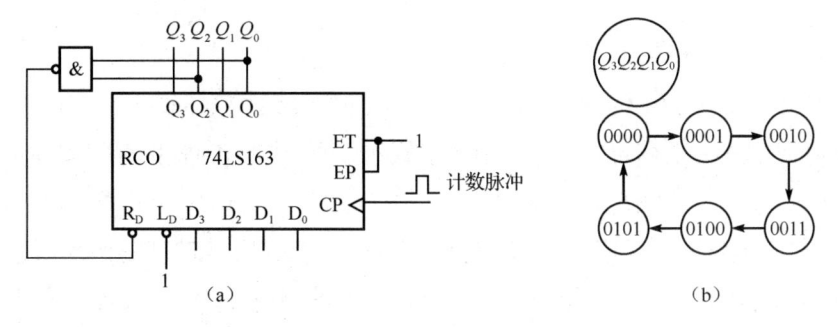

图 19-14　同步清零法组成的六进制计数器

3）异步预置数法

异步预置数法适用于具有异步预置数端的集成计数器。图 19-15（a）所示为用集成计数器 74LS191 和与非门组成的十进制计数器，该电路的有效状态是 0011～1100，共 10 个状态，如图 19-15（b）所示，可作为余 3 码十进制计数器。

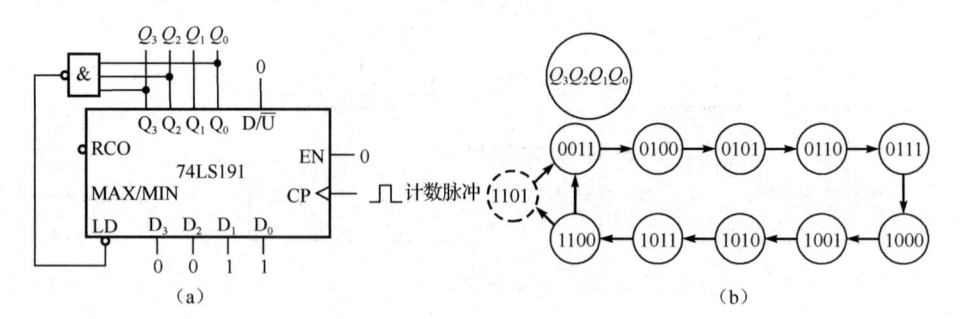

图 19-15　异步预置数法组成的余 3 码十进制计数器

4）同步预置数法

同步预置数法适用于具有同步预置数端的集成计数器。图 19-16（a）所示为用集成计数器 74LS160 和与非门组成的七进制计数器，其状态图如图 19-16（b）所示。

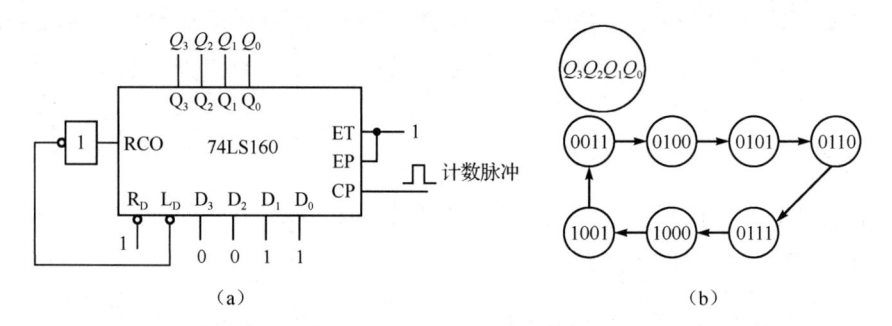

图 19-16　同步预置数法组成的七进制计数器

综上所述，改变集成计数器的模可用清零法，也可用预置数法。清零法比较简单，预置数法比较灵活。但不管用哪种方法，都应先搞清所用集成组件的清零端或预置数端的工作方式（是异步还是同步），再根据工作方式选择合适的清零信号或预置信号。

19.4.2　计数器实验

一、实验目的

（1）探究由集成触发器构成的四位计数器电路功能及其工作原理。
（2）完成中规模集成电路计数器测试，并进行简单应用。

二、实验原理

1. 异步二进制加法计数器

用边沿 D 触发器 74LS74 构成的四位异步二进制加法计数器如图 19-17 所示。

在很多实际应用中，往往需要用不同的计数进制来满足各种不同的要求，如电子钟需要使用六十进制计数器、二十四进制计数器，日常生活中需要使用十进制计数器。

如图 19-17 中的虚线所示，我们只要把 Q_3 端和 Q_1 端通过与非门接到 FF_0、FF_1、FF_2、FF_3 四个触发器的清零端 $\overline{R_D}$，即可实现从十六进制计数器到十进制计数器的转换。如果要实现十四进制计数器，可以把 Q_3、Q_2、Q_1 相与非后接至触发器 FF_3～FF_0 的清零端 $\overline{R_D}$。同理，还可实现其他进制的异步计数器。

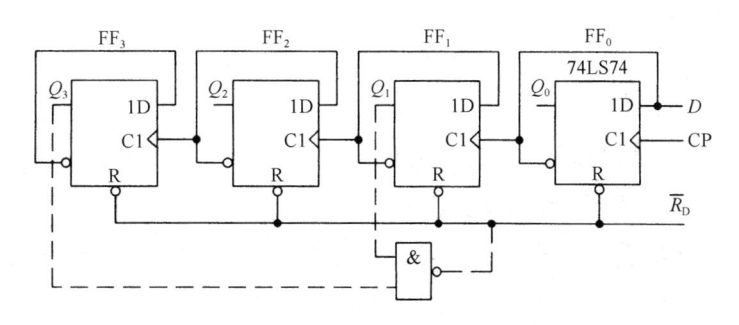

图 19-17　用边沿 D 触发器 74LS74 构成的四位异步二进制加法计数器

2. 集成计数器

在实际工程应用中，一般很少使用小规模的集成触发器去拼接成各种计数器，而是直接选用集成计数器产品。74LS193 是具有清除、双时钟功能的可预置数四位二进制同步可逆计数器。74LS193 引脚排列图如图 19-18 所示。

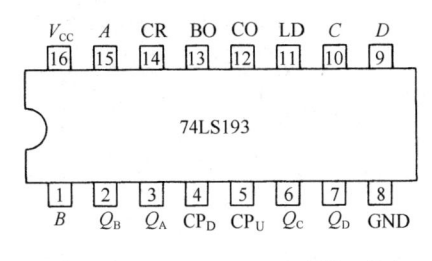

图 19-18　74LS193 引脚排列图

三、实验仪器与器件

数字电路实验箱（一台）、直流稳压电源（一台）、集成电路（74LS74、74LS193、74LS00 各一片）。

四、实验内容与步骤

1. 异步二进制加法计数器

按如图 19-17 所示的接线图连接线路。其中 CP 端接单次脉冲（或连续脉冲），$\overline{R}_D$ 端接实验箱上的复位开关，Q_0 端、Q_1 端、Q_2 端、Q_3 端分别接 LED，检查无误后接通电源。

先将计数器清零，然后启动单次脉冲（输入 CP），计数器应按二进制方式工作。

2. 异步十进制加法计数器

在图 19-17 中，将 Q_3、Q_1 两个输出端接至与非门的输入端，与非门的输出端接计数器的四个清零端 $\overline{R}_D$，如图中虚线所示，启动单次脉冲，就可以实现十进制计数器。

3. 集成计数器 74LS193 的功能验证

74LS193 的测试图如图 19-19 所示。

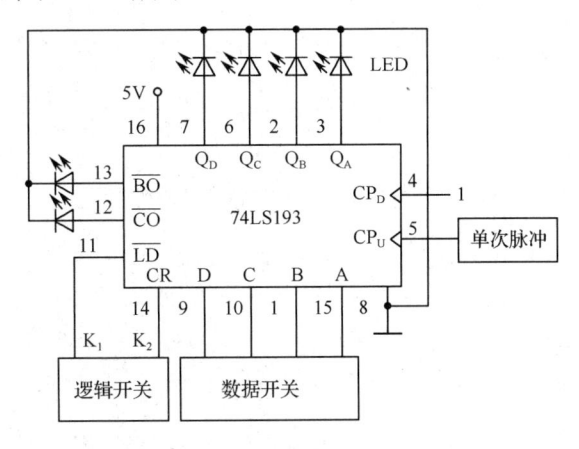

图 19-19　74LS193 的测试图

按如图 19-19 所示的测试图连接线路，对 74LS193 的功能进行验证。

（1）清零：当 74LS193 的 CR 端为 1 时，74LS193 清零。在实验时，将 CR 置 1，观察输出端 Q_D、Q_C、Q_B、Q_A 的状态。

（2）计数：74LS193可以进行加、减计数。在计数状态时，CR = 0，$\overline{LD}$ = 1，CP_D = 1，CP_U输入单次脉冲，计数器为加法计数器；CP_U = 1，CP_D输入脉冲，计数器为减法计数器。

（3）置数：CR = 0，置数开关为任意二进制数（如0111），拨动逻辑开关使K_1 = 0（$\overline{LD}$ = 0），则数据D、C、B、A对应送入$Q_D \sim Q_A$端。

（4）用74LS193也可实现任意进制计数器，这里不一一验证了。读者可以尝试实现其他任意进制的计数器。

五、实验分析和总结

（1）整理实验电路，画出各计数器的时序图和波形图。

（2）若用74LS193构成十进制计数器，电路应如何连接？

本章小结

（1）时序逻辑电路的输出状态不仅与该时刻的输入状态有关，而且与电路的原有状态有关。时序逻辑电路在结构上通常包含组合逻辑电路和存储电路两部分，其中存储电路是必不可少的。

（2）时序逻辑电路按照其存储电路中各触发器是否由CP统一控制可分为同步时序逻辑电路和异步时序逻辑电路两大类。常用的时序逻辑电路有寄存器、计数器、存储器。

（3）寄存器是具有暂存数据指令等功能的逻辑电路。它分为数码寄存器和移位寄存器两类。数码寄存器常采用并行输入—并行输出的方式存储。移位寄存器的特点是不仅能存储数码，而且能移位（左移、右移和双向移位）。

（4）计数器可对脉冲的个数进行计数，是具有计数功能的电路。计数器有二进制和非二进制、异步和同步、加、减、可逆计数等类别，目前多采用集成组件。

习题 19

19.1 填空。

（1）数码寄存器主要由_____和_____所组成，其功能是暂存_____制数码。

（2）寄存器按其接收数码方式的不同可分为_____和_____两种。

（3）时序逻辑电路是由_____和_____组成的。

（4）按CP控制触发方式，计数器可分为_____计数器和_____计数器。

19.2 选择题。

（1）触发器是由逻辑门组成的，所以它的功能的特点是_____。

    A. 和逻辑门功能相同   B. 有记忆功能   C. 没有记忆功能

（2）在下列触发器中，不能用来组成移位寄存器的是_____。

    A. 边沿D触发器   B. 边沿JK触发器   C. 基本RS触发器

（3）下列电路中不属于时序逻辑电路的是_____。

    A. 同步计数器   B. 数码寄存器   C. 译码器   D. 存储器

（4）在相同的CP作用下，同步计数器和异步计数器比较，工作速度较快的是_____。

    A. 同步计数器   B. 异步计数器   C. 两者相同   D. 不能确定

19.3 画出由边沿 D 触发器组成的四位右移寄存器的逻辑图,并画出当输入数码为 1011 时的波形图。

19.4 同步二进制计数器与异步二进制计数器的区别是什么?它们各有什么优缺点?

19.5 题图 19-1 所示为由三个触发器组成的二进制计数器,工作前由负脉冲先通过 $\overline{S}_D$ 端使电路显示 111 状态。

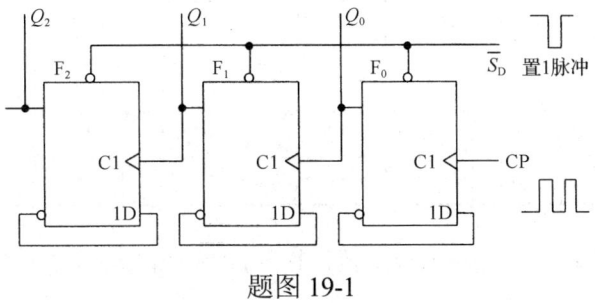

题图 19-1

(1)输入 CP,按顺序在题表 19-1 中填写 $Q_2Q_1Q_0$ 相应的状态(0 或 1)。
(2)此计数器是二进制加法计数器还是减法计数器?

题表 19-1

脉冲个数	Q_2	Q_1	Q_0
0	1	1	1
1	1	1	0
2	1	0	1
3	1	0	0
4	0	1	1
5	0	1	0
6	0	0	1
7	0	0	0
8	1	1	1

19.6 74LS161 是四位二进制可预置同步计数器,其时序图如题图 19-2 所示,功能表如题表 19-2 所示,根据时序图和功能表分析其逻辑功能。

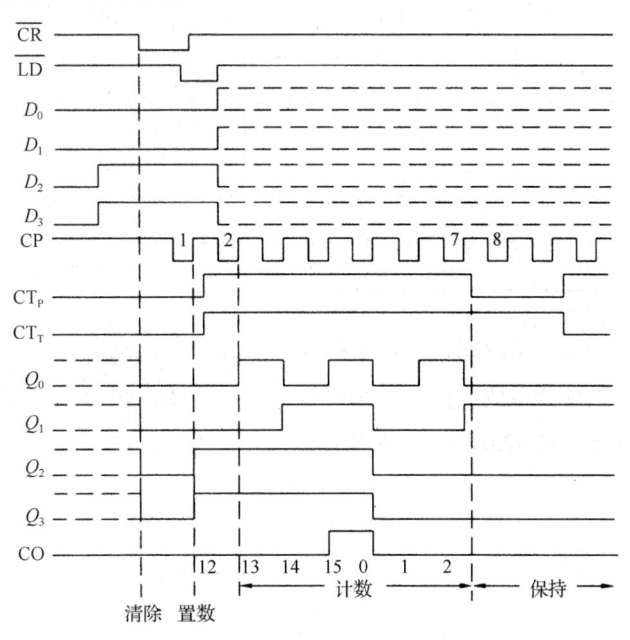

题图 19-2

题表 19-2

序号	输入									输出			
	$\overline{CR}$	$\overline{LD}$	CT_P	CT_T	CP	D_3	D_2	D_1	D_0	Q_3	Q_2	Q_1	Q_0
1	0	×	×	×	×	×	×	×	×	0	0	0	0
2	1	0	×	×	↑	d_3	d_2	d_1	d_0	d_3	d_2	d_1	d_0
3	1	1	1	1	↑	×	×	×	×	计数			
4	1	1	0	×	×	×	×	×	×	保持			
5	1	1	×	0	×	×	×	×	×	保持			

19.7 74LS290 是二—五—十进制异步计数器，其引脚如题图 19-3 所示，功能表如题表 19-3 所示。

（1）器件有哪些功能？

（2）复位时应如何连接？

（3）置 9 时应如何连接？

（4）作为 8421BCD 码计数器时应如何连接？

（5）作为 5421 码计数时应如何连接？

引脚名称如下。

$\overline{CP_0}$：二分频时钟输入端（下降沿有效）。

$\overline{CP_1}$：五分频时钟输入端（下降沿有效）。

R_{0A}、R_{0B}：异步清零端。

S_{9A}、S_{9B}：异步置 9 端。

Q_0：二分频输出端。

$Q_1 \sim Q_3$：五分频输出端。

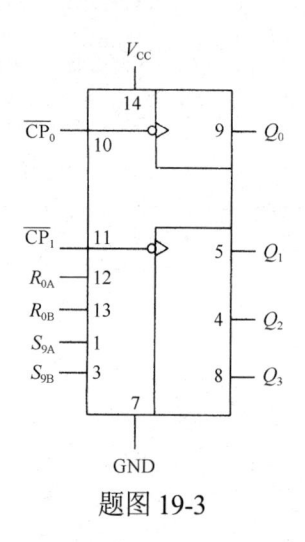

题图 19-3

题表 19-3

R_{0A}	R_{0B}	S_{9A}	S_{9B}	CP	Q_3	Q_2	Q_1	Q_0
1	1	0	×	×	0	0	0	0
1	1	×	0	×	0	0	0	0
×	×	1	1	×	1	0	0	1
×	0	×	0	↓	计数			
0	×	0	×	↓	计数			
0	×	×	0	↓	计数			
×	0	0	×	↓	计数			

19.8 试用下降沿 JK 触发器组成四位二进制异步减法计数器，画出其逻辑图。

19.9 试用上升沿 JK 触发器组成四位二进制异步加法计数器，画出其逻辑图。

19.10 试用上升沿 D 触发器组成四位二进制异步加法计数器，画出其逻辑图。

第 20 章 脉冲波形的产生与变换

本章学习目标和要求
1. 概述 555 定时器的工作原理，归纳其应用。
2. 简述施密特触发器的工作原理，归纳其应用。
3. 概述单稳态触发器的工作原理，归纳其应用。
4. 概述多谐振荡电路的工作原理，总结其应用。

在数字电路或系统中，常常需要各种脉冲波形，如时钟脉冲、控制过程的定时信号等。这些脉冲波形通常采用两种方法获取：一种是利用脉冲信号产生器直接产生；另一种是通过对已有信号进行变换，使之满足系统的要求。

本章以中规模集成电路 555 定时器为典型电路，主要讨论 555 定时器构成的施密特触发器、单稳态触发器、多谐振荡电路，以及 555 定时器的典型应用。

20.1 555 定时器

555 定时器是一种多用途的数字—模拟混合集成电路，可作为电路中的延时器件、触发器或起振器。利用 555 定时器能极方便地构成施密特触发器、单稳态触发器、多谐振荡电路等。由于使用灵活、方便，555 定时器在波形的产生与变换、测量与控制、家用电器、电子玩具等领域得到广泛应用。

20.1.1 555 定时器工作原理

555 定时器极具实用性，被国内外众多厂家竞相生产，具有众多产品型号。但所有双极型定时器的产品型号的最后三位均为 555，所有 CMOS 型定时器的产品型号最后四位均为 7555。一般情况下，双极型定时器具有较大的驱动能力，而 CMOS 型定时器具有低功耗、高输入阻抗等优点。555 定时器工作的电源电压范围很宽，可以承受较大的负载电流。双极型定时器电源电压范围为 5~16V，最大负载电流可达 200mA；CMOS 型定时器电源电压范围为 3~18V，最大负载电流低于 4mA。

图 20-1 所示为 CC7555 的逻辑符号、内部连线图及引脚功能图。由图 20-1 可知，555 定时器电路大致分为三部分：比较电路、RS 触发器、放电开关及反相器。

1. 比较电路

比较电路由比较器 C_1、C_2，及三个分压电阻 R 构成。其中，比较器 C_1、C_2 为核心，三个分压电阻组成的分压器对 V_{DD} 进行分压，使 C_1 的"−"端电压为 $2V_{DD}/3$ 时，C_2 的"+"端电压为 $V_{DD}/3$。当 u_{I1} 大于 $2V_{DD}/3$ 时，C_1 输出高电平；当 u_{I2} 小于 $V_{DD}/3$ 时，C_2 输出高电平。

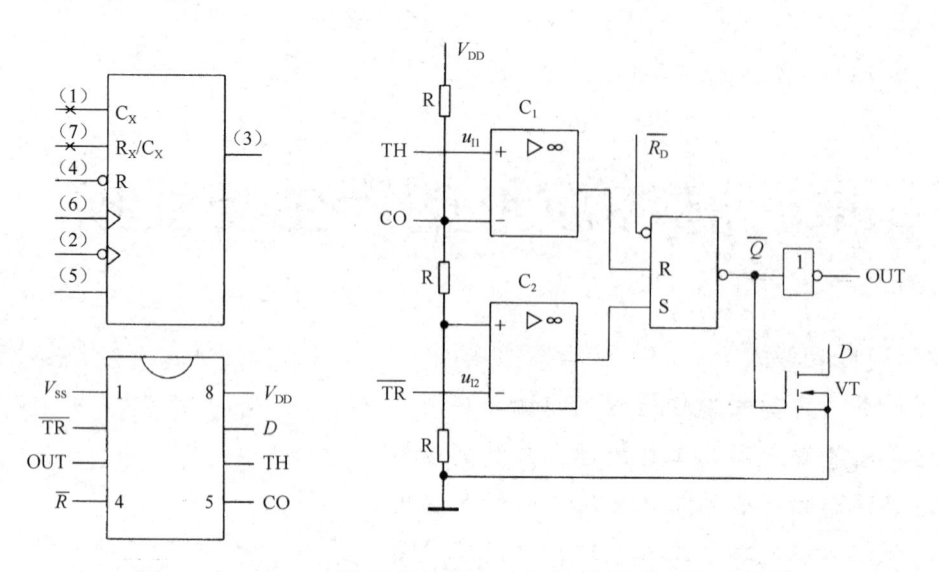

图 20-1　CC7555 的逻辑符号、内部连线图及引脚功能图

2．RS 触发器

当电路清零端 $\overline{R_D}$ 加低电平时，触发器置 0；当 R 端置 1 时，触发器置 0；当 S 端置 1 时，触发器置 1。

3．放电开关及反相器

VT 是一个由 NMOS 管构成的放电开关，状态受 RS 触发器输出的控制。当 $\overline{Q}$=1 时，VT 导通；当 $\overline{Q}$=0 时，VT 截止。反相器的作用是作为缓冲器，提高电路的驱动能力。

引脚说明：

u_{I1}——阈值输入端，用 TH 表示。

u_{I2}——触发输入端，用 $\overline{TR}$ 表示。

$\overline{R_D}$——置 0 输入端。

CO——电压控制端，用于设定 C_1 "−" 端和 C_2 "+" 端的参考电压值。一般该端口经过一个消除干扰的电容接地。

D——放电端，提供外接电容后的放电通路，同时作为漏极开路输出。

20.1.2　555 定时器功能表

根据各端口所取电压值的不同，555 定时器有不同功能，其功能表如表 20-1 所示。

表 20-1　555 定时器的功能表

TH	$\overline{TR}$	$\overline{R_D}$	VT	OUT
×	×	0	导通	0
大于 $2V_{DD}/3$	大于 $V_{DD}/3$	1	导通	0
小于 $2V_{DD}/3$	大于 $V_{DD}/3$	1	原态	不变
小于 $2V_{DD}/3$	小于 $V_{DD}/3$	1	截止	1

20.2　施密特触发器

施密特触发器是脉冲波形变换中常用的一种电路，它在性能上有如下两个重要特点。

(1)电路属于电平触发。当输入信号达到某一电平值时,输出电压会发生跳变。但输入信号的电平在增加和减小过程中,使输出状态跳变时对应的输入电平不一样。

(2)在电路状态转换时,通过电路内部的正反馈使输出电压波形的边沿变得很陡。

利用这两个特点,不仅能将边沿变化缓慢的波形整形为边沿陡峭的矩形波,而且可以有效地清除叠加在矩形波高电平、低电平中的噪声。

20.2.1 555 定时器构成的施密特触发器

1. 电路构成及工作原理

555 定时器构成的施密特触发器如图 20-2 所示。将 555 定时器的 u_{I1} 端和 u_{I2} 端连在一起作为信号输入端,清零端 R 接高电平。

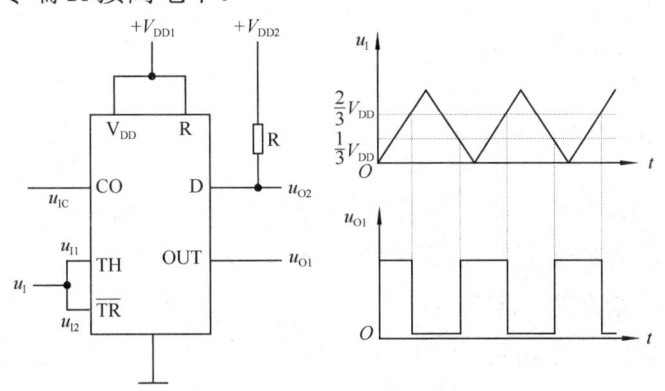

图 20-2 555 定时器构成的施密特触发器

(1)$u_I=0V$ 时,u_{O1} 为高电平。

(2)当 u_I 上升到 $2V_{DD}/3$ 时,u_{O1} 为低电平。u_I 由 $2V_{DD}/3$ 继续上升,u_{O1} 保持低电平不变。

(3)当 u_I 下降到 $V_{DD}/3$ 时,u_{O1} 跳变为高电平。而且在 u_I 继续下降到 0V 时,电路的这种状态不变。

在图 20-2 中,电阻 R 和电源 V_{DD2} 构成另一输出端 u_{O2},其高电平可以通过改变电源 V_{DD2} 的电压来调节。

2. 电压传输特性和主要参数

1)电压传输特性

施密特触发器的电路符号和电压传输特性如图 20-3 所示。

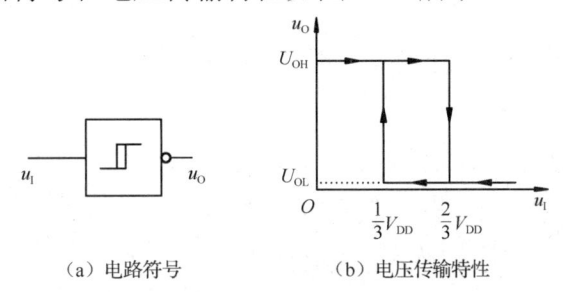

(a)电路符号 　　(b)电压传输特性

图 20-3 施密特触发器的电路符号和电压传输特性

2)主要静态参数

(1)上限阈值电压 U_{T+}。

当 u_I 上升过程中的输出电压 u_O 由高电平 U_{OH} 跳变到低电平 U_{OL} 时,对应的输入电压值为上限阈值电压 U_{T+}。在一般情况下有

$$U_{T+}=\frac{2}{3}V_{DD} \tag{20-1}$$

(2) 下限阈值电压 U_{T-}。

当 u_I 下降过程中的输出电压 u_O 由低电平 U_{OL} 跳变到高电平 U_{OH} 时，对应的输入电压值为下限阈值电压 U_{T-}。在一般情况下有

$$U_{T-}=\frac{1}{3}V_{DD} \tag{20-2}$$

(3) 回差电压 ΔU_T。

回差电压又叫滞回电压，定义为

$$\Delta U_T = U_{T+}-U_{T-} = \frac{1}{3}V_{DD} \tag{20-3}$$

若在电压控制端 u_{IC}（5 脚）外加电压 U_S，则有 $U_{T+}=U_S$、$U_{T-}=U_S/2$、$\Delta U_T=U_S/2$，而且当改变外加电压 U_S 时，这些参数值也随之改变。

20.2.2 集成施密特触发器

表 20-2 74LS132 的功能表

输入		输出
A	B	Y
1	1	0
0	×	1
×	0	1

施密特触发器的应用非常广泛，无论是在 TTL 电路中，还是在 CMOS 电路中，都有集成施密特触发器产品。图 20-4 所示为带与非功能的 TTL 集成施密特触发器 74LS132 的逻辑符号及引脚功能图。表 20-2 所示为 74LS132 的功能表。

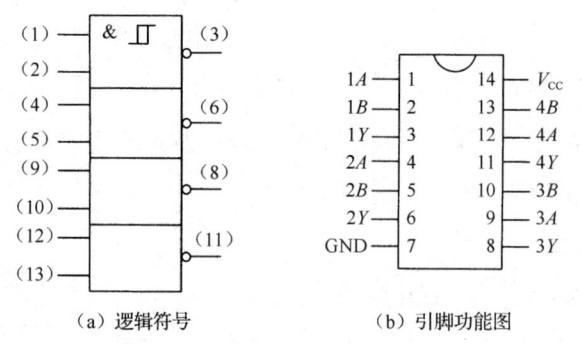

（a）逻辑符号　　　（b）引脚功能图

图 20-4　带与非功能的 TTL 集成施密特触发器 74LS132 的逻辑符号及引脚功能图

20.2.3 施密特触发器的应用

1. 用于波形变换

施密特触发器可以把边沿变化缓慢的周期信号变换为边沿很陡的矩形脉冲信号。

在如图 20-5 所示的例子中，输入信号 u_I 是由直流分量和正弦分量叠加而成的，只要输入信号 u_I 的幅度大于上限阈值电压 U_{T+}，即可在施密特触发器的输出端得到同频的矩形脉冲信号。

2. 用于脉冲整形

在数字系统中，矩形脉冲信号在传输后往往会发生波形畸变，如图 20-6 所示为几种常见情况。

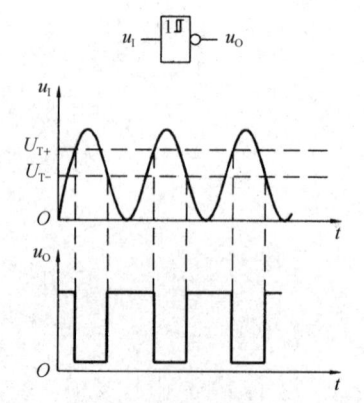

图 20-5　用施密特触发器实现波形变换

当传输线上的电容较大时，波形的上升沿和下降沿将明显变坏，如图 20-6（a）所示。

当传输线较长，而且接收端的阻抗与传输线的阻抗不匹配时，在波形的上升沿和下降沿将产生振荡，如图 20-6（b）所示。当矩形脉冲信号叠加其他脉冲信号时，信号将出现附加的噪声，如图 20-6（c）所示。

无论出现上述哪一种情况，都可以用施密特触发器对脉冲进行整形，以获得比较理想的矩形脉冲信号，如图 20-6 所示。

（a）传输线上的电容较大　　（b）接收端的阻抗与传输线的阻抗不匹配　　（c）矩形脉冲信号叠加其他脉冲信号

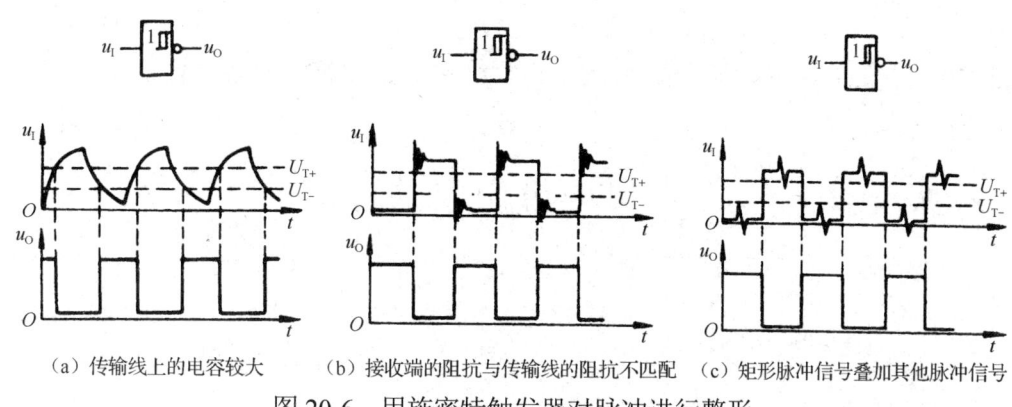

图 20-6　用施密特触发器对脉冲进行整形

3. 用于鉴别脉冲幅度

由图 20-7 可知，若将一系列幅度各异的脉冲信号加到施密特触发器的输入端，只有那些幅度大于上限阈值电压 U_{T+} 的脉冲才会在输出端产生输出信号。因此，施密特触发器能将幅度大于上限阈值电压 U_{T+} 的脉冲选出，具有鉴别脉冲幅度的能力。此外，利用施密特触发器的电压传输特性还可以构成多谐振荡电路等。

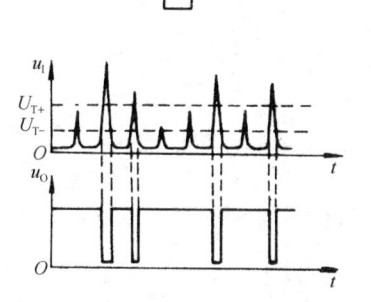

图 20-7　用施密特触发器鉴别脉冲幅度

思考题

20.2.1　施密特触发器有什么工作特点？它具有怎样的传输特性？
20.2.2　施密特触发器在工程中主要有哪些应用？
20.2.3　试简述施密特触发器具有抗干扰特性的原理。

20.3　单稳态触发器

单稳态触发器的工作特性如下。

（1）单稳态触发器有稳态和暂稳态两种工作状态。

（2）在外界触发脉冲的作用下，单稳态触发器能从稳态翻转到暂稳态，在暂稳态维持一段时间后，再自动返回稳态。

（3）暂稳态的维持时间取决于单稳态触发器自身的参数，与触发脉冲的宽度和幅度无关。

20.3.1　555 定时器构成单稳态触发器

555 定时器构成的单稳态触发器如图 20-8 所示。在电压控制端 CO 加控制电压，可以改变比较器的参考电压。在不用时，为了防止干扰，通常加 0.01μF 电容 C 接地。

接通电源的瞬间,单稳态触发器有一个稳定的过程,即电源通过电阻R向电容C充电,使电容C两端的电压上升,当$u_C \geq 2V_{DD}/3$时,单稳态触发器置0,555定时器内的VT导通,输出为低电平。此时,电容C通过VT放电,单稳态触发器进入稳态。

当单稳态触发器的触发输入端u_I($\overline{TR}$)加入一个符合要求的负触发脉冲后,由于$\overline{TR} < V_{DD}/3$,单稳态触发器被置1,VT截止,u_O输出高电平,单稳态触发器进入暂稳态。此时,V_{DD}通过电阻R对电容C充电,使u_C上升,当$u_C \geq 2V_{DD}/3$时,单稳态触发器置0,VT导通,u_O输出低电平。电容C通过VT放电,单稳态触发器恢复稳态。图20-9所示为单稳态触发器的工作波形。

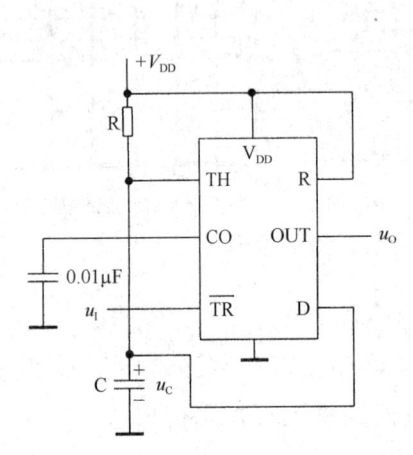

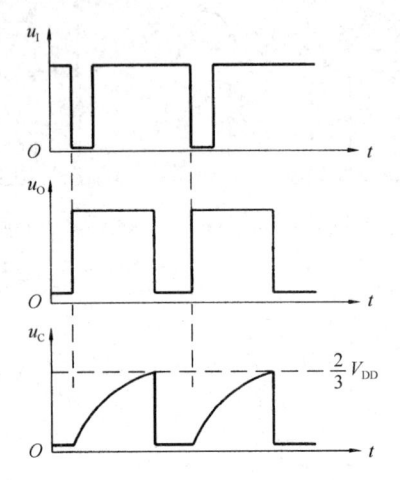

图20-8 555定时器构成的单稳态触发器　　图20-9 单稳态触发器的工作波形

输出脉冲的宽度t_W等于暂稳态的持续时间,而暂稳态的持续时间取决于外接电阻和电容的大小:

$$t_W = RC \ln 3 \approx 1.1 RC \qquad (20\text{-}4)$$

通常R的取值范围为几百欧至几兆欧,C的取值范围为几百皮法至几百微法,t_W的取值范围为几微秒至几毫秒。需要注意的是,单稳态触发器的精度和稳定度会随着脉冲宽度t_W的增加而下降。

20.3.2 集成单稳态触发器

单稳态触发器应用十分普遍,TTL电路和CMOS电路产品中都集成有单稳态触发器。在使用这些器件时只需要外接很少的元件,极为方便。

集成单稳态触发器分为两大类:可重触发和不可重触发。不可重触发的集成单稳态触发器一旦被触发并进入暂稳态后,再次加入触发脉冲不会影响电路的工作过程,必须在暂稳态结束以后,它才能接受下一个触发脉冲,转入暂稳态,如图20-10(a)所示。可重触发的集成单稳态触发器在被触发进入暂稳态后,如果再次加入触发脉冲,电路将被重新触发,使输出脉冲再继续维持一个t_W,如图20-10(b)所示。

74121、74221、74LS221都是不可重触发的集成单稳态触发器。74122、74LS122、74LS123等是可重触发的集成单稳态触发器。下面以74LS123为例来说明它们的功能及使用方法。

图20-11所示为双可重触发集成单稳态触发器74LS123的逻辑图和引脚功能图。74LS123内部含有两个独立的可重触发的单稳态触发器。每个电路具有各自的正脉冲输入端TR_+、负

脉冲输入端 TR₋、清零端 $\overline{R_D}$、外加电容端 C_{ext}、外接电阻/电容端 R_{ext}/C_{ext}、输出端 Q 和 $\overline{Q}$。74LS123 的功能表如表 20-3 所示。

(a) 不可重触发的集成单稳态触发器　　(b) 可重触发的集成单稳态触发器

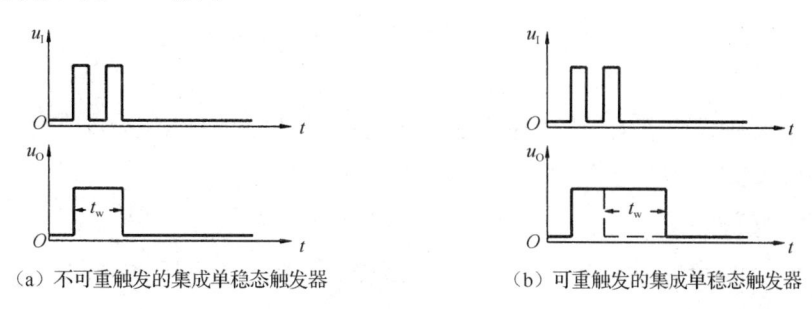

图 20-10　集成单稳态触发器

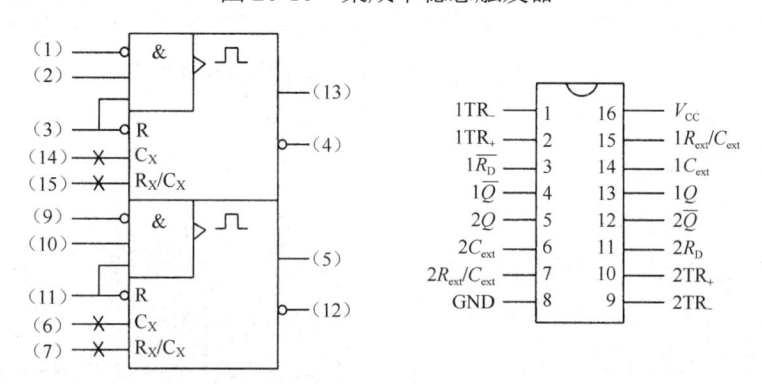

图 20-11　双可重触发集成单稳态触发器 74LS123 的逻辑图和引脚功能图

表 20-3　74LS123 的功能表

输 入			输 出	
$\overline{R_D}$	TR₋	TR₊	Q	$\overline{Q}$
0	×	×	0	1
×	1	×	0	1
×	×	0	0	1
1	0	↑	⊓	⊔
1	↓	1	⊓	⊔
↑	0	1	⊓	⊔

表 20-3 的前三行表示在输入信号处于静态时，即电路在 $\overline{R_D}$、TR₋、TR₊三个输入信号的所有静态组合下，电路不会触发，后三行表示当用信号上升沿触发时，应将触发脉冲接至 $\overline{R_D}$ 端或 TR₊端；当用信号下降沿触发时，应将触发脉冲接至 TR₋端。74LS123 正常工作时的连接图如图 20-12 所示。

74LS123 输出脉冲宽度 t_w 可由三种方法控制：①通过外接定时元件电容和电阻来确定，R 的值可选为 5~260kΩ，C 值不限；②通过正脉冲输入端（TR₊）或负脉冲输入端（TR₋）的重触发来延长 t_w；③通过清零端（$\overline{R_D}$）的清除来缩短 t_w。

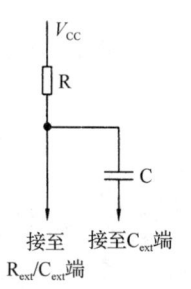

图 20-12　74LS123 正常工作时的连接图

20.3.3 单稳态触发器的应用

单稳态触发器被广泛应用于脉冲信号的整形、延时，以及定时。

1．脉冲信号的整形

假设有一个不规则的脉冲信号，通过单稳态触发器后，便可获得具有一定宽度和幅度的矩形脉冲信号。单稳态触发器的整形作用示意图如图 20-13 所示。

2．脉冲信号的延时

图 20-14 所示为单稳态触发器的延时作用示意图，是一个利用单稳态触发器的输出信号 u_O 作为其他电路的触发信号的例子。由图 20-14（b）可知，输出信号 u_O 的下降沿比输入信号 u_I 的下降沿延迟了 t_w。因此利用输出信号 u_O 的下降沿触发其他电路比直接用输入信号 u_I 的下降沿触发延迟了 t_w，这就是单稳态触发器对脉冲信号的延时作用。

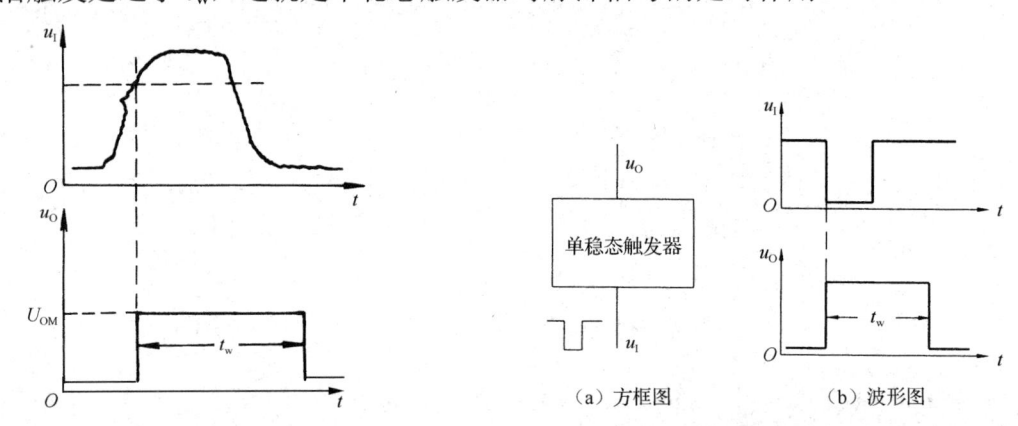

图 20-13　单稳态触发器的整形作用示意图　　图 20-14　单稳态触发器的延时作用示意图

3．脉冲信号的定时

单稳态触发器能产生宽度为 t_w 的矩形脉冲信号，我们可以利用这一脉冲信号控制某电路，使它在 t_w 时间内动作（或不动作），这就是单稳态触发器对脉冲信号的定时作用。图 20-15 所示为单稳态触发器的定时作用示意图，是一个在限定时间内用与门传递脉冲信号的例子。与门 A 端接矩形脉冲信号，B 端接由单稳态触发器输出的宽度为 t_w 的控制信号。显然，只有在 B 端为高电平的时间内，信号才能通过与门，这就是定时控制，其波形图如图 20-15（b）所示。

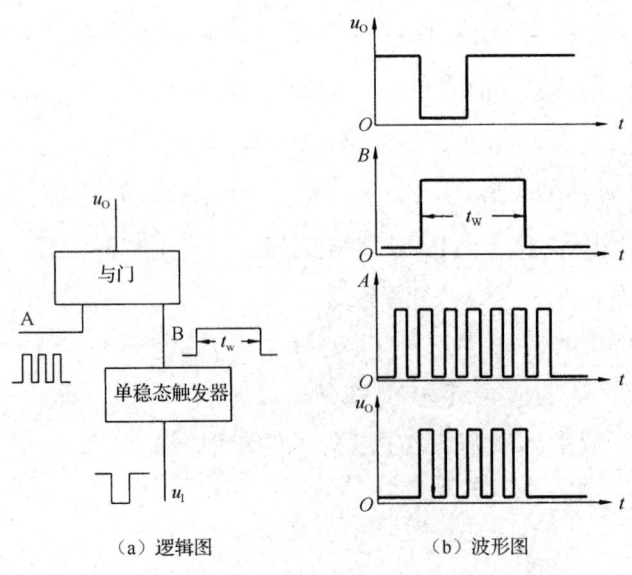

图 20-15　单稳态触发器的定时作用示意图

> **思考题**
>
> 20.3.1　与其他触发器相比,单稳态触发器有什么特点?
>
> 20.3.2　集成单稳态触发器分为哪两类?它们的区别是什么?

20.4　多谐振荡电路

多谐振荡电路是一种自激振荡电路,在工作时,无须外加触发信号便能自动产生矩形脉冲信号。因为矩形脉冲信号中含有丰富的谐波分量,所以习惯上又把矩形波振荡电路叫作多谐振荡电路。

多谐振荡电路有颇多形式,以下简单介绍 555 定时器构成的多谐振荡电路。

20.4.1　555 定时器构成的多谐振荡电路

555 定时器构成的多谐振荡电路如图 20-16 所示。设接通电源前,定时电容 C 两端的电压 u_C 为 0,所以在刚刚接通电源时,555 定时器被置成高电平,u_O 为高电平,多谐振荡电路处于第一暂稳态。在接通电源后,电源电压通过 R_1 和 R_2 对 C 充电。当 u_C 上升到 $2V_{DD}/3$ 时,比较器 C_1 翻转,触发器复 0,VT 导通,u_O 由高电平转为低电平,多谐振荡电路进入第二暂稳态。由于 VT 导通,u_C 通过 R_2 放电。当 $u_C<V_{DD}/3$ 时,比较器 C_2 翻转,触发器置 1,u_O 由低电平变成高电平。以后重复以上过程,形成振荡,输出端输出矩形脉冲信号 u_O。555 定时器构成的多谐振荡电路的工作波形如图 20-17 所示。

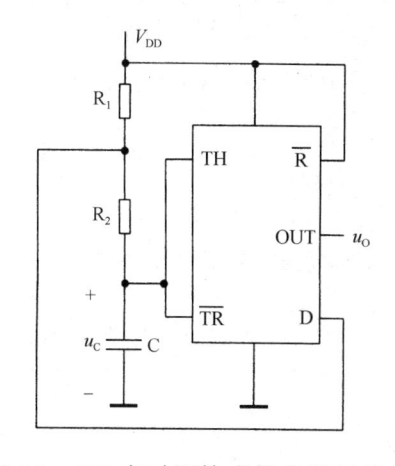

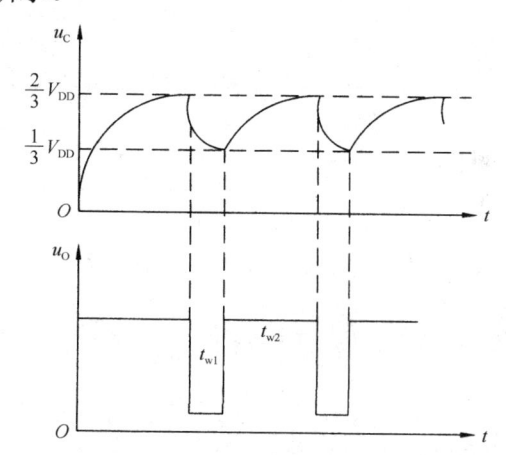

图 20-16　555 定时器构成的多谐振荡电路　　图 20-17　555 定时器构成的多谐振荡电路的工作波形

电路中,C 放电所需时间为

$$t_{w1} = 0.7R_2C \tag{20-5}$$

C 充电所需时间为

$$t_{w2} = 0.7(R_1+R_2)C \tag{20-6}$$

输出信号振荡周期为

$$T = t_{w1}+t_{w2} \tag{20-7}$$

20.4.2　石英晶体多谐振荡电路

为了提高多谐振荡电路输出信号频率的稳定度,可采用如图 20-18 所示的带石英晶体的环形振荡电路，其工作原理与如图 20-16 所示的 555 定时器构成的多谐振荡电路基本相同。由于石英晶体在串联谐振时的阻值最小，而在其他频率时为高阻抗，所以该电路输出的工作频率取决于石英晶体的串联谐振频率。

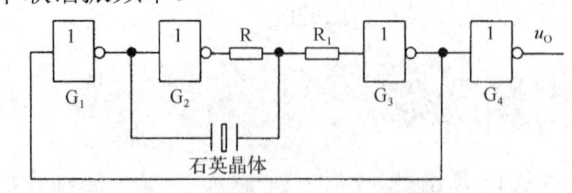

图 20-18　带石英晶体的环形振荡电路

20.4.3　施密特触发器构成的多谐振荡电路

施密特触发器构成的多谐振荡电路如图 20-19 所示。接通电源后，由于电容 C 两端的电压较低，电路输出为高电平，u_O 通过电阻 R 对电容 C 充电，使 u_C 上升，当 $u_C \geq U_{T+}$ 时，多谐振荡电路的输出由高电平变为低电平。此时，电容 C 经电阻 R 放电，u_C 逐渐下降。当 $u_C \leq U_{T-}$ 时，多谐振荡电路状态再次发生翻转，u_O 为高电平，u_O 再次通过电阻 R 对电容 C 充电，如此反复，形成振荡，工作波形如图 20-20 所示。

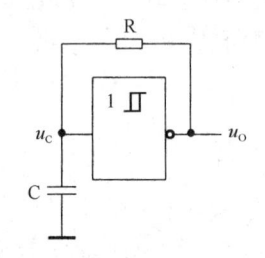

图 20-19　施密特触发器构成的多谐振荡电路　　图 20-20　工作波形

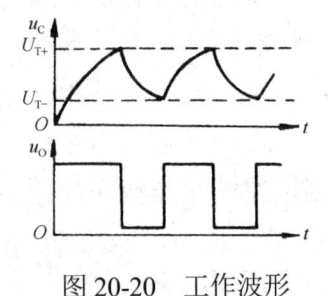

思考题

20.4.1　多谐振荡电路的功能是什么？

20.4.2　在如图 20-16 所示的多谐振荡电路中，$R = 300\Omega$，$C = 0.047\mu F$，试求振荡频率。

20.5　555 定时器应用实例与实验

20.5.1　555 定时器应用实例

1. 高低音调交替模拟声响电路

高低音调交替模拟声响电路如图 20-21 所示，该电路由两个 555 定时器组成，IC_1 组成频率为 1Hz 的振荡电路，IC_2 组成频率为几百赫的音频振荡电路。把 IC_1 的 3 脚的输出加到 IC_2 的 5 脚（电压控制端）上，使 IC_2 输出的音频信号受 IC_1 的输出控制。当 IC_1 输出高电平时，IC_2 振荡频率低；当 IC_1 输出低电平时，IC_2 振荡频率高，从而使扬声器发出"嘀——嘟——嘀——嘟——"的声音。

2. 防盗报警电路

防盗报警电路如图 20-22 所示，555 定时器组成振荡电路，产生音频信号驱动扬声器发出声音。在 555 定时器的清零端（4 脚）和接地端之间跨接一根细铜丝，电路处于复位状态，$u_O = 0$，扬声器无声。该铜丝可以固定在门边、窗边等需要防盗的场合，当盗贼进入时，细铜丝被碰断，防盗报警电路立即解除复位，输出振荡方波，扬声器发出警报。

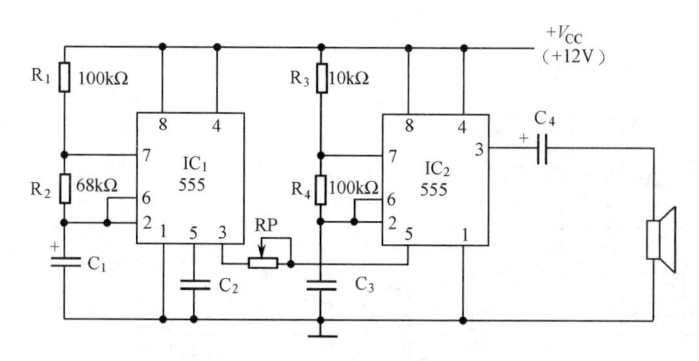

图 20-21 高低音调交替模拟声响电路

3. 温度控制电路

图 20-23 所示为温度控制电路，该电路由 555 定时器组成，图中的 R_t 是一个负温度系数的热敏电阻，即温度升高时其阻值减小。

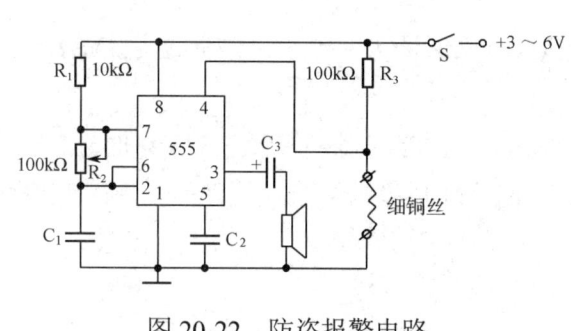

图 20-22 防盗报警电路

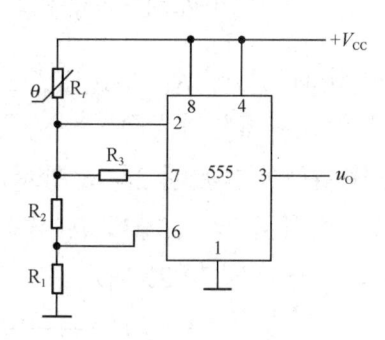

图 20-23 温度控制电路

当温度升高到上限值时，6 脚的电压 u_6 上升到 $2V_{CC}/3$，555 定时器的输出 u_O 为低电平，切断加热器或接通冷却器。随着温度降低到下限值，2 脚的电压 u_2 下降到 $V_{CC}/3$，这时输出 u_O 为高电平，接通加热器或切断冷却器。

20.5.2 555 集成定时器及其应用实验

一、实验目的

（1）通过实验探究 555 集成定时器的组成，领悟其工作原理。
（2）通过实验学会 555 定时器电路的基本应用。

二、实验原理

1）构成单稳态触发器

单稳态触发器如图 20-24 所示，接通电源，电容 C 开始充电，当 u_C 为 $2V_{DD}/3$ 时，RS 触发器置 0，$u_O=0$，VT 导通，电容 C 放电，此时电路处于稳定状态。当 2 脚加入 $u_I<V_{DD}/3$ 时，RS 触发器置 1，$u_O=1$，VT 截止，电容 C 开始充电，u_C 呈指数上升。当 u_C 为 $2V_{DD}/3$ 时，C_1 翻转，$u_O=0$。此时 VT 又重新导通，电容 C 快速放电，暂稳态结束，恢复稳态，为下一个触发脉冲的到来做准备。其中输出脉冲 u_O 的持续时间 $t_w=1.1RC$，一般取 R 为 1kΩ~10MΩ，$C>1000$pF，只要满足 u_I 的重复周期大于 t_w，电路即可工作，实现较精确定时。

2）构成多谐振荡电路

多谐振荡电路如图 20-25 所示，电路无稳态，仅存在两个暂稳态，不需要外加触发信号，即可产生振荡（振荡过程自行分析）。电容 C 在 $V_{DD}/3 \sim 2V_{DD}/3$ 时进行充电和放电，输出信号的振荡参数如下。

周期：$T = 0.7 C(R_1+2R_2)$。

频率：$f = 1/T = 1.44/(R_1+2R_2)C$。

占空比：$D = (R_1+R_2)/(R_1+2R_2)$。

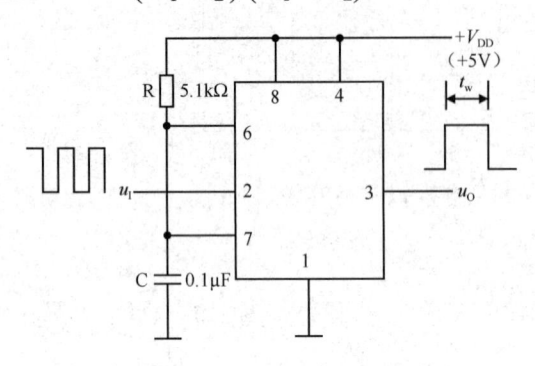

图 20-24 单稳态触发器　　　　　图 20-25 多谐振荡电路

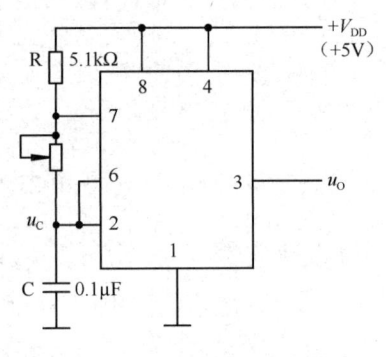

555 定时器要求 R_1 与 R_2 均大于或等于 1kΩ，以保证 R_1+R_2 小于或等于 3.3MΩ。

3）构成施密特触发器

施密特触发器如图 20-26 所示。u_s 为正弦波，经 VD 半波整流到 555 定时器的 2 脚和 6 脚，当 u_I 上升到 $2V_{DD}/3$ 时，u_O 从 1→0；当 u_I 下降到 $V_{DD}/3$ 时，u_O 从 0→1。施密特触发器的电压传输特性如图 20-27 所示。

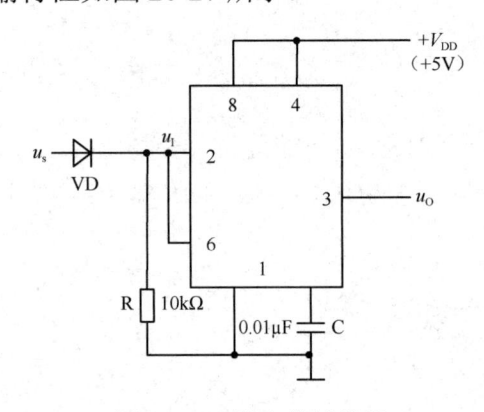

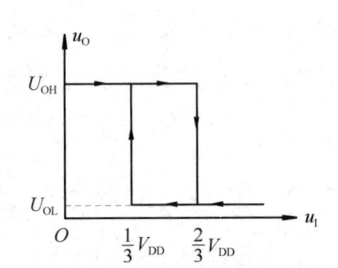

图 20-26 施密特触发器　　　　图 20-27 施密特触发器的电压传输特性

回差电压：

$$\Delta U = V_{DD}/3$$

三、实验仪器设备

数字电路实验箱（一台）、555 定时器（若干）、电阻（若干）、电容（若干）、二极管（若干）、信号发生器（一台）、双踪示波器（一台）。

四、实验内容与步骤

1．单稳态触发器

（1）按图 20-24 连接电路，取 $R=100$kΩ，$C=470$μF，输出端接 LED，u_I 用数字电路实验箱上的单次脉冲源，用示波器观察 u_I、u_C、u_O 的波形，并测定幅度与暂稳态时间（可用手表计时）。

（2）取 $R=1$kΩ，$C=0.1$μF，输入 $f=1$kHz 的连续脉冲，用示波器观察 u_I、u_C、u_O 的波形，

并测定幅度及延时时间。

2. 多谐振荡电路

按图 20-25 连接电路，用双踪示波器观察 u_C 和 u_O 的波形，测定频率。

3. 施密特触发器

按图 20-26 连接电路，u_s 为频率为 1kHz 的正弦波，逐渐加大 u_s 的幅度，观测输出波形，绘制电压传输特性曲线，并计算回差电压 ΔU。

五、实验分析和总结

（1）根据实验内容，记录数据，画出波形。

（2）分析、总结实验结果。

本章小结

（1）本章主要介绍脉冲波形的产生与变换电路。一种是以多谐振荡电路为代表的脉冲产生电路。这种电路不需要外加触发脉冲信号，就能自动产生脉冲信号。另一种是以单稳态触发器和施密特触发器为代表的脉冲变换电路。变换电路本身不能产生脉冲信号，它所做的工作只是变换脉冲波形。

（2）施密特触发器是一种双稳态电路，采用电平触发，电路状态的维持和翻转依赖于输入端的外加电平。致使两个稳态翻转的输入端触发电平不同，存在回差电压，这是施密特触发器的固有特征——电压传输特性。利用这一特性可以进行波形的变换、整形和构成多谐振荡电路等。

（3）单稳态触发器有一个稳态和一个暂稳态，在外加触发信号的作用下可以由稳态翻转为暂稳态。经过一段时间后，单稳态触发器自动从暂稳态翻转回稳态，从而输出具有一定宽度的矩形脉冲信号。脉冲宽度 t_W 取决于定时外接电阻和电容的大小。单稳态触发器基于这种特性可以用作自动控制的定时电路和延时电路。

（4）多谐振荡电路是一种自激振荡电路。集成门电路、电阻 R、电容 C，以及石英晶体可以组成环形多谐振荡电路和频率稳定的石英晶体多谐振荡电路。

（5）555 定时器是一种应用广泛的集成电路，除了可以构成各种脉冲波形的产生和变换电路，还可以构成各种控制与测量电路。

习题 20

20.1 试叙述施密特触发器的工作特点和主要用途。

20.2 若反相输出的施密特触发器输入信号的波形如题图 20-1 所示，试画出输出信号的波形。施密特触发器的转换电平 U_{T+}、U_{T-} 已标注在输入波形图上。

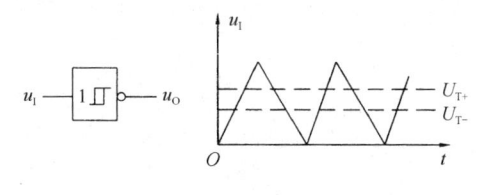

题图 20-1

20.3 题图 20-2 所示为一个简易触摸开关电路，当手摸金属片时，LED 亮，经过一定时间，LED 熄灭。试说明其工作原理，并计算 LED 能亮多长时间。输出端电路稍加改变也可接门铃、短时照明灯、厨房排烟风扇等。

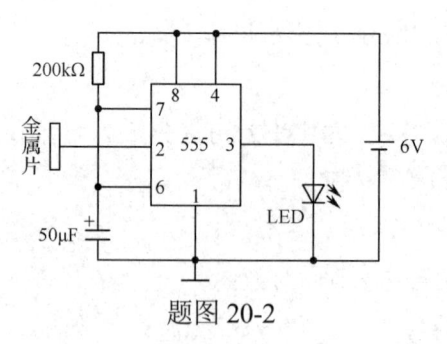

题图 20-2

20.4 利用反相施密特电路的电压传输特性组成的脉冲幅度鉴别电路的输入电压波形如题图 20-3（a）所示，试在题图 20-3（b）中画出相应的输出电压波形。

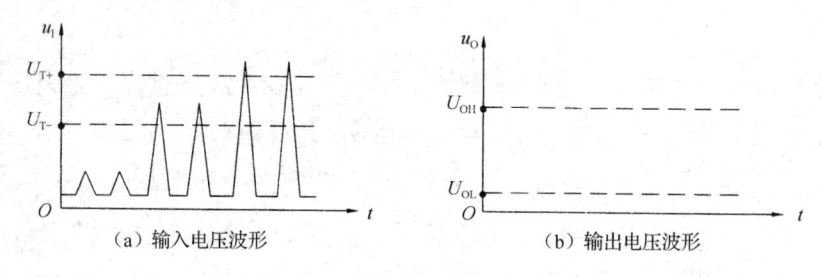

题图 20-3

20.5 试说明单稳态触发器的工作特点和用途。

20.6 在如图 20-8 所示的单稳态触发器电路中，已知 $R=51\text{k}\Omega$，$C=0.01\mu\text{F}$，电源电压 $V_{DD}=10\text{V}$，试画出在矩形脉冲信号作用下电路中各点的波形，并求出在触发信号作用下输出脉冲的宽度和幅度。

20.7 试简述多谐振荡电路的工作特点和用途。

20.8 试简述 555 集成定时器各组成部分的作用。

20.9 试画出 555 定时器构成施密特触发器、单稳态触发器和多谐振荡电路时的电路连接图。

附录 A　本书常用符号表

A.1　基本符号

I, i	电流	C	电容
U, u	电压	M	互感
P, p	功率	A	放大倍数，增益
R, r	电阻	t	时间
X, x	电抗	F, f	频率
Z, z	阻抗	ω, Ω	角频率
L	电感		

A.2　电流和电压

1. 原则（以基极电流为例）

I_B	直流量（静态值）	i_B	总瞬时值
i_b	交流（正弦）瞬时值	I_{bm}	交流（正弦）的最大值（峰值）
I_b	交流（正弦）有效值	i_{Bmax}	i_B 的最大值
Δi_B	i_B 的变化量		

2. 其他

u_i, i_i	输入交流电压、电流的瞬时值	u_{ic}	共模输入电压
u_o, i_o	输出交流电压、电流的瞬时值	u_{id}	差模输入电压
u_s, i_s	交流信号源电压、电流的瞬时值	u_c	载波信号电压瞬时值
u_l	本振信号电压瞬时值	u_r	同步信号电压瞬时值
u_g, i_g	中频电压、电流的瞬时值	u_{AM}	调幅信号电压瞬时值
u_{DSB}	双边带调制信号电压瞬时值	u_{SSB}	单边带调制信号电压瞬时值
u_{FM}	调频信号电压瞬时值	u_{PM}	调相信号电压瞬时值
u_X, u_Y	模拟乘法器的输入端电压	u_Ω	调制信号电压瞬时值
u_f, i_f	反馈电压、电流的瞬时值	u_P, u_p	集成运放的同相输入端电压
u_N, u_n	集成运放的反相输入端电压	V_{CC}	电源电压（一般用于双极型半导体器件）；集电极回路电源对地电压
V_{DD}	电源电压（一般用于双极型半导体器件）；漏极回路电源对地电压	U_{IO}, I_{IO}	输入失调电压、电流

U_{IH}	输入高电平	U_{omax}, I_{omax}	最大输出电压、电流的幅值
U_{IL}	输入低电平	U_{REF}, I_{REF}	参考（或基准）电压、电流
U_{OH}	输出高电平	U_{OL}	输出低电平
U_{TH}	门电路的阈值电压	U_{T+}	施密特触发特性的正向阈值电压
U_{T-}	施密特触发特性的负向阈值电压	I_{IH}	高电平输入电流
I_{IL}	低电平输入电流	I_{OH}	高电平输出电流
I_{OL}	低电平输出电流	I_{CC}	电源 V_{CC} 平均电流
I_{DD}	电源 V_{DD} 平均电流		

A.3 功率

P_o	输出交变功率	P_T	管耗
P_i	输入交变功率	P_{aV}	已调波功率
P_{om}	最大输出功率	P_V	电源消耗的功率
P_c	载波功率	P_{sb}	边带功率

A.4 频率

f_{bw}	通频带（带宽）	f_{Hf}, f_{Lf}	反馈放大器的上限、下限（均下降 3dB）截止频率
f_H	上限（下降 3dB）截止频率		
f_L	下限（下降 3dB）截止频率	f_l, ω_l	本振频率
f_0, ω_0	中心频率，振荡频率	f_c, ω_c	载波频率
f_g, ω_g	中心频率	$\Delta f_m, \Delta \omega_m$	调频波的最大频偏
f_k	组合频率	f_n	干扰频率

A.5 阻抗

R_i	电路的输入电阻	R_o	电路的输出电阻
R_{if}, R_{of}	反馈放大电路的输入与输出电阻	R_s	信号源内阻
R_L	负载电阻	R_0	回路空载谐振电阻
Z_C	传输线特性阻抗		

A.6 放大倍数或增益

A_u, A_{us}	电压放大倍数，源电压放大倍数	A_{uf}	有反馈时的电压放大倍数
A_i, A_{is}	电流放大倍数，源电流放大倍数	A_{usf}	有反馈时的源电压放大倍数
A_{uc}	共模电压放大倍数	A_{ud}	差模电压放大倍数

A.7 器件参数

1．二极管

a	阳极（正极）	k	阴极（负极）
$U_{(BR)}$	击穿电压	I_F	正向电流
I_R	反向电流	I_S	反向饱和电流
U_{th}	二极管（或三极管）门槛电压	VD	二极管

2．三极管

b	基极	$r_{bb'}$	基区电阻
c	集电极	$U_{(BR)CBO}$	基极开路时 c-b 间的击穿电压
e	发射极	$U_{(BR)CEO}$	基极开路时 c-e 间的击穿电压
I_{CBO}	基极开路时 c-b 间的反向饱和电流	U_{CES}	c-e 间的饱和压降
I_{CEO}	基极开路时 c-e 间的穿透电流	P_{CM}	集电极最大允许功耗
I_{CM}	集电极最大允许电流	β	共发射极交流电流放大系数
$C_{b'c}$	发射结结电容	VT	三极管

3．场效应管

D	漏极	S	源极
G	栅极	I_{DSS}	饱和漏极电流
$U_{GS(off)}$	耗尽型管的夹断电压	C_{GS}	栅漏电容
$U_{GS(th)}$	增强型管的开启电压	C_{GD}	栅源电容
$U_{(BR)DS}$	漏源击穿电压	r_{ds}	漏极输出电阻
P_{DM}	漏极最大允许功耗		

4．集成运放

I_{IB}	输入偏置电流	K_{CMR}	共模抑制比
A_{od}	开环放大倍数	U_{icmax}	最大共模输入电压
U_{idmax}	最大差模输入电压		

A.8 其他符号

Q	品质因素，工作点	F	反馈系数
φ	相位角	$\Delta\varphi_m$	最大相偏
τ	时间常数	η	效率
k	耦合系数，比例常数	S	开关
m_a	调制度或调制系数	FF	触发器
K_d	检波效率	G	门
CP	时钟脉冲		

附录 B　国产半导体器件型号命名法

B.1　半导体器件型号五个组成部分的基本含义

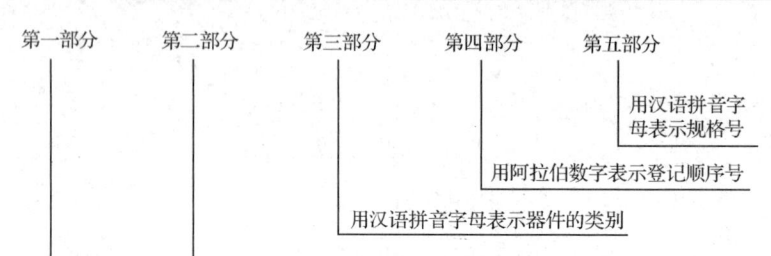

第一部分：用阿拉伯数字表示器件的电极数目
第二部分：用汉语拼音字母表示器件的材料和极性
第三部分：用汉语拼音字母表示器件的类别
第四部分：用阿拉伯数字表示登记顺序号
第五部分：用汉语拼音字母表示规格号

B.2　型号组成部分的符号及其意义

第一部分 用阿拉伯数字表示器件的电极数目		第二部分 用汉语拼音字母表示器件的材料和极性		第三部分 用汉语拼音字母表示器件的类别		第四部分 用阿拉伯数字表示登记顺序号	第五部分 用汉语拼音字母表示规格号
符号	意义	符号	意义	符号	意义		
2	二极管	A	N 型锗材料	P	小信号管		
		B	P 型锗材料	V	检波管		
		C	N 型硅材料	W	电压调整管和电压基准管		
		D	P 型硅材料	C	变容管		
3	三极管	A	PNP 型锗材料	Z	整流管		
		B	NPN 型锗材料	L	整流堆		
		C	PNP 型硅材料	N	噪声管		
		D	NPN 型硅材料	F	限幅管		
		E	化合物或合金材料	X	低频小功率晶体管 ($f_a<3\text{MHz}$, $P_C<1\text{W}$)		
				G	高频小功率晶体管 ($f_a\geq3\text{MHz}$, $P_C<1\text{W}$)		
				D	低频大功率晶体管 ($f_a<3\text{MHz}$, $P_C>1\text{W}$)		
				A	高频大功率晶体管 ($f_a\geq3\text{MHz}$, $P_C>1\text{W}$)		
				T	闸流管		
				Y	体效应管		
				B	雪崩管		
				J	阶跃恢复管		

续表

第一部分		第二部分		第三部分		第四部分	第五部分
用阿拉伯数字表示器件的电极数目		用汉语拼音字母表示器件的材料和极性		用汉语拼音字母表示器件的类别		用阿拉伯数字表示登记顺序号	用汉语拼音字母表示规格号
符号	意义	符号	意义	符号	意义		
				CS	场效应晶体管		
				BT	特殊晶体管		
				FH	复合管		
				JL	晶体管阵列		
				PIN	PIN 二极管		
				ZL	二极管阵列		
				QL	硅桥式整流器		
				SX	双向三极管		
				XT	肖特基二极管		
				CF	触发二极管		
				DH	电流调整二极管		
				SY	瞬态抑制二极管		
				GS	光电子显示器		
				GF	发光二极管		
				GR	红外发射二极管		
				GJ	激光二极管		
				GD	光电二极管		
				GT	光电晶体管		
				GH	光电耦合器		
				GK	光电开关管		
				GL	成像线阵器件		
				GM	成像面阵器件		

示例 1：NPN 型硅材料高频小功率晶体管

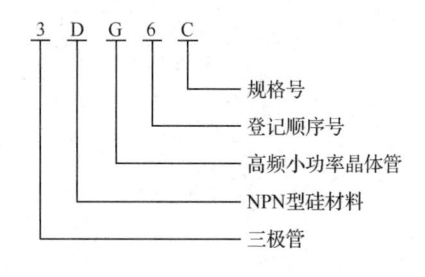

```
3 D G 6 C
        └── 规格号
      └──── 登记顺序号
    └────── 高频小功率晶体管
  └──────── NPN型硅材料
└────────── 三极管
```

示例 2：场效应晶体管

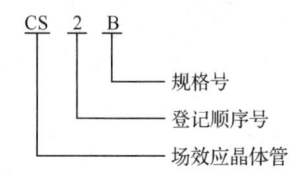

```
CS 2 B
     └── 规格号
   └──── 登记顺序号
└─────── 场效应晶体管
```

参 考 文 献

[1] 阎石. 数字电路技术基础[M]. 5版. 北京：高等教育出版社，2006.
[2] 康华光. 电子技术基础[M]. 5版. 北京：高等教育出版社，2009.
[3] 冯军，谢嘉奎. 电子线路[M]. 6版. 北京：高等教育出版社，2022.
[4] 华成英，童诗白. 模拟电子技术基础[M]. 3版. 北京：高等教育出版社，2005.
[5] 郑应光. 模拟电子线路[M]. 南京：东南大学出版社，1999.
[6] 刘勇. 数字电路[M]. 4版. 北京：电子工业出版社，2012.
[7] 白淑珍. 电子技术基础[M]. 3版. 北京：电子工业出版社，2014.
[8] 陈其纯. 电子线路[M]. 3版. 北京：高等教育出版社，1998.
[9] 李采劭. 模拟电子技术基础[M]. 北京：高等教育出版社，1990.
[10] 陈传虞. 脉冲与数字电路[M]. 3版. 北京：高等教育出版社，1997.
[11] 欧小东. 脉冲数字电路[M]. 北京：电子工业出版社，2021.
[12] 郑慰萱. 数字电子技术基础[M]. 北京：高等教育出版社，1990.
[13] 郁汉琪. 数字电子技术实验及课题设计[M]. 北京：高等教育出版社，1995.
[14] 郭维芹. 实用模拟电子技术[M]. 北京：电子工业出版社，1999.
[15] 廖爽. 模拟电路[M]. 3版. 北京：电子工业出版社，2014.
[16] 周良权. 模拟电子技术基础实验[M]. 北京：高等教育出版社，1986.
[17] 赵保经. 中国集成电路大全——TTL集成电路[M]. 北京：国防工业出版社，1985.
[18] 赵保经. 中国集成电路大全——CMOS集成电路[M]. 北京：国防工业出版社，1985.